动物体内
硒素抗病毒作用研究

吕其壮　王道波　著

NORTHEAST NORMAL UNIVERSITY PRESS
WWW.NENUP.COM

东北师范大学出版社

图书在版编目（CIP）数据

动物体内硒素抗病毒作用研究 / 吕其壮，王道波著.
— 长春 ： 东北师范大学出版社， 2019.7
ISBN 978-7-5681-6017-9

Ⅰ．①动… Ⅱ．①吕… ②王… Ⅲ．①硒—作用—动
物病毒病—防治—研究 Ⅳ．① S855.3

中国版本图书馆 CIP 数据核字 (2019) 第 140742 号

□策划编辑: 王春彦

□责任编辑: 卢永康　　　　　　　　□封面设计: 优盛文化

□责任校对: 肖茜茜　　　　　　　　□责任印制: 张允豪

东北师范大学出版社出版发行
长春市净月经济开发区金宝街 118 号（邮政编码: 130117）
销售热线: 0431-84568036
传真: 0431-84568036
网址: http://www.nenup.com
电子函件: sdcbs@mail.jl.cn
定州启航印刷有限公司印装
2019 年 7 月第 1 版　　2019 年 7 月第 1 次印刷
幅画尺寸: 170mm×240mm　　印张: 15.5　字数: 310 千

定价: 69.00 元

前　言

　　微量元素包括铁、锌、铜、锰、硒、碘等，它们不仅可以参与蛋白质的结构形成，还能够通过与蛋白质和其他有机基团结合参与酶、激素和维生素等生物大分子的合成，在机体生命活动中发挥着极其重要的生理学功能。微量元素代谢失衡会发生一系列病理变化并最终导致疾病。生物微量元素研究属于多学科交叉的科学研究领域，已经成为生命科学的国际研究热点。该领域发展对人类生存与健康具有重要意义。

　　硒（Se）于1817年首次被瑞典学者Berzelius发现并命名，于1957年被证实为人体代谢的必要元素，于1973年被世界卫生组织（WHO）宣布为人体必需微量元素。作为多价氧族元素，硒在自然界主要以零价硒、硒化物、硒酸盐、亚硒酸盐的形式存在。在中国，硒分布不均，陕西紫阳和湖北恩施属于天然富硒地，但全国70%以上的地区缺硒。在生物体内，硒以有机硒和无机硒两种形态存在，其中有机硒活性高，毒性小，且吸收率高，被小肠吸收入血后的硒10%呈游离态，其余硒与血浆蛋白结合成为具有生物活性的硒蛋白。硒具有抗氧化、抗肿瘤、拮抗重金属等生物学功能，并且与某些病毒的生命活动息息相关。

　　病毒性疾病具有广泛的传播性与流行性，对人们的健康会产生严重的危害，已经成为目前的研究热点之一，其中硒和硒蛋白干预病毒性疾病的作用机制更是当前研究比较火热的方向之一。有文献报道，硒的缺失会导致一些RNA病毒基因组突变的积累，引起与病毒毒力相关的基因结构发生变化，且宿主细胞内的硒含量可以影响入侵病毒的突变、复制和毒力。因此，硒极有可能参与到许多病毒感染、毒力以及病毒性疾病的发生和发展过程中。

　　本书综述了当前国内外硒与病毒性疾病的研究进展，包括硒与猪圆环病毒、猪细小病毒、克山病、艾滋病、病毒性肝炎、流感和手足口病等疾病的关系及相关研究，并在此基础上分析了硒干预病毒性疾病的作用机制，探索了硒及不同硒蛋白作为预防药物开发、相关病毒性疾病治疗和药物筛选靶标的可能性。

　　当然，我们的研究也离不开国内外已有研究成果，特别是在本书的形成过程中，大量研究成果丰富了我们的思想，开拓了我们的思路，为我们提供了很好的借鉴和素材。这些成果除了在参考文献中一一列出外，在文内也做了必要说明，我们对这些学者表示深深的感谢。

当前，富硒功能农业以其特有的保健功能为农业产业化发展注入了新的动能。作为一种新产业、新业态，它不但符合中国结合自身优势进行农业产业升级、推进农业供给侧结构性改革的需要，而且契合整个国家和社会的发展需求。因此，作为功能农业课题研究的重要组成部分，本书可为广大读者全面了解国内外生物微量元素硒的研究现状以及发展趋势提供基础材料。

希望本书能对同行研究有所裨益，尤其为硒抗病毒作用相关研究提供理论参考，为富硒食品、含硒药物、富硒保健品等硒产品的研发与推广提供理论支撑。

著　者

2018 年 11 月于玉林

目 录

第1章 微量元素硒概述

人体的正常生命活动离不开微量元素硒（Se），硒具有良好的抗氧化性、抗肿瘤性和抗重金属性，不仅能参与调节机体免疫反应和激素水平，还可以抑制多种病毒的复制。人体对硒的摄取过多或不足都会导致出现相应的疾病，由于自然界中硒分布不均，我国人口普遍缺硒，适当且有效地补硒对打造全民健康极其重要。富硒食品是膳食结构不可或缺的组成部分，也是人体摄入硒的主要途径，因此开发复合型富硒食品，实现多种营养元素相补成为将来富硒食品开发研制的另一个研究热点。截至目前，有关硒元素的研究已经取得很大的进展，现归纳如下。

1.1 月亮女神——硒的发现

在瑞典首都斯德哥尔摩有一个小镇，叫法龙镇。法龙镇是历史悠久的矿区，很多硫酸工厂从这里获取黄铁矿的原料。[1]1817年，贝采里乌斯在自家经营的硫酸工厂发现，用当地的黄铁矿所含的硫磺制取硫酸时会在铅室底部产生红色粉末状物质。贝采里乌斯想，这其中必有科学的奥秘。于是，他开始进行实验，取用250 g黄铁矿燃烧，从中提取到硫磺，沉淀出约3 g红色粉末。贝采里乌斯仔细分析这3 g粉末，发现其主要成分仍然是硫磺，他非常好奇，继续用吹管加热剩下的灰烬，最后出现了奇怪的现象：加热的灰烬散发出一股腐烂蔬菜的臭味，把他熏得喘不过气来。于是，他苦苦思索起来，又把容器里的红色粉末取出来，反复做了多次实验，经过多次分析最终确定这种发出臭味的物质是一种从未被人认识的新元素。[2]他把这种新元素命名为Selenium，即"硒"，其源自希腊语Selene，原意为月亮女神。硒是一种典型的光敏半导体材料、典型的半金属。硒元素问世之后，经过多年研究，其功能逐渐被发现，随后很快就在人类的生产和生活中被广泛应用，在光敏电阻、光电管、光电池、红绿灯中的红灯、博物馆和剧场等建筑物顶端的玻璃、橡胶工业、染料工业中都有硒的身影，硒以不同的姿态彰显着它的重要作用。[1]

1.2 微量元素硒的存在形式

硒位于元素周期表第四周期第Ⅵ主族，是地球上一种稀少的元素，在地壳中的分布是呈分散状态的，主要以硒化物的形式存在。1957 年，硒被 Schwarz 等证实为动物必需的微量元素[3]，并于 1973 年被世界卫生组织宣布为人和动物的必需微量元素。硒属于多价氧族元素，价态有零价、负二价、正四价、正六价。硒有两种化学形态，即无机硒和有机硒。无机硒主要以硒酸盐（Selenate）、亚硒酸盐（Selenite）等形式存在；有机硒的基本形式为硒代蛋氨酸（Se-Met）、硒代半胱氨酸（Se-Cys/Sec）。[4]

硒是哺乳动物必需的微量营养元素之一，以硒代半胱氨酸的形式存在于蛋白质中并通过硒蛋白发挥其生物学功能，硒代半胱氨酸是以 UGA 编码的，被认为是第 21 种氨基酸。硒具有抗肿瘤、抗氧化、抗病毒、提高机体免疫力、调节男性性机能、保护心脑血管等生物学功能。[5] 食物链中硒的来源主要是土壤，植物从土壤中获取硒元素，动物又通过从植物中取食来间接地摄入硒元素，因此动物体内的硒含量密切依赖动物所食用饲料的硒含量。我国是严重的缺硒国家之一，硒缺乏会使机体免疫力下降，增加白肌病、克山病、大骨节病、白内障等疾病的患病风险，可见硒对健康的重要性。硒还与机体功能的调节、疾病的发生和防治密切相关，其生物学作用机制受到研究学者的广泛关注。

1.2.1 无机态

无机硒主要有亚硒酸钠（Na_2SeO_3）和硒酸钠（Na_2SeO_4）。硒作为动物必需的微量营养元素之一，在动物饲养的许多方面有重要作用，如硒可以改善动物肉的品质、提高动物的免疫力等。因此，在动物的饲养过程中，人们往往会在饲料中添加硒。饲料中硒的添加形式经历了从无机硒到有机硒的发展过程，其中饲料中添加的无机硒主要是亚硒酸钠，这是因为亚硒酸钠的生物学效价和水溶性都高于其他硒盐。即便如此，亚硒酸钠还是存在诸多不利因素的：①亚硒酸钠不仅容易造成环境污染，还具有氧化性，会干扰机体对营养成分的吸收利用[6]；②在亚硒酸钠的加工过程中，亚硒酸钠对饲料厂工人的身体具有潜在的毒性；③毒性大，机体生理需要量范围较窄，量不容易得到有效控制，动物极易发生硒中毒。一些发达国家（如日本）已禁止添加。[7] 由于无机硒不利于动物吸收且具有潜在毒性，我们需要找到其相对安全的替代品。因此，硒的另一种形式——有机硒受到了很多学者的关注。世界各国相继对有机硒展开进一步的研究。研究表明，与无机硒相比，有机硒在提高生物利用率、抗氧化、抗应激、改善动物繁殖性能、提高免疫力等方面具有明显的优势。[8]

1.2.2 有机态

有机硒可分为含硒氨基酸和含硒蛋白两大类。含硒氨基酸主要有硒代蛋氨酸、硒代半胱氨酸。含硒蛋白主要为硒蛋白酶和其他硒蛋白。硒蛋白由编码Sec的UGA码、硒代半胱氨酸插入序列（SECIS）元件、特殊tRNA和辅助翻译的蛋白因子合成。[9] 目前，已从人类基因组中发现25种硒蛋白，包括硒代磷酸合成酶、脱碘酶、谷胱甘肽过氧化物酶、硫氧还蛋白还原酶等[10]，其中人们研究最深入的是谷胱甘肽过氧化物酶家族（GSH-Px）、硫氧还蛋白还原酶家族、脱碘酶家族和硒蛋白P等，对其他硒蛋白也有相应的研究。目前研究得较多、应用较广的一个领域是在动植物及微生物产品上进行硒的生物有机化，富硒产品正在被广泛地研究和开发中。在畜牧养殖上，可用有机硒酵母硒替代亚硒酸钠作为饲料硒添加剂。

硒蛋白只有与血浆蛋白结合才具有生物学作用[11]，硒蛋白为有机硒，有机硒具有抗氧化、抗肿瘤、抗病原微生物、免疫调节、保护神经、保护心血管等作用。有机硒同无机硒相比，具有毒性低、环境污染小、生物利用价值高等优点；有机硒可提高动物生产率和产品质量，为人类提供更安全可靠的富硒产品。因此，有机硒受到人们广泛的认可，但一些突出问题仍需要在实际中予以解决，如很多有机硒对动物的作用机制尚不清楚，且许多有关有机硒对动物机体作用效果的报道不一等。[8] 因此，硒蛋白结构、生物学功能及其与疾病的关系也是有机硒研究领域的研究重点。

在前人研究的基础上，笔者总结出一些主要的硒蛋白酶和硒蛋白的性质、功能及其作用机制。

1. 谷胱甘肽过氧化物酶家族

谷胱甘肽过氧化物酶（GSH-Px）是1957年被Mills和Randall发现的，到1973年，谷胱甘肽过氧化物酶被证明是一种含硒酶，是最早被发现的含硒酶。它的活性中心是硒代半胱氨酸。谷胱甘肽过氧化物酶是动物体内重要的抗氧化酶之一，具有抗氧化的功能，与超氧化物歧化酶（SOD）、过氧化氢酶（CAT）等共同组成机体的抗氧化防御机制。[12]CAT是一类抗氧化酶，能催化细胞内的过氧化氢分解为水和氧气，防止过氧化。SOD 是一类抗氧化酶，能催化超氧阴离子自由基发生歧化反应，从而有效清除细胞代谢产生的超氧阴离子自由基，GSH-Px 能协同 SOD 作用，共同削减自由基对机体的损伤。

自由基（Free Radical）是指能独立存在的含有 1 个或 1 个以上不配对电子的原子或原子团等。由于未成对电子总有变为成对电子的倾向，因此自由基易发生失去或得到电子的反应，显示出活泼的化学性质。自由基具有氧化反应能力强和易产生连锁反应的特点。它们可以与 DNA、蛋白质和多不饱和脂肪酸共同作用，造成 DNA 复制受阻和氧化损伤、蛋白—DNA 交联、蛋白—蛋白交联、脂质过氧化。机体内产生的自由基大部分是氧自由基，体内的氧自由基包括超氧阴离子、过氧化氢分子、羟基自由基、氢过氧基、氢过氧化物、烷过氧基、烷氧基和单线态氧等。自由基是机体正常代谢的产物，在生理状况下，人体内的自由基水平处于产生与清除的动态平衡中。当机体内的氧自由基在合理的生理范围内时，可以促进免疫细胞（如白细胞和吞噬细胞）的增殖，提升它们的杀伤力，以消除机体内出现的炎症和分解毒物。但当机体内氧自由基过多时，机体重要的生物大分子会发生不可逆转的氧化损伤，进而导致细胞的结构和功能被破坏。凡能够干扰自由基连锁反应的引发及扩散过程并抑制自由基反应过程的物质均被称为抗氧化剂或自由基清除剂。谷胱甘肽过氧化物酶可以清除体内过多的自由基，因而是一种抗氧化剂。

谷胱甘肽过氧化物酶的抗氧化机制是催化还原型谷胱甘肽（GSH）与过氧化物（包括过氧化氢）的氧化还原反应，促使还原型谷胱甘肽变成氧化型谷胱甘肽（GSSG），使有毒的过氧化物变为无毒的羟基化物，以达到清除体内的氧自由基而保护细胞膜结构与功能的目的。[12] 到目前为止，在人体中发现了 5 种含硒的谷胱甘肽过氧化物酶（GPx），即 GPx1—4 和 GPx6。[13]

（1）细胞谷胱甘肽过氧化物酶（cGPx/GPx1）。GPx1 基因位于 3 号染色体的短臂上（3p 21.3），包含 2 个外显子和 1 个内含子。GPx1 基因具有多个多态性位点，其中对 Pro198Leu 的研究较多，Pro198Leu 位于该基因的 2 号外显子上。细胞谷胱甘肽过氧化物酶是标准的谷胱甘肽过氧化物酶，因此也称经典谷胱甘肽过氧化物酶。细胞谷胱甘肽过氧化物酶首次发现于哺乳动物体内，它存在于哺乳动物的所有组织中，是谷胱甘肽过氧化物酶家族中分布最广泛的酶。细胞谷胱甘肽过氧化物酶是一种同源四聚体酶，具有 4 个相同的亚基，每个亚基都含有一个 Sec 残基，残基位于活性区，为催化活性中心。

细胞谷胱甘肽过氧化物酶在机体中发挥着广泛而重要的作用，其主要功能为促进氢过氧化物的分解，从而抑制核因子 NF-κB 的激活、控制 HIV 感染、抑制细胞凋亡等，保护生物膜结构和其他组织免受氧化损伤。核因子 NF-κB 是一种多极性基因调控蛋白，在静止状态下，NF-κB 与 IκB 结合以非活性形式存在于胞浆中，IκB 与 NF-κB 结合后，可阻止 NF-κB 入核，从而隔绝 NF-κB 与目的基因启动子区域的特定序列之间的联系并最终实现抑制 NF-κB 调节目的基因转录的目的。然而，抑制状态的 NF-κB 对环境的变化比较敏感，一旦环境中出现某些变化，它就会被多种刺激因子激活，进而转入细胞核内参与调节一系列下游基因的表达。NF-κB 具有广泛的生物学活性，是信号转导的枢纽，激活的 NF-κB 能调节多种参与免疫反应的细胞因子、黏附分子、蛋白酶类以及炎症介质的基因转录过程，从而控制它们的生物合成。在免疫细胞方面，NF-κB 能够参与 T 淋巴细胞和 B 淋巴细胞的分化、增殖、活化。NF-κB 在一些细胞的生长调控、应激反应、炎症以及抗细胞凋亡方面起着重要的作用，通过信号传导通路参与细胞的凋亡、肿瘤的形成以及炎性反应等病理生理过程。细胞谷胱甘肽过氧化物酶可抑制 NF-κB 的激活，表明细胞谷胱甘肽过氧化物酶在细胞的生长调控、应激反应、炎症以及抗细胞凋亡等方面发挥着一定作用。

细胞谷胱甘肽过氧化物酶通过催化 GSH 还原体内有害的过氧化物（ROOH），包括过氧化氢和一些有机过氧化物（氢过氧化脂肪酸）[14]。机制如下所述：

① $ROOH+2GSH \longrightarrow ROH+H_2O+GSSG$。

② $H_2O_2+2GSH \longrightarrow 2H_2O+GSSH$。

除此之外，GPx1 还能抑制细胞凋亡，提高 GPx1 的活性可以阻止细胞凋亡及减少 DNA 损伤，GPx1 能改变由活性氧调节的与肿瘤致癌性有关的信号通路。[15]

细胞谷胱甘肽过氧化物酶的基因多态性可导致内皮细胞功能障碍和血管炎症，增加血管氧化损伤易感性，加速冠状动脉粥样硬化的发生和发展[16]，并与多种疾病存在密切关系，如细胞谷胱甘肽过氧化物酶基因 Pro198Leu 多态性可增加东亚人患心血管疾病和南印度人患 2 型糖尿病冠状动脉疾病的风险。[15]

（2）胃肠道谷胱甘肽过氧化物酶（gi GPX/GPx2）。GPx2 基因定位于人类染色体 14q 24.1，含两个外显子，它表达的蛋白含有 190 个氨基酸，分子量约 22 kDa。硒代半胱氨酸位于第 40 位。GPx2 是同源四聚体，与 GPx1 密切相关。与谷胱甘肽结合的氨基酸只有 91 位赖氨酸和 185 位的精氨酸分别被谷氨酸和苏氨酸代替，因此所含特异的谷胱甘肽可能很高。然而，到目前为止尚未有纯化的 GPx2 蛋白，因而尚未获得它的动力学常数。GPx2 主要表达在胃肠道系统中，在食管的上皮细胞和人类肝脏中也有表达。因此，它被称为胃肠道谷胱甘肽过氧化物酶（GPx2）。它的分布决定了它可能作为防御过氧化物吸收的第一道防线。胃肠道谷胱甘肽过氧化物酶具有抗氧化的功能，能通过还原过氧化氢和脂肪酸过氧化物，消除活性氧自由基（ROS），发挥抗氧化功能。它不仅能抵制食物中过氧化物的吸收，还对肝中外源性物质氧化代谢产生的过氧化物起着作用。[17]

胃肠道谷胱甘肽过氧化物酶与肿瘤细胞的侵袭、转移、增殖密切相关。肿瘤发生的本质原因是机体内原癌基因的激活和抑癌基因的失活。癌基因通过促进细胞增殖阻止细胞凋亡而使肿瘤逃逸周期抑制，从而使细胞失控生长。相反，抑癌基因通过抑制细胞周期或促进细胞凋亡来防止细胞异常增殖，从而使细胞受控生长。p53是肿瘤抑制基因，它编码的蛋白质作为转录因子发挥作用，调控细胞的生长、增殖、分化、凋亡和维持基因组稳定性等。p53具有促氧化和抗氧化的双重活性，可调控机体的氧化应激反应。胃肠道谷胱甘肽过氧化物酶是p53的一种负调控因子，通过与p53相互作用促进p53蛋白质的降解，抑制p53蛋白质的稳定性和转录活性，下调p53下游靶基因的表达水平，进而参与对肿瘤细胞周期的调控。胃肠道谷胱甘肽过氧化物酶表达量下调后能促进人肝癌细胞的凋亡。[18]

在利用AOM/DSS诱导炎症相关结肠癌模型研究野生型小鼠和GPx2敲除小鼠分别处于不同硒含量水平状态下的实验中，发现GPx2敲除小鼠的炎症更严重，并且生成的肿瘤数比野生型小鼠多，补给硒，肿瘤数目减少，而硒缺乏的GPx2敲除小鼠中肿瘤的体积会更小，这表明胃肠道谷胱甘肽过氧化物酶具有抗炎功能。[19]

所以，胃肠道谷胱甘肽过氧化物酶与肿瘤细胞的增殖、侵袭、转移能力有关，而且具有抗氧化、抗炎症的功能。[18]

（3）血浆谷胱甘肽过氧化物酶（pGPX/GPx3）。GPx3基因位于人类5号染色体5q23的位置，包含5个外显子，硒代半胱氨酸位于第73位。GPx3蛋白质结构高度保守，含4个α螺旋及多个β折叠，为典型硫氧还蛋白折叠结构。

血浆谷胱甘肽过氧化物酶是1987年由Takahashi等[20]人在人的血浆中首次发现的，它主要存于血浆中。血浆谷胱甘肽过氧化物酶是唯一一种分泌型的谷胱甘肽过氧化物酶，它在肾脏的近曲小管合成，分泌后能进入血浆，除能还原过氧化氢和一般有机过氧化物外，还能还原磷脂氢过氧化物，具有抗氧化功能。[19]

血浆谷胱甘肽过氧化物酶具有抗炎症作用。过氧化氢介导的脂氧合酶被激活后，可释放趋化因子及炎症介质放大巨噬细胞的效应，导致剧烈的炎症反应。这个过程可通过熄灭脂氧合酶受到抑制，而血浆谷胱甘肽过氧化物酶可以阻止脂氧合酶的激活，从而抑制脂氧合酶引起的炎症反应。另外，由于血浆谷胱甘肽过氧化物酶对硒含量水平敏感，可作为衡量机体内硒状态的指标，为补硒提供一个可靠的参考标准。[21]

血浆谷胱甘肽过氧化物酶具有抑制肿瘤的功能。GPx3的低表达与肿瘤的发生、发展、预后密切相关。[22]研究发现，肝癌患者血浆中血浆谷胱甘肽过氧化物酶的表达下调，且血浆谷胱甘肽过氧化物酶的表达越低，肿瘤体积越大，肿瘤结节数目越多，五年复发率越高；在体外实验中，过表达血浆谷胱甘肽过氧化物酶能明显抑制肝癌细胞的增殖能力和侵袭力。[23]但截至目前，有关 GPx3 基因在肿瘤发生、发展中所起的具体作用及其作用机理尚无定论。[22]

血浆谷胱甘肽过氧化物酶的主要作用是清除血管内产生的过多氧自由基，维护 NO 的生物利用度，从而维持血管内皮的正常功能；通过减轻细胞外抗氧化压力，保护血液中纤维蛋白原的稳定性，具有抗血栓的作用，在血管疾病的研究和治疗上具有重要价值。[24-25]

（4）磷脂氢谷胱甘肽过氧化物酶（PHGPx/GPx4）。过氧化氢酶、超氧化物歧化酶和细胞谷胱甘肽过氧化物酶等抗氧化酶尽管都可以将细胞中过量的自由基和过氧化物清除，但是它们不能直接将生物膜上的过氧化物还原。1982 年，意大利学者 Ursini 从鼠和猪的不同器官中分离纯化出一种酶，这种酶能够直接保护生物膜上的磷脂使其免遭过氧化损伤。随后的研究证实，这种蛋白酶是一种含硒酶，被命名为磷脂氢谷胱甘肽过氧化物酶，它能在 GSH 的参与下特异性地还原膜上的磷脂氢过氧化物（PLOOH）。[26]GPx4 是谷胱甘肽过氧化物酶家族第 2 个被鉴定出的含硒酶。[27]人类 PHGPx 基因定位于染色体 19p13.3，哺乳动物 PHGPx 基因包含 7 个外显子和 6 个内含子，其中硒代半胱氨酸位于第 46 位。

目前发现 GPx4 有三种类型：线粒体型、细胞质型和精核型。线粒体型又称 L 型，由 197 个 aa 组成且具有一段运输到线粒体所必需的信号肽，在性腺占优势且局限于线粒体中。细胞质型又称 S 型，由 170 个 aa 组成，无信号肽，在绝大多数身体组织中占优势且局限于细胞质中。Pfeifer 等在老鼠精子胞核中发现了一种硒蛋白——精核型 GPx（SnGPx），即 GPx4 的第 3 种存在形式，分子量为 34 kDa，精核型 GPx 以不稳定的形式存在，功能尚不清楚。[28-30]

在细胞内，GPx4 主要分布在细胞质、细胞膜、核膜和线粒体膜上，主要还原甾体过氧化氢、脂肪酸过氧化氢和磷脂过氧化氢等。它是一种膜结合酶，不但能够作用于膜和水相间的界面，而且对磷脂氢过氧化物的还原活性高，可阻止生物膜的磷脂过氧化。[31-33]GPx4 是单亚基蛋白，也是目前发现的唯一能将膜上过氧化物还原成相应的羟基化合物的酶，其活性中心由氨基酸残基 Gln108、Trp163 联合硒代半胱氨酸组成，发挥抗氧化作用，也可联合维生素 E 抑制磷脂过氧化，对保护生物膜的完整性具有重要意义。[32]GPx4 的抗氧化作用是以 GSH 为还原底物，催化脂质氢过氧化物（LOOH）还原成相应的脂质氢氧化物（LOH），同时 GSH 被氧化成 GSSG，GSSG 随后又被还原成 GSH 而循环利用。[26]

此外，GPx4 还具有抗凋亡作用。研究表明，GPx4 的抗凋亡作用是通过抑制细胞色素 C（Cyt C）释放和阻止线粒体膜电位消失等途径实现的。线粒体是调控细胞凋亡的重要细胞器。在细胞凋亡早期，线粒体的内膜跨膜电位会降低，线粒体外膜通透性会增高，以便线粒体释放可溶性膜间蛋白质。线粒体膜内外电势差减小时，线粒体跨膜电位会降低，线粒体膜通透性会增高，从而引起细胞色素 C 等物质的释放、Bcl-2 家族及 Caspase 的激活等，启动细胞凋亡级联反应，引起细胞凋亡发生。

Bcl-2 家族包括抗凋亡蛋白（如 Bcl-2、Bcl-xL、Bcl-w 及 Mcl-1）和促凋亡蛋白（如 Bax、Bak、Bad、Bid、Bim 及 Bok）。抗凋亡蛋白具有颉颃促凋亡基因 Bax、抑制细胞色素 C 的释放、细胞色素 C 激活 Caspase、抗氧化及维持细胞内钙稳态的功能。促凋亡蛋白可以促进细胞凋亡。Caspase 蛋白家族是一类凋亡特异性蛋白，主要成员有 Caspase-3、Caspase-8、Caspase-9 等，可诱导凋亡的发生。细胞凋亡的过程涉及一系列基因的激活、表达以及调控，且多种蛋白因子都参与其中，其中在调节细胞凋亡的发生与发展的过程中具有核心作用的是 Bcl-2 蛋白家族及 Caspase 蛋白家族成员。这些蛋白因子相互作用，构成复杂的信号级联系统网络，即信号通路，从而共同参与细胞凋亡的起始、发生和效应等过程。其中，Caspase-3 的活化是引起细胞凋亡的关键，因为调节细胞凋亡的两种信号通路（分别是 TNF/Fas 受体信号通路和线粒体通路）都需要激活效应因子 Caspase-3 来最终执行细胞凋亡的效应过程。

细胞色素 C 是由 105 个氨基酸组成的水溶性蛋白质，它是线粒体内膜上的嵌入蛋白，由两个无活性的前体分子前细胞色素 C 及亚铁血红素合成，位于线粒体内膜外侧。细胞色素 C 在线粒体内膜外侧与细胞色素 C 氧化酶宽松的共价键结合，并且在呼吸链复合酶Ⅲ和Ⅳ之间可以进行电子传递。因其具有亚铁血红素基团，细胞色素 C 可以在细胞色素还原酶和细胞色素氧化酶之间传递电子。一旦缺乏细胞色素 C，电子传递链将会被阻断，最终导致 ATP 合成减少及超氧阴离子过度生成。

由于细胞色素 C 具有亚铁血红素基团，它可以在细胞线粒体内膜上诱导细胞出现凋亡生化特征，线粒体内膜上的心磷脂（CL）是唯一能够将 Cyt C 固定在内膜上并保持 Cyt C 在呼吸链上功能的磷脂。CL 的过氧化可使 Cyt C 从内膜分离及腺嘌呤核苷酸转运体（ANT）的构型改变，引起线粒体膜上的通透性转换孔（PTP）开放，脱离的 Cyt C 由此释放到胞浆诱发细胞凋亡。GPx4 可以抑制 Cyt C 释放，从而抑制细胞凋亡。[26] 线粒体产生的过氧化氢物是细胞凋亡的主要因素，而磷脂氢谷胱甘肽过氧化物酶能够降低过氧化氢物的产量，因此 GPx4 是一种抗凋亡剂。[34]

GPx4 还是精子的结构物质，对精子的发育和成熟有重要作用。GPx4 在精子细胞内的存在形式是可溶性过氧化物酶，而在成熟精子内以无活性的结构蛋白形式存在。在精子成熟的过程中，GPx4 可催化蛋白硫醇的氧化还原作用，产生二硫化物，并最终导致线粒体微囊的形成。与此同时，GPx4 由活性状态变为非活性形式。借此方式嵌入成熟精子尾部中段的 GPx4 蛋白对精子尾部中段线粒体结构的稳定至关重要。[32] 另外，Garolla 等 [19] 给 GPx4 水平较高的男性不育症者补充卡尼汀，可大幅度提升患者精子的活力，对 GPx4 水平低的男性不育症患者则作用不明显。可见，GPx4 在精子成熟过程中具有重要作用。[32]

GPx4 还与人类多种疾病的发生及发展有关，在动物体内发挥着重要的作用。随着研究的进一步深入，其在疾病中的作用将更加清楚，尤其是它在与氧化有关的疾病方面的作用。不仅如此，GPx4 还被发现在细胞凋亡和癌症的辅助治疗中展现出显著的作用，因此推测其未来可能会被应用到人类肿瘤的治疗过程中。

（5）嗅上皮谷胱甘肽过氧化物酶（GPx6）。GPx6 与 GPx3 相近，在人体中是一类硒蛋白，但在锯齿动物及其他物种体内，是一般的 Cys GPX，为非含硒蛋白。GPx6 有一硒代半胱氨酸插入序列元件，是人类和锯齿动物有共同祖先，到锯齿动物的基因回到 Cys GPX，人类和锯齿动物分开之后的有力证据。[18] 目前尚未获得纯化的 GPx6，关于 GPx6 的研究还比较少，对其知之甚少，功能尚不清楚。[18] 有报道称，在年龄相关的、听力丧失的小鼠耳蜗中和感染弓形虫的血小板滋养层中，GPx6 和其他 GPX 家族成员都表达上调，被认为是 GPx6 对过氧化微环境做出的适应性反应。[35-36]

2. 硫氧还蛋白还原酶

硫氧还蛋白还原酶（TrxR）是一种二聚体蛋白，每个单体都含一个 NADPH 结合位点、一个二硫化物和黄素腺嘌呤二核苷酸（FAD）结构域，属于吡啶核苷酸二硫化物氧化还原酶的黄素蛋白家族的成员之一。[37] 硫氧还蛋白还原酶能催化还原型烟酰胺腺嘌呤二核苷酸磷酸（NADPH）依赖的氧化还原反应，调节机体的新陈代谢。它的氧化还原中心由三部分组成，分别是 N 端保守的二硫化物 / 硫醇氧化还原中心、FAD 结构域和 C 端活泼的硒代半胱氨酸氧化还原活性位点。它通过 C 端的硒代半胱氨酸活性位点发挥氧化还原作用。[38] TrxR 与 NADPH、硫氧还蛋白（Trx）共同构成硫氧还蛋白系统，该系统是生物体中重要的氧化还原和信号调节系统。

Trx 广泛存在于原核生物、真核生物、植物和哺乳动物中。在动物中，Trx 主要分 Trx1 和 Trx2 两型，Trx1 位于细胞质及细胞核中，Trx2 位于线粒体中。其活性位点为 Cys-Gly-Pro-Cys 保守形式。Trx 可将 O^- 转化为 OH^-，直接清除 ROS，人 Trx 对多种转录因子发挥调节作用，可促进细胞的增殖及抑制细胞的凋亡。Trx 能与凋亡信号调节激酶 1（ASK1）结合，抑制 ASK1 的活性和 ASK1 依赖性的凋亡。

硫氧还蛋白还原酶广泛表达于机体细胞中，根据其分子量大小不同，可分为大分子 TrxR 和小分子 TrxR 两种。其中，大分子 TrxR 主要分布在动物中，因分布的区域不同可分为三种同工酶，分别命名为硫氧还蛋白 R1（TrxR1）（细胞质型）、硫氧还蛋白 R2（TrxR2）（线粒体型）和硫氧还蛋白 R3（TrxR3，又名 TGR），TrxR3 主要存在于睾丸中。[37] TrxR1 和 TrxR2 因其能够清除胞质和线粒体内过量的自由基而具有保护细胞免受氧化应激损伤的功能，TrxR3 主要参与精子的成熟过程。

细胞质型 TrxR1 最早被发现，定位于人染色体的 12q23-q24.1，其分布也较广泛，主要存在于细胞质中，是目前研究得最全面的同工酶。TrxR1 相关信号通路可分为调节基因表达的上游信号通路（如 Nrf2 / ARE 和 JNK 信号通路）和调节转录因子的下游信号通路（如 NF-κB 信号通路）两大类。①Nrf2 / ARE 信号通路：Nrf2 是 Nuclear factor erythroid-derived factor 2-related factor 的英文缩写，其中文名称叫核因子 E2 相关因子 -2，它是一种抗氧化的转录因子，广泛存在于机体中，参与细胞氧化应激、对抗外源性毒物损伤等多种防御机制，这是因为 Nrf2 不仅可以启动抗氧化基因的表达，还能够诱导 Ⅱ 相解毒酶的产生。ARE（antioxidant responsive element）是一种抗氧化反应元件，也是一段位于一些保护性基因上游调节区的 DNA 启动子结合序列，而且该结合序列的激活因子就是 Nrf2。Nrf2 与 ARE 专一性结合，构成 Nrf2 / ARE 通路，启动其下游基因的表达，从而参与机体抗氧化、细胞氧化还原反应以及细胞凋亡等过程的调节，是体内重要的抗氧化、抗炎、抗肿瘤通路。② JNK 信号通路：JNK 激酶即 c-Jun N- 端激酶，属于丝裂原活化蛋白激酶（MAPKs）家族成员之一，它在细胞分化、细胞凋亡、应激反应以及多种人类疾病的发生与发展中起着至关重要的作用。TrxR1 通过这些信号通路参与机体抗氧化、抗炎、抗肿瘤等生理病理过程。

TrxR2 主要存在于线粒体中，能利用 NADPH 参与机体多种生理反应，在体外还原 Cyt C，抵抗线粒体复合物 3 诱导产生的毒性，同时它在造血功能、心脏病发展等方面具有重要作用。[39] TrxR2 能结合还原态 Trx，与它的活性中心作用，从而抑制其还原活性。因此，TrxR2 被认为是 Trx 的内源性抑制物。[40]

TrxR 在动物体内发挥着广泛而重要的生理功能。主要有调节氧化还原平衡、调控细胞生长和凋亡、调节免疫应答等生理功能。

（1）调节氧化还原平衡功能。首先，TrxR 可以维持抗氧化剂的再生。过氧化物酶系统（是细胞抵抗 H_2O_2 和过氧化亚硝酸盐降解酶的大家族）与谷胱甘肽过氧化物系统是胞质内维持机体的过氧化物稳定状态水平的关键酶类，其中过氧化物酶被氧化后需要通过 TrxR 的还原而再生。[41]抗坏血酸是人血浆中重要的抗氧化剂，可还原 α-生育酚、过氧化物和 ROS。硫氧还蛋白系统可还原氧化型抗坏血酸 DHA 和抗坏血酸自由基而再生抗坏血酸。其次，TrxR 能为其他氧化酶的氧化还原反应提供电子。[42]因此，TrxR 在调控氧化还原平衡中发挥着至关重要的作用。

（2）调节细胞生长和凋亡。Trx 在调节细胞生长、抑制细胞凋亡中发挥着重要作用，但这些作用发挥时要求 Trx 处于还原状态，而 Trx 的还原只能由 TrxR 完成。可见，TrxR 在调控细胞生长和凋亡中发挥着作用。

（3）调节免疫应答。TrxR 的免疫应答由其特异性抑制剂 1-氯-2,4-二硝基苯（DNCB）介导。DNCB 可通过抑制 TrxR 造成 Trx 介导的 NF-κB 活化，产生快速的炎症反应。DNCB 还可以促进 Trx 或 Trx80（Trx 肽段）的分泌。Trx80 能刺激外周血单核细胞产生 IL-12，从而诱导细胞免疫应答。除此之外，TrxR 还有参与氧化还原信号传导、抑制肿瘤、作为肿瘤治疗的分子靶点等作用，与自身免疫性疾病、寄生虫病及感染性疾病等多种疾病相关，在动物体内发挥着重要作用。[42]

3. 硒代磷酸合成酶 2

硒代磷酸合成酶（SPS）是 SELD 的基因产物，SPS 催化产生的硒代磷酸（SP）是合成硒蛋白所必需的活性硒供体，SPS 对硒蛋白合成的调控起重要作用[42]。SPS的催化反应如下：

$$ATP+ 硒化合物 +H_2O \longrightarrow H_2PO_3Se+Pi+AMP$$

SPS 有两种同工酶：一种不含硒代半胱氨酸，称为 SPS1；另一种含硒代半胱氨酸，称为 SPS2。用 Northern blot 分析显示，SPS2 首先在合成硒蛋白的组织肝、肾、睾丸中表达，其次是血细胞发育部位——卵黄囊、骨髓、脾脏和胸腺。在小鼠中，SPS2 定位于 7 号染色体上。在低硒状态下，硒是硒蛋白合成的决定性因素，而在高硒状态下，受硒代磷酸合成酶和 SP 的调控，对真核生物，SPS1 和 SPS2 共同组成一个调控网，其中的重要环节之一可能是硒代半胱氨酸，在合成 SPS2 时需要硒代半胱氨酸，在合成 SPS1 时不需要硒代半胱氨酸，因此可能由 SPS1 维持硒代半胱氨酸和 SP 的基础值。[43]另外，用小干扰 RNA 干扰 NIH3T3 细胞中 SPS2 的表达后，发现含硒蛋白生物合成严重受损，SPS1 基因敲除则无影响，再分别用 SPS1 和 SPS2 转染细胞，转染 SPS2 的细胞恢复含硒蛋白的合成能力，但转染 SPS1 的细胞未恢复硒蛋白的合成能力，表明 SPS2 是合成硒蛋白所必需的活性硒供体。[44]

4. 碘甲状腺原氨酸脱碘酶 1—3

甲状腺激素主要包括 3, 5, 3'—三碘甲状腺原氨酸（3, 5, 3'—triiodothyronibe, T_3）和 3, 5, 3', 5'—四碘甲状腺原氨酸（3, 5, 3', 5'—triiodothyronibe, T_4）、3, 3', 5'—三碘甲状腺原氨酸（3, 3', 5'—triiodothyronibe, rT_3）和二碘甲状腺原氨酸（3,3'—T_2）。T_4 全部在甲状腺中生成，只有少量的 T_3 和 rT_3 在甲状腺中生成，大部分由 T_4 脱碘形成，T_3 活性较高，T_4 活性较低，rT_3、3, 3'—T_2 无生物活性。T_4 的激活是由从碘甲状腺原氨酸的酚类外环裂解 5'—碘原子引起的，这一个过程称为外环脱碘，而从酪氨酸环中去除一个 5'—碘原子称内环脱碘。脱碘是调节甲状腺激素生物活性的特别方式，T_4 通过外环脱碘可转化为 T_3 或通过内环脱碘可成为 rT_3；继续内环脱碘，T_3 进一步转化为 3, 3'—T_2，rT_3 外环脱碘也能得到 3, 3'—T_2；少量碘塞罗宁硫酸盐迅速脱碘后进入血液或经尿和胆汁排出体外。以上几种脱碘过程分别以 T_4、T_3、rT_3 和碘塞罗宁硫酸盐为基质，并由碘甲状腺原氨酸脱碘酶所催化，碘甲状腺原氨酸脱碘酶（简称脱碘酶）共有三种类型，分别是 1 型碘甲状腺原氨酸脱碘酶（D1）、2 型碘甲状腺原氨酸脱碘酶（D2）和 3 型碘甲状腺原氨酸脱碘酶（D3）。

D1 主要分布于肝、肾和甲状腺。D1 的亚细胞定位是细胞质膜，它的 C 端位于胞浆中。它是第一个被发现可以催化甲状腺激素脱碘的脱碘酶。人们编码 D1 的基因位于 1 号染色体，mRNA 大小约 1.8 kb。该基因编码 249 个氨基酸和 28.9 kDa 的蛋白质。小鼠编码 D1 的基因位于 4 号染色体，人和小鼠的 D1 基因有四个外显子。D1 能催化各种碘塞罗宁衍生物，尤其是碘塞罗宁硫酸盐的外环脱碘或内环脱碘，它是唯一一个既可以催化 T_4 外环脱碘又可以催化 T_4 内环脱碘的脱碘酶。D1 参与碘甲状腺原氨酸的清除和碘循环。在 D1 的作用下，T_4 能降解为 T_3、rT_3、3, 3'—T_2。在辅助因子二硫苏糖醇（DTT）存在的情况下，D1 具有高 Km 和 V max 值，由于 Km 的不同，对底物亲合性顺序为 $rT_3 > T_4 > T_3$，动力学机制符合乒乓机制。[45] D1 脱碘是清除 rT_3 的主要途径，T_4 能被 D1 催化成 T_3，是 T_3 的主要来源。此外，T_4 脱碘成 rT_3 的主要途径也是由 D1 所催化的，而且 D1 能够再次将 rT_3 转化为 T_2。Sec 是 D1 活性部位必需的氨基酸，D1 对碘乙酸盐（IAc）非常敏感，IAc 可以与酶的活性中心发生羧甲基化反应使酶失活。硫代葡萄糖金（GTG）是 D1 的竞争性抑制剂，能抑制 D1 的活性。丙硫氧嘧啶（PTU）与辅助因子竞争性地结合，从而抑制 D1 的活性，对 D1 具有很强的抑制作用。[42, 46] 甲状腺激素对 D1 有调控作用，甲状腺激素激活细胞核上的酸性蛋白受体，受体激活后与 D1 基因的甲状腺激素应答元件（TRE）相结合，激活基因的启动子，增强 D1 基因转录，使 mRNA 增加，酶的合成和活性增加。[47-48]肝脏和肾脏中的 D1 活性随着甲状腺功能的增减而升降，即当甲状腺功能亢进时，肝脏和肾脏中的 D1 活性上升，反之，则 D1 活性降低。[46]

人类的 D2 基因位于 14 号染色体，尽管 D2 在人和大鼠中的表达范围有所区别，但其在胎盘、垂体前叶腺体、棕色脂肪组织（BAT）和中枢神经系统（CNS）内都有其 mRNA 的转录。[46]D2 位于内质网膜，它的活性中心位于胞浆中。D2可被各种因子诱导产生，尤其是当其在神经胶质细胞培养过程中，但它在大鼠脑组织中主要表于神经末梢细胞。有资料表明，D2 在大鼠的组织分布比在人的组织分布要窄，这或许与其在大鼠中所起的作用较小有关。D2 只有外环脱碘活性，Km 和 Vmax 值低，对底物的亲合性为 $T_4 \geq rT_3$，符合动力学顺序机制。[45]D2 对 PTU、GTG 不敏感，而 IAc 能抑制 D2 活性。另外，甲状腺功能减退时，D2 活性增加；甲状腺功能亢进时，D2 活性降低。[46]通常局部组织中的 T_3 主要由 D2 催化得来，即使在 T_3、T_4 血浆浓度不定的情况下，仍起调节和维持局部组织尤其是 CNS 和脑垂体 T_3 浓度稳定的作用，这对于依赖甲状腺激素的大脑发育是至关重要的。对于小鼠，由 D2 产生的甲状腺激素对耳蜗发育、听力、以及甲状腺激素不足条件下的脑发育至关重要。在人体内，D2 是甲状腺、垂体前叶、胎盘、心肌、骨骼和棕色脂肪组织中 T_3 的重要来源，是成人中枢神经系统中唯一的 5'—脱碘酶。[10]

D3 主要分布于胎儿脑，其次是一月龄以内婴儿皮肤、胎儿肠组织和胎盘等。因其在胎儿肝脏及肝肿瘤有表达，也被称为癌胚蛋白（Oncofetal Protein）。D3 定位于细胞质膜，其活性中心在胞浆中。D3 的活性在微粒体中最高。D3 仅有内环脱碘活性，T_4 和 T_3 由其催化而失活，它对底物亲合性顺序为 $T_3 > T_4$，符合动力学顺序机制。[45]用大鼠脂肪细胞培养做模型，D3 能被表皮生长因子（EGF）、酸性成纤维细胞生长因子（aFGF）或碱性成纤维细胞生长因子（bFGF）诱导而增加其转录水平。[49]通常情况下，D3 是被用来控制细胞内活性甲状腺激素水平的，因为高浓度的 T_3 会使发育中的胎盘和胎儿组织受损。[50]即使是成年人，D3 同样具有不可替代的重要作用，因为 D3 可以清除其血浆中的 T_3 且可以帮助 T3 产生 rT_3。一般情况下，D3 活性在脑和皮肤中随着机体甲状腺功能的变化而变化，即甲状腺亢进时 D3 活性增加，反之则 D3 活性降低，对这种调节具体机制的研究还很少，许多关键问题尚不明朗。[46]

D1、D2、D3 都有 Sec 和其他保守序列，这使三者的结构非常相似，以致人们推测认为由它们所催化的脱碘反应会有相同或相似的机理，但是 D1 对 PTU、IAc 和 GTG 的敏感性远大于 D2 和 D3，这似乎又否认了这种假设。不仅如此，D1、D2、D3 三者所表现出的催化动力学类型也各具特点，D1 是乒乓动力学，

D2、D3 是顺序型动力学，而且这些差异被认为是由于 D2、D3 里硒基团的反应活性远低于 D1 所造成的。[46]

碘甲状腺原氨酸脱碘酶具有维持机体甲状腺激素代谢的动态平衡功能，此功能的发挥是通过碘甲状腺原氨酸脱碘酶对甲状腺激素活性调节实现的，它既可以将甲状腺激素低活性形式（T_4）转化为其高活性形式（T_3），又可以将其高活性形式（T_4）转化为无活性形式（rT_3、3,3'—T_2）。甲状腺激素对物质代谢及中枢神经系统的结构和功能均有调节作用，影响着机体的正常生理生化机能。D1 的主要作用是在外周组织催化 T_4 脱碘成 T_3，D2 则在脑垂体和棕色脂肪组织催化 T_4 脱碘成 T_3，T_3 的作用是清除有活性的甲状腺激素，防止组织内甲状腺激素过度。

碘甲状腺原氨酸脱碘酶具有维持胚胎发育的功能。在胚胎发育的过程中，甲状腺先是促进细胞分化，后是减缓细胞增殖，T_3 不足、胚胎过早或过迟暴露在成人水平的 T_3 中都是不利的，适量的甲状腺激素对维持胚胎发育是至关重要的，而碘甲状腺原氨酸脱碘酶可以维持机体甲状腺激素代谢的动态平衡，所以说碘甲状腺原氨酸脱碘酶具有维持胚胎发育的功能。除此之外，碘甲状腺原氨酸脱碘酶还与甲状腺疾病、低 T_3 综合征（脱碘酶活性降低，使 T_4 向 T_3 的转化降低，血清中 T_3 浓度下降，但总甲状腺素和游离甲状腺素仍属正常状态）、血管瘤等疾病相关。[46]

5. 硒蛋白 P

20 世纪 70 年代，Miller 和 Burk 首次在大鼠血浆中发现硒蛋白 P，它属于细胞外糖蛋白，是硒在机体血浆中的最主要存在方式。[51-52] 硒蛋白 P 每个蛋白分子内含多个 Sec，但不同种属所含的 Sec 量不同，硒蛋白 P 所含硒约占血浆中硒浓度的一半以上。硒蛋白 P 能够在人体的子宫、胎盘、心、肝、肠、肾等组织中广泛表达，且硒蛋白 P 主要由肝细胞分泌，能够结合肝素并通过肝素结合于细胞膜。除此之外，它还可以由脑星形胶质细胞、横纹肌细胞、小脑颗粒细胞等细胞分泌。[53] 通常情况下，由肝细胞分泌产生的硒蛋白 P 主要运输到血浆中，由其他组织细胞分泌产生的硒蛋白 P 则主要被运输至细胞间隙。[54]

硒蛋白 P 具有运输硒、抗氧化、解毒、营养神经细胞和降低肿瘤发病风险等功能。

（1）运输硒。硒蛋白 P 是体内硒的主要转运形式，硒蛋白 P 对细胞膜具有亲和性，硒蛋白 P 在肝脏细胞合成后被运输至血液中，然后以转运蛋白的形式被运送到外周组织，并在 Sec 裂解酶的作用下将硒释放出来。

（2）抗氧化。硒蛋白 P 的抗氧化机制有三种方式：直接抗氧化作用、间接抗氧化作用和联合作用。①直接抗氧化作用：硒蛋白 P 通过肝素结合于细胞膜，使其集中在细胞表面靶向性抵抗氧化剂，发挥抗氧化作用。脂质过氧化反应过程会产生脂质过氧化物，它们会和 NO 反应，生成过氧亚硝酸盐（ONOO⁻），ONOO⁻能够攻击和修饰机体的核酸和蛋白，如 DNA、脂质和蛋白质等，而硒蛋白 P 不仅可以将过氧亚硝酸盐还原为亚硝酸根离子（NO²⁻），还能够将脂氢过氧化物还原为磷脂醇，甚至可以直接还原为超氧化物，从而保护细胞膜。②间接抗氧化作用：硒蛋白 P 通过提高其他含硒酶的表达和活性达到提高机体抗氧化能力的效果。硒蛋白 P 的 N 端含一个 Sec，具抗氧化酶的活性，C 端则含多个 Sec 可向其靶细胞运送硒，为其他含硒的抗氧化酶（如 GPX、TrxR 等）的合成提供硒，实现硒蛋白 P 间接抗氧化功能。③联合作用：硒蛋白 P 不仅自身具有直接的抗氧化作用，还能够与其他含硒酶一起发挥抗氧化作用，从而最大限度地提高机体的抗氧化能力。[55]

（3）解毒作用。由于硒蛋白 P 富含硒半胱氨酸、半胱氨酸以及组氨酸，因此它能结合重金属 Cd、Ag 和 Hg 等，形成复合物，随后排出体外，消除重金属离子的毒性作用。[56]

（4）营养神经细胞。在脑内，硒蛋白 P 主要分布在额叶皮质、海马区、嗅球和小脑，也可少量表达于星形胶质细胞和神经元。硒蛋白 P 具有保护神经的作用，它能维持脑功能的正常发挥，其损耗殆尽将会引起神经发生不可逆的退行性变化。已有研究发现硒蛋白 P 与癫痫、帕金森氏综合征、阿尔茨海默病等神经退行性疾病的发生机制有关，尽管目前还不清楚它们之间的具体关系。[56]

（5）降低肿瘤发病危险度。有文献报道，将硒蛋白 P 的浓度分为 5 个水平，从低到高发生肿瘤的相对危险度呈递减趋势，提示随着硒蛋白 P 的浓度增高，发生肿瘤的危险度降低。[57] 除此之外，硒蛋白 P 还与精子生成障碍、糖尿病及其并发症等疾病有关。将小鼠硒蛋白 P 的 C 端敲除后，小鼠体内硒的总水平没有受到影响，但睾丸中的硒含量降低了，即使给予高硒饮食，小鼠的精子生成仍存在缺陷。Misu 等 [58] 在临床中的研究发现，硒蛋白 P 的表达和糖尿病的发生有相关性，但具体机制目前尚不清楚。[59]

硒蛋白 P 从 1973 年发现至今已有几十年的研究历史，因从血浆中纯化硒蛋白 P 的步骤烦琐、回收率低，供研究的材料不够充足，以至于硒蛋白 P 的研究进展十分缓慢。目前，对其基因表达调控的机理和高级结构认识还不清楚，尤其是有关硒蛋白 P 高级结构与其功能之间联系的研究报道较少，未来仍需更多研究来进一步明确硒蛋白 P 的结构和功能，特别是硒蛋白 P 实现其功能的具体机制。

6. 硒蛋白 K

硒蛋白 K（SelK）是 2003 年被 Gladyshv 实验室通过生物信息学的方法从人类

基因组中鉴定出的新型硒蛋白。硒蛋白 K 是内质网膜上的小分子量蛋白，硒蛋白 K 属于跨膜蛋白，C 端位于细胞质，N 端位于内质网腔，另外，还有一个跨膜区域。[60] 关于硒蛋白 K 的组织分布情况，研究结果并不一致。Lu 等 [61] 通过 Northern blot 检测硒蛋白 K 在人体不同组织的表达情况，结果显示硒蛋白 K mRNA 在心脏中的表达相对较高并在心肌细胞中参与了氧化应激反应。Saguna Verma 等 [62] 通过 Western bolt 检测硒蛋白 K 在小鼠不同组织中的表达情况，结果显示硒蛋白 K 在脾脏中的表达相对较高并参与了免疫调节。国内也有实验室通过 Western bolt、实时荧光定量 PCR 和免疫组化三种实验方法检测小鼠不同组织中硒蛋白 K 的表达情况，结果与 Saguna Verma 等一致。[63] 这很可能说明硒蛋白 K 在不同种属的组织分布是不一样的。

近年来对硒蛋白 K 的研究结果表明，硒蛋白 K 可能有以下功能。

（1）抗氧化功能。酶促和非酶促抗氧化体系共同维持机体的抗氧化体系。硒含有抗氧化酶功能的硒蛋白（如 GPX、TrxR）、硒核酸用以维持细胞内的氧化还原平衡状态，并以此降低活性氧（ROS）的水平，从而保护细胞免受 ROS 损害。例如，有文献报道体外过表达硒蛋白 K 可以使心肌细胞中 ROS 的水平显著降低，结果导致氧化应激造成的细胞毒性显著减小，提示硒蛋白 K 能够对细胞内的氧化还原平衡状态进行调控。[61] 此外，Yao 等 [64] 的研究表明硒蛋白 K 具有潜在的抗氧化能力，因为在缺硒实验组中 Yao 等发现鸡的腿肌、翅肌与胸肌中的硒蛋白 K 的表达量发生了显著改变，而对照组无此变化。[65]

（2）调节内质网相关蛋白降解（ERAD）和内质网应激。内质网（ER）是哺乳动物细胞中重要的细胞器，不仅能够合成并转移分泌蛋白和跨膜蛋白，还可以合成糖、固醇、磷脂及其他分子。除此之外，ER 还具有储存 Ca^{2+} 并调控 Ca^{2+} 释放以及参与膜转运等功能。内质网腔是真核生物细胞中二硫键形成、蛋白质折叠、糖基磷脂酰肌醇锚定蛋白加成和 N^- 连接的糖基化的主要场所。例如，多肽能够在内质网内的分子伴侣和巯基—二硫键氧化还原酶的帮助下正确折叠形成成熟的蛋白结构。对于那些未能正确折叠的蛋白，不但会被 ER 质量监控机制揪出，而且可以将其通过 ERAD 机制从内质网腔转移到细胞质中被降解。内质网应激是在一定的应激因素刺激下，细胞为了维护内环境稳定而启动的一种自我保护的反应机制。许多情况（如细胞的氧化还原失衡、内质网内 Ca^{2+} 异常、葡萄糖缺乏、病毒感染）都可能引起内质网应激。[66] 文献资料显示，用内质网应激诱导剂 β—巯基乙醇和衣霉素处理人肝癌细胞 HepG2 可上调硒蛋白 K 的表达，通过 RNA 干扰技术降低硒蛋白 K 的表达之后，会诱导 HepG2 发生内质网应激和细胞凋亡，说明硒蛋白 K 具内质网应激调节功能 [67]。内质网相关蛋白降解是真核生物细胞中蛋白质质量控制的重要途径，不仅可以识别并程序性降解错误折叠的蛋白，还能够将无功能或多余蛋白清除，防止这些蛋白在内质网中的积累及可能对细胞造成的伤害。内质网相关蛋白降解有三个过程：第一阶段，在内质网腔中，识别和锁定错误折叠的蛋白；第二阶段，将被识别蛋白转移到细胞质；第三阶段，被转移到细胞质的蛋白进入蛋白酶体，由蛋白酶体将其降解。[65]ERAD 复合物（p97ATPase、Derlins 和 SelS）在内质网相关蛋白降解途径中发挥主要作用。研究表明，硒蛋白 K 与 Derlin1 的相互关系紧密，硒蛋白 K 可通过 Derlin 通道感知基质的变化并与可溶性 ERAD 的糖基化底物相互作用，充分说明硒蛋白 K 参与 ERAD。进一步的研究表明，硒蛋白 K 不仅能够与钙连蛋白和寡糖转移酶结合，而且硒蛋白 K 的表达量会随着内质网内错误折叠蛋白的增加而上调，表明硒蛋白 K 在真核生物中参与的 Derlin 依赖的 ERAD 是通过作用于被糖基化的错误折叠的蛋白而实现的。[60, 65, 69]

（3）调节钙流、抗病毒功能。硒蛋白 K 在钙流调节方面起重要作用，在敲除硒蛋白 K 的小鼠中，其免疫细胞（包括巨噬细胞、嗜中性粒细胞和 T 细胞）中受体介导的钙流速度减慢，同时钙依赖的相关功能也被显著削弱，结果表现为小鼠感染尼罗病毒后清除该病毒的能力下降，即缺乏硒蛋白 K 的小鼠其免疫功能受阻。进一步的研究证实，缺乏硒蛋白 K 的小鼠体内嗜中性粒细胞的迁移速度减慢，T 淋巴细胞的增殖和迁移速度也减慢，表明硒蛋白 K 可以抑制病毒感染和增殖。[68]

（4）抗炎症功能。CD36 也叫清道夫受体 B2，是一种多功能跨膜糖蛋白，介导细胞对氧化型低密度脂蛋白（ox—LDL）的摄取，CD36 能黏附和吞噬氧化低密度脂蛋白进入巨噬细胞，诱导细胞转化为泡沫细胞，并通过氧化应激、炎症反应、血小板活化、巨噬细胞捕获促进动脉粥样硬化（AS）形成并诱发炎症级联反应。抑制 CD36 的表达或干扰其相关的信号通路均可显著缓解动脉粥样硬化的程度。用肿瘤坏死因子—α（TNF—α）刺激敲除硒蛋白 K 的巨噬细胞后，CD36 的表达下调，并且降低了低密度脂蛋白的吸收和泡沫细胞的形成，CD36 在脂筏处聚集的现象也消失，证明硒蛋白 K 与 CD36 表达和炎症反应的调控有关。[70] 而动脉粥样硬化是导致无数心血管病的根本原因，包括冠状动脉疾病、中风和心力衰竭等，可见硒蛋白 K 对心血管疾病的预防和治疗具有重要意义。

7. 硒蛋白 T

人的硒蛋白 T 分子量为 22 kDa，含 195 个氨基酸，硒蛋白 T（SelT）是用生物信息学方法获得的硒蛋白，硒蛋白 T 基因序列中具有一个保守的 CXXU 基序和两个硫氧还蛋白折叠（βαβ 和 ββα），属于 RDx 家族成员。硒蛋白 T mRNA 在动物的多种组织中均有表达，但是各部分表达水平的高低存在异议，采用

Northern blot 印迹技术检测出成年鼠硒蛋白 T mRNA 在肾脏中的水平表达最高，其次是脑、心脏、胸腺和睾丸。而用实时荧光定量 PCR 分析显示，硒蛋白 T mRNA 表达水平最高的是睾丸、垂体前叶。亚细胞定位显示硒蛋白 T 存在于内质网，硒蛋白 T 的分布依赖两个硫氧还蛋白折叠之前的疏水区。硒蛋白 T 的功能尚不清楚，有研究显示，敲低小鼠成纤维细胞中硒蛋白 T 的表达，结果导致参与细胞结构组织的相关基因的表达量被下调，细胞黏附性改变，几种氧化还原酶基因的表达量被上调，且增强氧化还原酶基因的表达可以弥补 SelT 活动的损失，而细胞黏附力的变化牵涉细胞锚固作用，表明硒蛋白 T 参与氧化还原调节和细胞锚固。同时，硒蛋白 W 的表达提高，硒蛋白 W 和硒蛋白 T 属同一蛋白家族，硒蛋白 W 可能具有硒蛋白 T 缺失的补偿作用。而硒蛋白 W 具有抗氧化功能，印证了硒蛋白 T 具有氧化调节功能。[71] 除此之外，硒蛋白 T 还可能具有调节垂体腺苷酸环化酶激活肽（Pituitary Adenylate Cyclase Activating Polypeptide，PACAP）的应答和体内钙离子平衡的功能。在 PC12 细胞中，硒蛋白 T 的过度表达能引起细胞内钙离子浓度的增加，相反，硒蛋白 T 基因的沉默能抑制 PACAP 诱导的胞内钙离子增加和减少生长激素分泌。[72]

8. 硒蛋白 N

硒蛋白 N（SelN）基因最早在 1999 年由 Lescure 等通过生物信息学方法发现的，硒蛋白 N 存在于所有脊椎动物及部分非脊椎动物中，人类 SelN 基因位于常染色体 1p35-p36，包含 13 个外显子，Sec 位于第 10 号外显子。硒蛋白 N 是一种跨膜糖蛋白，因其 N 端面向细胞质，C 端及活性位点位于内质网的内腔，因此它又是一种内质网驻留蛋白，广泛表达于内质网膜的表面。硒蛋白 N 的靶序列往往由一段疏水性氨基酸和一个双聚精氨酸模体组成且位于靶蛋白的 N 端，正是这一结构决定了硒蛋白 N 对底物具有很高的特异性。在人体中，硒蛋白 N 在各组织中均有表达，在胎儿组织中表达水平高，在成人组织中表达较低。[73-74] 对于像成纤维细胞和肌母细胞这样增殖比较旺盛的细胞来说，硒蛋白 N 的表达量会比较多，相反，硒蛋白 N 在增殖比较缓慢的细胞中的表达量会持续下调。[75] 在小鼠中，硒蛋白 N 主要表达于小鼠胚胎发育过程，尤其是肌节发育时期。迄今为止，硒蛋白 N 是唯一一个被确定的能够直接引起人类遗传疾病的硒蛋白，其基因突变会造成多种神经肌肉遗传疾病，它们被共同命名为硒蛋白 N 相关疾病（SelN—RM）。[76] 共有四种类型：先天性肌纤维类型不均（CFTD）、强直性脊柱肌肉萎缩症（RSMD1）、马洛体样肌间线蛋白相关肌病（MB—DRM）和多微小轴空病（MmD）。主要症状：肌肉萎缩、肌无力、脊柱强直、脊柱侧弯、呼吸功能不全。[77]

硒蛋白 N 有维持机体氧化还原水平平衡、影响肌肉形成、调节肌肉钙稳态平衡和维持动物运动能力的功能。

（1）硒蛋白 N 参与维持体内氧化还原平衡和肌肉组织再生。敲除硒蛋白 N 的成纤维细胞对氧化应激很敏感，尤其是对 H_2O_2 诱导的氧化应激更为敏感，直接导致细胞内被氧化蛋白质的数量陡然增加，细胞氧化水平急剧升高，细胞死亡率显著骤升，但是用抗氧化剂 N—乙酰半胱氨酸处理后可以显著降低这种敏感性。[78] 不仅如此，有资料显示 ER 氧化还原蛋白 1（ERO1）是一种蛋白二硫化氧化酶，它可促使 ER 中产生过氧化氢，继而引起内质网发生氧化应激，而硒蛋白 N 可以保护内质网免受 ERO1 诱导的过氧化氢损伤，这表明硒蛋白 N 参与了机体氧化还原平衡调节。[79]

（2）硒蛋白 N 在动物肌肉组织和肌肉形成中发挥着重要作用。硒蛋白 N 缺失能引起斑马鱼体节组织破坏、肌肉结构改变及小鼠运动力大幅下降，同时硒蛋白 N 能改善肌肉的品质。[80] 通常情况下，成熟肌肉的再生能力主要由静态肌祖细胞执行，一旦组织出现损伤，肌卫星细胞便被激活并增殖分化成为新的肌组织纤维。在敲除硒蛋白 N 的实验中，敲除组小鼠肌卫星细胞在损伤的成熟肌肉中的数量显著下降，当用环磷酰胺对实验组小鼠的骨骼肌进行二次损伤后，实验组小鼠骨骼肌完全停止再生，对照组小鼠的肌肉损伤却得到了修复，表明硒蛋白 N 能调节哺乳动物肌卫星细胞的增殖与分化，促进损伤肌肉组织的再生。[81]

（3）硒蛋白 N 具有调节肌肉钙稳态平衡的生物学作用。钙稳态对维持肌肉组织正常生理功能至关重要，Ca^{2+} 的浓度是硒蛋白 N 相关疾病患者肌肉组织功能障碍程度高低的决定性因素之一。有文献报道，钙稳态与内质网还原功能的调节在骨骼肌发挥作用时起着非常重要的作用，更是不可或缺的，而硒蛋白 N 异常往往会导致两者功能异常，表现为肌浆网中 Ca^{2+} 负载和 Ca^{2+} 释放减少，最终引起先天性肌肉疾病的发生。[82] 兰尼碱受体（RyR）是一种存在于内质网或肌浆网上的钙释放通道，它能快速地将 Ca^{2+} 向内质网或肌浆网中释放，参与维持细胞内钙的平衡。硒蛋白 N 的缺失可导致兰尼碱受体相关钙释放减少，因此硒蛋白 N 可能是兰尼碱受体的辅因子。

（4）硒蛋白 N 对维持动物运动能力的作用。肌内质网 Ca^{2+}—ATP 酶（SERCA）是一种内质网钙处理蛋白，如果 SERCA 活性不足，就很容易导致肌营养不良，这是因为 SERCA 在骨骼肌中能够通过调控兴奋—收缩耦联来控制 Ca^{2+} 的摄入水平，而硒蛋白 N 氧化还原活性的改变刚好可以影响 SERCA 的活性 [77]，可见硒蛋白 N 对动物运动能力的维持发挥着重要作用。

尽管有关硒蛋白 N 生物学功能和与其基因缺乏相关疾病的研究有许多报道，

但是硒蛋白 N 在细胞中所发挥的具体作用及其发挥作用的详细机制以及硒蛋白 N 明确的生物活性和其缺乏相关的功能缺陷等疑问还需解答。因此，迫切需要进一步深入研究硒蛋白 N 的结构、功能及其在人体生命活动中疾病防治的作用机制，这一工作有助于肌肉组织缺陷相关疾病的防治。

9. 硒蛋白 S

2002 年，Walder 等首次发现 2 型糖尿病模型大鼠肝中有一种对炎症和 2 型糖尿病有着重要作用的蛋白质，他将这种蛋白质命名为 Tanis。随后，Walder 等获得了该蛋白完整的 mRNA 序列，经过序列分析，发现它含硒蛋白特有的编码硒代半胱氨酸的密码子 UGA 和硒代半胱氨酸插入序列元件，从而确定它是一种新的硒蛋白——硒蛋白 S（SelS）。[83]Kryukov 等 [84] 也从人类基因组中发现了硒蛋白 S，人类硒蛋白 S 基因和大鼠 Tanis 基因是编码硒蛋白 S 的同源物。人类硒蛋白 S 基因位于 15q 26.3。硒蛋白 S 是跨膜蛋白，N 端位于内质网腔，含活性中心的 C 端位于细胞质。硒蛋白 S 广泛分布于下丘脑、心脏、肾脏、肝脏、睾丸和脂肪等组织，且亚细胞定位于细胞的质膜和微粒体中。

硒蛋白 S 具有抗氧化损伤、参与炎症反应、参与内质网应激和内质网相关蛋白溶解等主要功能。

（1）硒蛋白 S 的抗氧化损伤功能。研究表明，上调硒蛋白 S 基因的表达量可以保护人脐静脉内皮细胞 ECV304 和小鼠胰岛细胞 Min6 免受 H_2O_2 诱导的细胞损伤或凋亡。[85-86]

（2）硒蛋白 S 参与机体内的炎症反应。硒蛋白 S 能与急性炎症反应蛋白血清淀粉样蛋白 A（SAA）相互作用。[83] 硒蛋白 S 启动子—105 位的 G 变为 A（—105G → A）能显著降低硒蛋白 S 的表达，因此基因多态性的人群血浆中炎症细胞因子水平显著升高，增加了患炎症相关疾病的危险。[87]

（3）硒蛋白 S 拮抗细胞凋亡并参与内质网应激和内质网相关蛋白降解。硒蛋白 S 是 ERAD 复合物之一，是内质网相关蛋白降解途径中的一个重要部分。硒蛋白 S 基因启动子内有一个保守的内质网应激反应元件（ERSE），一旦内质网接触到应激诱导剂便可通过 ERSE 启动硒蛋白 S 的基因转录，表现为细胞中硒蛋白 S 的基因水平和蛋白质含量均显著性增加，因此硒蛋白 S 可以参与内质网应激的调节。[10] 硒蛋白 S 是内质网相关蛋白降解复合物的组成成分之一，参与内质网相关蛋白降解，这是因为硒蛋白 S 的 C 末端有一个位于细胞溶质的大结构域，该结构域能将 p97 ATP 酶诱导至其受体 Derlin—1 处，从而参与内质网相关蛋白降解过程。另外，在巨噬细胞 RAW264.7 中，硒蛋白 S 能够保持细胞存活，因为上调硒蛋白 S 基因的表达量能够大幅度拮抗内质网应激导致的细胞毒性和凋亡；相反，下调巨噬细胞 RAW264.7 中硒蛋白 S 基因的表达量后，细胞对内质网应激诱导的细胞死亡的敏感性增加。[88]

（4）参与精子发育过程。青春期前，大鼠睾丸中硒蛋白 S 的表达量很低，但是在青春期和青春期后，大鼠睾丸中硒蛋白 S 的基因和蛋白表达量均增加了 4 倍以上，表明硒蛋白 S 除了抗氧化损伤、参与炎症反应、参与内质网应激和内质网相关蛋白溶解外，还参与了精子的发育过程。此外，硒蛋白 S 与脂蛋白代谢有关，硒蛋白 S 的基因多态性与糖尿病、冠心病和胃癌等疾病密切相关。[88-89]

10. 硒蛋白 M

硒蛋白 M（SelM）是 2002 年通过生物信息学方法发现并实验验证的一种硒蛋白。[90]硒蛋白 M 基因位于人类的第 22 号染色体上，由 5 个外显子和 4 个内含子组成，基因全长约 3 000 bp，编码 145 个氨基酸，活性中心 Sec 位于氨基酸序列第 48 位。核酸杂交实验表明，硒蛋白 M 在子宫、胎盘、甲状腺、脑、心脏、肺脏、肾脏等均有分布，尤其在脑组织中表达较高。[91]

硒蛋白 M 有三个保守结构域，分别是 M1—15、K29—105 和 K126—129，且这三个结构域是硒蛋白 M 形成稳定结构和富有活性的基础。M1—15 主要存在于未成熟的蛋白中，是膜脂蛋白脂质附着位点，用于与脂肪酸甘油酯脂质的结合；K29—105 该区域主要由 3 个 α—螺旋和 4 个 β 折叠组成，存在 CXXC 基序，是硒蛋白 M 发挥生物功能的重要区域；K126—129 位于硒蛋白 M 的 C 端，是硒蛋白 M 特异性地定位于内质网的关键。硒蛋白 M 具有调节氧化还原平衡、抗氧化损伤、调节钙稳态和金属离子平衡以及保护神经免受损伤等生物学功能。另外，硒蛋白 M 也与生殖发育、癌症及阿尔茨海默病（AD）等重大疾病密切相关。[92]首先，硒蛋白 M 结构中存在 CXXU 和 CXXC 基序，通常是氧化还原中心；其次，对过表达硒蛋白 M 的转基因大鼠的研究中发现，硒蛋白 M 过表达能增加抗氧化酶的活性并降低大鼠血清中 H_2O_2 水平，表明硒蛋白 M 具有调节氧化还原平衡的作用。[93]硒蛋白 M 结构中的 CXXU 基序能结合 Hg^{2+}、Cd^{2+} 和 Zn^{2+} 等金属离子，促使硒蛋白 M 通过与离子相结合来维持微量金属离子的内稳态。[92]钙离子是细胞内信使分子，能调节神经元因化学作用和电刺激产生的生理反应，钙流是神经递质释放和神经元反应的重要信号，一旦钙内流异常，钙稳态被破坏，其结果将导致神经退行性疾病的发生。硒蛋白 M 过表达可抑制 H_2O_2 诱导的自由基升高、细胞凋亡及胞内钙升高，而硒蛋白 M 基因敲除能使神经元细胞发生凋亡并升高神经元细胞内钙的水平，提示硒蛋白 M 可能通过调节胞内 Ca^{2+} 稳态来保护脑组织免受氧化损伤，这为硒蛋白 M 可能抑制 AD 提供了一定的机理解释。[10] 另外，一旦钙稳态失衡，钙离子会直接或间接激活 Caspase，或是通过其所介导的氧化应激造成细胞凋亡。[92] 但是根据最新研究报道，硒蛋白 M 基因敲除的小鼠并没有出现认知障碍，而是变得肥胖，这表明硒蛋白 M 在体重和能量代谢调节中发挥作用。[94] 目前，有关硒蛋白 M 与许多重大疾病（如结肠癌、AD 以及不孕不育等）的关系尚不清楚，许多机理问题仍需深入研究。

11. 硒蛋白 15

硒蛋白 15（Sep15）因分子质量为 15 kDa 得名，最早发现于 T 细胞，存在于人类 1 号染色体上，表达蛋白由 162 个残基组成，Sec 位于第 93 位。硒蛋白 15 具有高度保守性，在鼠、马来丝虫等动物中均发现了它的同源基因。硒蛋白 15 在很多组织中均有表达，在前列腺、睾丸、肝脏、肾脏和脑中表达水平很高。硒蛋白 15 属氧化还原酶家族，是硒蛋白 M 的同源物，也具有氧化还原活性并且含硒蛋白，被认为参与抗氧化反应。但它的确切功能尚不完全清楚。定位于内质网且天然状态下的硒蛋白 15 能与 UDP—葡萄糖相互作用形成糖蛋白葡萄糖基转移酶，而糖蛋白葡萄糖基转移酶的功能是内质网糖蛋白折叠的质量控制，防止内质网错误折叠蛋白的运输，并对其进行纠正或更换其他的降解途径，所以硒蛋白 15 有可能参与控制内质网糖蛋白折叠质量。[95] 另外，硒蛋白 15 参与了白内障的形成，还可能参与了免疫调节与细胞凋亡。[96] 硒蛋白 15 具有氧化还原酶的功能，它和硒蛋白 M 均有一个 Trx 样折叠结构，推测这两个硒蛋白可能是 Trx 超家族中成员，具有氧化还原酶的功能。[97] 很多研究表明，硒蛋白 15 与癌症密切相关。Kumaraswamy 等 [98] 研究发现，人的硒蛋白 15 基因位于染色体 1p31，在癌症患者中该染色体常发生缺失或突变，而且硒蛋白 15 在许多癌组织中的表达水平显著低于其他组织，这些癌组织包括前列腺癌组织、乳腺癌组织、肝癌组织和肺癌组织等。[65] 以上研究结果表明，硒蛋白 15 可能具有防癌作用。但是，另一些研究结果却完全相反，显示抑制硒蛋白 15 表达可防止结肠癌。[99-100] 因此，硒蛋白 15 的功能及其与癌症的关系还需进一步研究。

12. 硒蛋白 H

硒蛋白 H（SelH）的蛋白大小为 14 kDa，硒蛋白 H 是具有折叠结构的硫氧还蛋白，其中有一种保守的 CXXU 结构对应于硫氧还蛋白的 CXXC 结构，具有氧化还原功能。[101] 硒蛋白 H 也是一种核仁氧化还原酶，具有与 DNA 结合的性质，可以平衡氧化还原并抑制 DNA 损伤，可通过维持基因组的稳定性来对抗氧化应激诱导的衰老。在维持基因组完整性以抵抗氧化应激的衰老反应中，硒蛋白 H 起着双重作用，直接增加 GSH 的表达或通过 Nrf2 间接增加其他抗氧化酶的表达。因此，硒蛋白 H 可能是在衰老过程中保护基因组免受损伤的干预靶点。硒蛋白 H 还可以减缓谷氨酸导致的神经细胞损伤。谷氨酸是兴奋性神经递质，可以易化 Ca²⁺ 的运输，参与学习记忆过程。谷氨酸对神经系统的作用有两面性：一方面，它是一种兴奋性神经递质，对维持神经细胞的正常活动具有重要意义；另一方面，谷氨酸聚集过多会引起谷氨酸受体激活过度，从而引起一系列的兴奋性神经毒性反应，这一过程能形成大量的活性氧自由基，使细胞凋亡。有研究证明，硒蛋白 H 可以减少损伤神经细胞活性氧自由基的产生，减少细胞凋亡和减轻细胞器损伤。这表明硒蛋白 H 可能通过减少神经细胞活性氧自由基的产生缓解谷氨酸导致的神经细胞损伤。[102]

13. 硒蛋白 O

硒蛋白 O（SelO）含硒蛋白，但其功能尚不清楚。关于硒蛋白 O 的研究很少，有研究推测，硒蛋白 O 具有激酶活性，但还没有得到验证。[103~104] 硒蛋白 O 定位于内质网，它是硒蛋白中最大的蛋白，其同源物广泛存在于多种生物体中。硒蛋白 O 的 C 末端含一个 CXXU 基序，因此硒蛋白 O 被推测具氧化还原活性。[105] 有学者推测，硒蛋白 O 可能与软骨细胞 ATDC5 分化有关，并通过 ShRNA 介导的基因沉默技术，研究了硒蛋白 O 对软骨细胞 ATDC5 分化的影响。研究发现，在软骨细胞 ATDC5 形成过程中，硒蛋白 O 的 mRNA 和蛋白表达水平增加，硒蛋白 O 缺乏时能抑制软骨生成基因 Sox9，ColII 和 Aggrecan 的表达，抑制了 ATDC5 细胞向软骨细胞分化。硒蛋白 O 缺乏时，碱性磷酸酶的活性和牙龈积累降低。硒蛋白 O 缺乏抑制了细胞周期蛋白 D1 的表达延迟细胞循环进程，从而抑制软骨细胞增殖。硒蛋白 O 缺乏能导致软骨干细胞的死亡。另外，在 ATDC5 细胞的软骨分化中，硒蛋白 O 表达增加。以上研究结果表明，硒蛋白 O 可能与软骨分化有关，并被认为它是地方性骨关节炎的病理生理过程中的关键调节因子。[106] 因此，阐明硒蛋白 O 在软骨细胞存活、增殖，以及它在软骨分化中的表达模式和重要作用，对研究地方性骨关节炎的病理生理过程中硒缺乏机制具有重要意义，或许将有利于地方性骨关节炎的治疗。

14. 硒蛋白 V

硒蛋白 V（SelV）属于氧化还原蛋白（RDx）家族。然而，它的功能尚未被完全阐明。[84] 硒蛋白 V 基因编码位于人类第 19 号染色体上。硒蛋白 V 的催化中心存在类似硫氧还蛋白的折叠结构和保守序列，表明它参与氧化还原反应。[107] 硒蛋白 V 是一种球状蛋白，发生在睾丸的生精管中。硒蛋白 V mRNA 的表达被认为受限于睾丸组织，主要局限于精子形成后期。[108]Varlamova 等 [109] 发现硒蛋白 V 可以通过免疫共沉淀与 OGT 和 ASB9 相互作用。ASB9 是包含锚蛋白重复序列和 SOCS 盒序列的蛋白质 [110]，能与肌酸激酶 B（CKB）相互作用，增加 CKB 的聚泛素化和减少细胞内 CKB 总水平。[111]CKB 是一类调控能量代谢的酶，有学者指出 CKB 与肿瘤的发生、发展关系密切。[112]CK 系统可能通过调控 ATP 的产生而参与肿瘤的生长。OGT 是一种可以催化所有 O—连接蛋白糖基化的高度保存的酶。[113] 鉴于其作为 O—GlcNAc 一种营养传感器的作用及其与磷酸化的广泛联系，由 OGT 催化的 O—GlcNAc 修饰在慢性疾病，特别是癌症的发病机制中起着根本性的作用。[114]一系列的研究表明，在肿瘤组织中，O—GlcNAc 和 OGT 的表达升高。[115~117] 有研究采用 A375 细胞作为模型研究硒蛋白 V 基因功能，经过转染硒蛋白 V 特定 shRNA，硒蛋白 V mRNA 和蛋白表达显著下调了 50%。但与此同时，细胞周期和增殖没有显著改变，不过凋亡率和 ASB9、OGT 的表达却显著增加，这可能意味着硒蛋白 V 在细胞凋亡的调节上很活跃。ASB9 表达的增加可以促进 CKB 的聚泛素化，从而减少 CKB 在细胞里的活动，这将对预防肿瘤的发展有潜在的好处。另外，硒蛋白 V 基因的干扰增加 OGT 的表达，可以增强 O—GlcNAc 的糖基化 [118]，因此有望促进 A375 细胞的增殖。[119] 同时，A375 细胞凋亡率在硒蛋白 V 基因表达增加时被压制。此外，增加 ASB9 和 OGT 在 A375 细胞上表达的影响可能是正反两面的。因此，在尝试通过采取增加硒蛋白 V 基因表达抑制黑色素瘤的发展时要慎重考虑。[120]

15. 硒蛋白 W

硒蛋白 W（SelW）是美国生物化学家 Whanger 在缺硒的山羊组织中发现了小型含硒蛋白，其中含有 85 ～ 88 个氨基酸。硒蛋白 W 在多种动物各种组织中广泛分布，肌肉、心脏（除啮齿类外）、脾脏和大脑中的含量最高。[121]硒蛋白 W 主要定位在细胞质中，少部分定位于细胞膜上。硒蛋白 W 具有 Sec（位于 13 位）及保守的 CXXU 结构。

硒蛋白 W 具有抗氧化的功能，展现出谷胱甘肽依赖性的氧化还原活性，是 H_2O_2 的清除剂。[122]硒蛋白 W 能减少氧化损伤引起的细胞死亡，对 AAPH 诱导的氧化损伤有轻微的抵抗能力 [123]，敲除硒蛋白 W 表达的鼠胚神经细胞对 H_2O_2 更加敏感。[124]

硒蛋白 W 是甲基汞的一个分子靶点，其表达受甲基汞影响。[122]甲基汞（methyl mercury）是一种具有神经毒性的化学物质，主要侵犯中枢神经系统，可造成语言和记忆能力障碍等。甲基汞的毒性由谷胱甘肽的衰竭所介导。

硒蛋白 W 具有抗凋亡功能。研究证明，鸡的硒蛋白 W 可通过对促进抗凋亡因子 Bcl—2 的表达，抑制促凋亡因子 Bax、Bak—1 和 caspase—3 的表达，保护肝脏免受氧化应激引起的凋亡损伤；鸡的硒蛋白 W 能抑制炎症因子（cox—2、iNOS、PTGEs、TNF—α 及 NF—kB）的表达，保护肝脏免受氧化应激引起的凋亡损伤[125]。当环境应激时，细胞主要通过激活 Caspase—8 和 Fas，引起 Caspase—3 的活化使细胞发生凋亡。研究证明，体外转染鸡硒蛋白 W 后能够抑制细胞中 Caspases—3、Caspases—8 和 Fas mRNA 的表达，从而减少细胞凋亡的发生。[126]

硒蛋白 W 具有免疫功能。鸡的硒蛋白 W 能调节细胞因子的表达，能够抑制 IL-1、IL-6、IL-8 和 IL-17 的表达，促进 IFN-γ、IL-4 和 IL-10 的表达，提高肝脏免疫功能。[125]

16. 硒蛋白 R

生物体内的蛋氨酸（Met）是一种易被氧化的氨基酸，它在氧化应激条件下可生成 S 型和 R 型两种蛋氨酸亚砜（MetO），且晶状体蛋白中 MetO 的增加与晶状体老化及白内障的形成相关。一般情况下，蛋氨酸亚砜还原酶（Msr）在生物体内的存在形式有两种，即 MsrA 和 MsrB，它们的特异性可以分别地作用于自由或结合在蛋白质中的 S 型蛋氨酸亚砜（S—MetO）和 R 型蛋氨酸亚砜（R—MetO），将 MetO 修复为 Met，从而避免了蛋白质结构和功能的改变。在哺乳动物中，MsrA 以单基因的形式存在，而 MsrB 有 3 种异构体，分别为 MsrB1、MsrB2、MsrB3，其中 MsrB1 为 Msr 中唯一的硒蛋白，又被称为硒蛋白 R（SelR）。硒蛋白 R 主要由 2 个 β—折叠和一个易变形的且具有疏水性的 N 端组成，硒蛋白 R 在 N 末端起着关键的作用，活性位点非结构化和疏水性使它能与底物特异结合。其催化活性位点含有高效催化活性的 Sec，由于硒氢基（—SeH）的还原活性最高，所以 MsrB1 酶的催化活性被认为是哺乳动物 MsrBs 中最高者。MsrA 的催化机制由参与催化反应中 Cys 个数决定。有两个 Cys 参与的催化反应大致有三个过程：首先，底物 MetO 的亚砜结构与 Cys 残基发生亲核反应后生成次磺酸（—SOH）和 Met；其次，—SOH 与 Cys 残基发生分子内脱水并生成二硫键；最后，二硫键直接被硫氧还蛋白还原成初始状态。尽管 MsrA 和 MsrB 在功能上有相似性和互补性，且两者的催化机制之间有相似点，但 MsrB1 中对 Met 起还原作用的氨基酸残基为硒蛋白特有的 Sec，而不是 Cys。[127]

硒蛋白 R 受机体硒水平的调节，通过补充硒含量来保持晶状体适当的硒浓度用以维持硒蛋白 R 的活性，对白内障的形成和发展具有一定的预防作用。[127]

硒蛋白 R 在脑内除了还原蛋氨酸亚砜，还可通过与铜离子的结合抑制其细胞毒性作用，从而干预阿尔茨海默病的发展。[128]

17. 硒蛋白 I

硒蛋白 I（SelI），因其显示出 EPT 活性，又叫乙醇胺磷酸转移酶 1（EPT1）。EPT1 能将磷酸乙醇胺从胞苷二磷酸（CDP）—乙醇胺转移到脂质受体从而生产乙醇胺甘油磷脂，如二酰基连接磷脂酰乙醇胺（PE）和醚连接的纤溶酶原（plasmenyl—PE）的酶。EPT1 在人的大脑、胎盘、肝脏和胰腺中表达最丰富，其次是心脏、骨骼肌、肺和肾。EPT1 对人类缩醛磷脂的神经发育和维持至关重要。EPT1 是神经元发育和髓鞘合成必不可少的，并在人类细胞中维持醚连接磷脂的正常稳态发挥重要作用。[129] 除此之外，它能降低脑细胞氧化应激，在保护神经元和脑细胞免受氧化损伤方面起重要作用。[130]

1.3　微量元素硒在动物体内的代谢、吸收与分布

微量元素硒是动物维持正常生命活动必需的营养矿物质，具有抗氧化、提高免疫力、抗肿瘤、预防疾病等多种重要生理功能。研究硒在动物体内的代谢、吸收与分布等问题，可以阐述硒与生命体健康的关系，加深我们对硒作为营养剂及临床医学方面的理解。例如，对硒的吸收与代谢机制的阐明帮助我们更全面地了解硒的功能，有助于我们对富硒产品的开发研究，还利于我们将其更科学地应用于硒产业，也为癌症等重大疾病的防治提供新途径，其中最直接的用处就是帮助我们选择硒源的种类。

1.3.1　微量元素硒在动物体内的代谢

硒在动物体内的代谢有多种途径。许多文献资料报道，无机硒和有机硒因其存在形式的不同而拥有不同的代谢途径。通常情况下，无机硒在一定条件下生成硒化氢（—SeH），然后以硒半胱氨酸的形式合成硒蛋白或生成甲基化代谢产物，最后将其排出。例如，亚硒酸钠在体内就是按照上述代谢途径进行代谢的，该代谢途径的重要场所是肝脏。因给予有机硒剂量的不同其代谢途径会有所区别，一般给予大剂量时代谢途径与硫的代谢途径关联，给予小剂量时代谢途径则与无机硒的代谢途径类似。蛋氨酸硒主要有蛋氨酸途径和硒途径两条代谢途径。通常，粪、尿是动物排泄体内硒的主要途径。一旦日粮中硒的添加量升高，呼吸便会成

为动物排泄硒的又一主要途径。值得注意的是，动物体内硫的含量可以从吸收、保留与排泄等方面影响硒在动物体内的代谢。这是因为有研究表明，当绵羊的日粮中含硫水平较低时，绵羊尿中硒的含量就会变低，同时绵羊血浆和其羊毛中的硒含量会上升，且对 Se-Met 的吸收量也显著增加，反之亦然。[33, 131]

有学者根据前人研究总结认为，生物体内具有两个硒库，分别是稳定硒库 A 和动态硒库 B。硒库 A 相对较小，仅仅只有 Se-Met；硒库 B 比较大，范围也比较广，它包含除 Se-Met 以外所有的硒化合物形式。硒库 A 中的硒只能来自 Se-Met，并可以转化到硒库 B 中，但硒库 B 中的硒不能进入硒库 A 中。正常生理状态下，机体从各种途径摄入的硒将优先保证 GPx 的活力，以满足机体正常运作时所需的硒，多余的硒将分别被储存于硒库 A 和硒库 B 中。当机体不再摄取新的硒源时，机体先会利用硒库 B 中的硒满足机体需要，一旦硒库 B 也不能满足机体需要时，机体会调动硒库 A 中的硒来使用。临床上所呈现的低硒或缺硒症状就是机体内的两种硒库都被耗竭的缘故。目前认为，硒源（硒代蛋氨酸）进入机体后，可经肠蛋氨酸转运进入体内，并以 Se-Met 的形式储存在硒库 A 中。只有当硒含量过剩时，Se-Met 才会趋向于经过 Met 代谢途径贮藏到机体。Se-Met 一般会通过蛋氨酸循环和转运途径水解成游离的 Se-Cys，然后以 Se-Cys 形式在硒库 B 中参与代谢反应。该过程大多在肝中进行。[132]

1.3.2 微量元素硒在动物体内的吸收

硒在动物体内的吸收与动物的种属、机体的机能状态、生理特性、肠道内容物的量、硒的化学形式、给硒途径以及硒在肠道的滞留时间等有关。不同的动物个体对不同化学形式的硒的吸收是有一定差异的。一般来说，有机硒比无机硒的吸收率高；可溶性无机含硒盐（如硒酸钠、亚硒酸钠等）和硒代氨基酸（如硒代蛋氨酸、硒代胱氨酸等）是最易于动物体吸收的；硒化物和部分有机硒对动物体来说是吸收缓慢的，如硒代二乙酸、硒代丙酸、硒代腺嘌呤等；单质硒在动物体内是完全不被吸收的。

硒主要在动物的胃、肠道中被吸收，最主要的吸收部位是十二指肠。硒在动物的胃、肠道中被吸收后进入血液，与血浆蛋白结合并经血浆运输到各组织，包括骨、毛发以及红细胞和白细胞。对人体来说，消化道、呼吸道、皮肤、皮下肌肉或静脉都可以吸收硒。研究发现，亚硒酸盐能被反刍动物瘤胃中的细菌还原成不溶性化合物，这可能导致反刍动物对硒的肠吸收效果不如单胃动物。硒经肠胃吸收进入动物体内后由血浆运载，在此过程中硒与血浆蛋白结合，然后被转运至体内其他各组织和器官中进行利用。[131-132]

1.3.3　微量元素硒在动物体内的分布

硒在动物体内的分布较广泛，分布于动物体内的硒的化学形式是多种多样的。当给动物日粮中添加硒的时候，动物体内各组织器官对硒的利用程度和顺序不同，这也是动物体内各组织器官内的硒含量不同的原因。[132]动物体内所有细胞和组织中都含有硒，但硒的含量会因组织和饮食硒水平的不同而有所变化。通常，硒会先分布到供血充足的机体部位，随后按器官对硒的亲和力有选择地进行再分布，其结果是脂肪组织中含量最少，血液、骨骼和肌肉中略多一些，动物毛发、垂体、肝、肾、胰脏等部位的硒含量最多。此外，硒在不同组织细胞内的分布也不一样，如硒在肝内的分布主要位于肝细胞的颗粒和可溶性部分，而硒在肾脏中主要分布于肾皮质的核部分。[133]硒的分布与硒所发挥的功能是密切相关的。对肝而言，动物肝中硒含量对饮食中硒水平的改变十分敏感，人们据此提出肝（或肝和肾）中的硒浓度可看作机体硒营养状况的灵敏指标，这一指标的确认对临床病症的确认具有重要意义。不仅如此，动物机体不同组织对硒的储存和利用能力也不尽相同，甚至不同的硒源可以影响硒在动物机体内的具体分布。以蛋鸡为例，如果其饲料中添加的是无机硒亚硒酸钠，那么这种蛋鸡下的鸡蛋中的硒主要存留于蛋黄中；如果直接拿植物饲料喂鸡，那么蛋鸡下的鸡蛋中的硒主要存留于蛋清中。

1.3.4　微量元素硒在动物体内的排泄

动物体内的硒主要通过呼吸、汗液及粪尿等途径排出体外，而每种排泄途径的比例取决于动物种类、组织内硒的化学形式和含量、硒的来源途径等，此外还受到动物种类和饮食中其他因素的影响。[132]

正常情况下，机体内的硒主要经尿液排出体外，只有少量经粪便排出，这是因为有部分硒会随胆汁、胰液及肠液等被一起分泌到肠内，或一些未被吸收的硒也都汇聚肠内最终经粪便排出。[132]当体内硒含量增加时，尿、粪便中排出的硒也随之增加，同时挥发性硒随呼气排出的量也有所增加。在低硒情况下，呼吸也会成为硒排泄的主要途径。正常水平以内的硒进入机体后主要以三甲基硒的形式从尿中排出，一旦超出正常水平，过量的硒将以二甲基硒化物的形式经呼吸排出。特别注意的是，反刍动物因为其瘤胃中细菌的作用会使牛摄入大量的硒后主要经粪便排出。

研究发现，羊羔尿硒排泄与饮食中硒的化学形式有一定关系。饮食中的硒代蛋氨酸在羊羔体内的保留大于亚硒酸盐，而硒代蛋氨酸和亚硒酸盐两者的吸收基本相等，因此造成以上两者之间差异的原因是硒代氨基酸经尿排泄低于亚硒酸盐。

动物种类不同也会造成硒排泄途径不同。反刍动物经饮食摄入硒后，硒的排泄途径主要是粪便。而单胃动物经饮食摄入硒后，硒的主要排泄途径是尿。此外，硒的排泄途径也会受其摄入方式的影响。当硒的摄入方式为注射时，其排泄途径主要是尿。[15]

1.4　微量元素硒的地理分布

研究表明，在自然环境中，硒是易于迁移转化和分散，但在某种情况下又会高度富集的元素，因此硒在世界各国中的分布是极不均匀的。据国内外学者不完全统计，世界上有42个缺硒国家，其在地理分布上呈现明显的条带状特征。缺硒区在南北半球各呈现纬向分布，主要位于30°以上的中高纬度地区，在北半球包括欧洲大部分地区，尤其是地中海国家、中国、蒙古、俄罗斯、日本等；在南半球包括非洲南部，澳大利亚西南部、新西兰，南美洲的智利、阿根廷、巴西南部和乌拉圭等。[135] 在硒的生态地球化学循环过程中，硒的赋存状态对环境地球化学行为有控制作用，包括其毒性、水溶性、可利用性、氧化还原态等，会进一步影响全球的生态效益。因此，通过对岩石土壤体系中的硒进行深入研究发现，硒的赋存状态和释放、迁移转化规律对深入认识和了解硒的生态地球化学循环具有重要的意义。

我国地大物博，更是存在富硒与缺硒地区，70%以上的地区硒贫瘠[136]，2/3的人口出现不同程度的硒摄入不足现象，是一个严重缺硒的国家。同时，经研究发现，我国硒含量的地理分布总体上呈现出一条自东北向西南走向的不连续带状的分布特征，低硒区为由黑龙江、吉林、辽宁、河北、河南、云南、贵州、四川、西藏、山东、山西等多个地区组成的宽带，富硒区位于西北和东南部。[135] 大量研究表明，硒对人体健康存在双重影响，即硒摄入过多会引起硒中毒，硒摄入过少会引发缺硒病症，如肿瘤、心血管疾病、免疫系统紊乱等，这些病症会严重影响人体健康。因此，在硒的地理分布极不均匀的情况下，硒的地理分布特征严重影响我国居民的身体健康。当前，为保证人体健康，我们需要解决的是降低高硒地区居民的硒摄入量和提高缺硒地区居民的硒摄入量这两大问题。

陕西紫阳和湖北恩施是迄今为止发现的中国两大天然富硒地。陕西紫阳县位于陕西省南部地区，地处大巴山北麓，汉江上游。紫阳县属于多山地区，恰好处于大巴山北侧，属于秦岭地槽带，由此形成北亚热带湿润季风气候，年降水总量为1 000 mm以上，年平均气温为15.1 ℃。该地区南缘跨越秦岭地槽和扬子地台两个较大的构造和沉积单位，地下存在早古生代地层，主要有碳酸盐类、含碳板岩和海相碎屑岩等物质。富硒岩石（碳质板岩、碳质硅质岩）中硒的主要赋存形态为硫硒化物结合态、有机结合态和残渣态。湖北恩施土家族苗族自治州位于湖北省西南部，是迄今为止"全球唯一探明独立硒矿床"所在地，全球唯一获得"世界硒都"之称的城市，被誉为"世界第一天然富硒生物圈"，是我国发现的第一个富硒区。该州大部分为山地地形，森林覆盖率总体上较高，由此形成亚热带季风山地湿润气候，年平均降水量为 1 600 mm，年平均气温为 16.2 ℃，夏无酷暑，冬无严寒。该州岩溶地貌发育主要以碳酸盐岩类为主，富硒碳质页岩中硒的主要赋存形态为有机结合态、硫硒化物结合态和可交换态，还有残渣态和水溶态。[137]

1.5 微量元素硒的生物学功能

1957 年，美国学者 Schwartz 研究发现"因子 3"能够使大鼠免遭膳食性肝坏死，并证实"因子 3"就是硒，从而证明硒是动物机体内必需的一种微量元素。1966 年，第一届以"硒在生物和医学中的研究和进展"为主题的国际讨论会在美国召开，这是第一次以单一元素作为议题举行的国际讨论会，足以证明硒在当时的重要性。Schwartz 和 Foltz 第一次发表的有关动物体内硒的营养作用的报告在当时及后来对硒的营养作用研究中发挥了重要的作用。

1971 年，Shamberger 经过一系列研究指出，在低硒地区硒含量摄入低的人群中，癌症的发病率比其他地方高，尤其是乳腺癌和消化道癌极其明显。这是当时最早的关于硒与癌症关系的研究，这一发现也为后来人们研究硒的生物学功能提供了一定的理论基础。

1972 年，Rottuck 提出硒是谷胱甘肽过氧化物酶（GSH-Px）的活性中心，是 GSH-Px 不可或缺的重要组成部分，从而在分子基础上确立了硒是动物机体必需的微量元素的理论机制，随后将全文发布于 1973 年的《科学》杂志中。[136] 此发现使人们进一步认识和了解硒在动物机体内的重要性。受此启发，越来越多的研究者投入对硒的相关研究中，并取得很大的进步。

经大量研究后，人们相继在哺乳动物中发现 20 多种硒酶，并由此确立了硒蛋白组学及硒生物化学两个重要学科。[136] 随后，经研究发现，硒代半胱氨酸密码子 UGA 是唯一的一个含有准金属元素的氨基酸，这一发现为硒的进一步研究指明了方向。此外，Ebselen 被发现是一种具有类似硒酶生物活性的小分子有机硒化合物，它的出现又为人们对硒的有机化学和药物化学方面的研究注入了新的动力。硒是人和动物必需的微量元素，在机体内具有抗氧化、抗肿瘤和免疫调节等作用。现将硒的主要生物学功能归纳如下。

1.5.1 抗氧化

正常情况下，参与生物体内生理生化代谢的氧大多数与氢结合生成水，然而有 4%～5% 的氧会被酶催化形成超氧阴离子，超氧阴离子又可经过多种途径最终形成过氧化氢，它们本质上都属于自由基。据上所述，自由基是指那些最外层电子轨道上含有不配对电子的原子、离子或分子。自由基的种类有很多，氧自由基是其中之一。据估计，人体内总自由基的 95% 以上是氧自由基，对人体造成直接或间接伤害的主要是氧自由基[138]，自由基过多会导致癌症、肺气肿、各种炎症、眼病等疾病发生。目前，研究认为，硒对自由基的作用机理为硒代半胱氨酸是谷胱甘肽过氧化物酶提供活性中心所必需的因子，该酶能够利用谷胱甘肽使有毒的过氧化物还原为无毒物质，使过氧化物分解，从而清除自由基。

硒的抗氧化作用包括多个方面：清除脂质过氧化有毒中间产物；修复自由基引起的分子损伤；分解脂质过氧化物；清除自由基或将其转化；等等。最终目的都是防止氧化作用的产生及保护机体免受侵害。机体内存在大量的不饱和脂肪酸，它们容易被氧化产生脂质过氧化物。动物机体内存在两类抗氧化防御机制：一类是酶促防御系统，它能清除特定自由基、H_2O_2 等活性氧并终止自由基链式反应，主要包括过氧化物酶（POD）、过氧化氢酶（CAT）、超氧化物歧化酶（SOD）、谷胱甘肽还原酶（GSH-R）、磷脂氢谷胱甘肽过氧化物酶（GSH-Px2）和谷胱甘肽过氧化物酶（GSH-Px）等。[139]当硒缺乏时，谷胱甘肽过氧化物酶的活性会降低，不能有效催化谷胱甘肽参与氧化反应过程，从而不能清除过氧化物的毒性。另一类是非酶促反应，主要包括辅酶 Q、含巯基化合物和维生素 A、维生素 E、维生素 C 等。[140]人体内 GSH-Px 的核心物质是硒，且硒代半胱氨酸是 GSH-Px 提供活性中心的必需因子，每摩尔的 GSH-Px 含 4 克原子硒。GSH-Px 能特异性地催化还原型谷胱甘肽转化为氧化型谷胱甘肽，使具有毒性的过氧化物（如过氧化氢、超氧阴离子、脂酰游离基等）还原为无毒性的羟基化合物（$2GSH+H_2O_2 \longrightarrow GSSG+2H_2O$ 或 $2GSH+ROOH \longrightarrow GSSG+ROH+H_2O$），从而有效分解过氧化物，清除自由基，有针对性地修复分子损伤部位，保护细胞膜的结构和功能。[137]

硒具有很强的抗氧化功能，无机硒（如亚硒酸钠）和有机硒（如硒代半胱氨酸或硒代蛋氨酸）的化学性质都表明了硒具有这一功能。特别是 GSH-Px，它是生物体的有效抗氧化物质之一，常能与强氧化剂 SOD 协同清除生物体内的过氧化氢等物质，共同削减自由基对机体的损伤，达到减少和阻止其对脂质过氧化一级反应的目的。[141]GSH-Px 还能还原过氧化物，阻断其对脂质的过氧化二级反应，从而抑制脂质过氧化作用，清除氧化过程产生的自由基，从而保护细胞达到抗氧化的作用。[141]硒元素还是硫氧还蛋白还原酶（TrxR）等一些酶的活性中心，能清除体内某些自由基进而发挥抗氧化作用。新型抗癌药物乙烷硒啉是一种 TrxR 抑制剂，它作为人体巯基调节系统中的重要组成部分，能通过调控氧化还原反应，控制机体细胞的异常生长，从而有效发挥抗氧化作用。[12]

1.5.2 抗肿瘤

医学地理学研究表明，世界上大部分国家和我国 72% 的地区处于缺硒或低硒状态，肿瘤的发生率和死亡率与硒的地理分布特征具有一定关系。在这些缺硒地区中，肿瘤的发生率和死亡率普遍高于中硒水平地区，而且患者体内的硒含量比正常人低。

19 世纪，科学的肿瘤学观点开始逐步建立，尤其是 Rous 发现鸡肉瘤的无细胞提取物具有感染性以后。禽肉瘤病毒（RSV）是第一个被人类认识的禽类肿瘤病毒，也是第一个被人类认识的 RNA 肿瘤病毒。1915 年，Walker 和 Klein 建议使用硒治疗癌症。随后，基于伯基特淋巴瘤的细胞系于 1965 年被 Yvonne Barr 等成功建立，且在该细胞系中发现了类疱疹病毒颗粒——EB 病毒（EBV）的足迹。研究还发现，EB 病毒与许多疾病密切相关，如移植后淋巴组织增生性疾病、霍奇金病、胃癌等，因此 EB 病毒被认为是人类认识的第一种人类肿瘤病毒。20 世纪 70 年代至 80 年代，大量研究确定了病毒是人类恶性肿瘤的致病因子。研究还发现，DNA 和 RNA 病毒能够诱发动物肿瘤及在细胞培养过程中对细胞进行转化。同时期，科学家发现硒具有抗肿瘤的作用，通过研究证实硒是乳腺癌、胃癌等癌症的有力抑制剂。1973 年，联合国世界卫生组织宣布硒与癌症的发生密切相关，它是动物和人体维持生命活动必需的微量元素，补充适量的硒能够有效预防多种疾病。

1979 年，Lane 对 DNA 肿瘤病毒进行研究，发现了历史上第一个抑癌基因，即 p53 基因，首次为 DNA 肿瘤病毒癌基因产物与细胞蛋白相互作用发挥功能提供了证据。不仅如此，p53 基因还能与其他病毒癌基因产物形成复合物，如腺病毒 E1B 蛋白和 HPV E6 蛋白等病毒癌基因产物。此外，p53 抑癌基因的发现对后续研究硒的抗肿瘤作用提供了理论基础。2000 年，《美国国家科学院杂志》发表文章称，硒代蛋氨酸能够激活 p53 抑癌基因，此基因能通过促使细胞凋亡或阻碍癌细胞的复制两种途径达到预防肿瘤的目的。

硒因为具有抗肿瘤的功能，所以有"抗癌之王"的美誉。正常情况下，人体缺硒容易患肝癌、肺癌、胃癌等，且肿瘤患者大多有多发性肿瘤、恶性程度高、肿瘤分化不良及生存期短的特点。硒能增强机体防癌和抗癌能力，因此硒在与肿瘤的对抗中具有举足轻重的作用。[142]硒具有良好的抗肿瘤或辅助抗肿瘤的作用，但这种作用具有二重性。二重性指硒不但能在适宜浓度时发挥保护细胞的功能，而且会在浓度过高时损伤机体细胞膜正常的结构，且容易使蛋白质交联时出现过度交联的现象，最终使硒的依赖性酶失活，严重时不能维持正常的生物功能。研究表明，不同肿瘤患者血清中的硒含量较正常人普遍偏低，这说明硒缺乏是肿瘤患者的固有共性。

现已有大量研究证实，血清硒含量的高低与口腔癌、鼻咽癌、腮腺癌、扁桃体癌、喉癌、肺癌、结肠癌、前列腺癌和白血病等恶性肿瘤的发生病变及癌细胞的浸润、转移及预后相关。[11]癌细胞的浸润指的是肿瘤细胞生长迅速，侵入并破坏周围组织，包括血管、淋巴管和组织间隙等恶性肿瘤，多数呈浸润性生长，同时由于肿瘤细胞没有包膜或包膜不完整，使其与邻近正常组织细胞分界不明显。癌细胞的预后指的是对癌症的发展过程和后果的预测，包括判断某种症状、体征和并发症等其他异常的出现或消失及死亡。研究表明，肺癌患者的血清硒含量明显低于正常人，且处于进展期的癌症患者的血清硒含量比早期癌症患者还低，进一步证实肺癌的发生与低硒状态有关，但目前血清硒含量的具体标准暂不清楚。因此，将控制血清硒含量应用于抗癌尚待研究。

硒的抗肿瘤或辅助抗肿瘤作用在各种体内外试验和临床中得到一定程度证实，但硒如何更准确选择肿瘤作用位点等仍有待研究。目前，人们对含硒抗肿瘤药物的研究开发已取得了一定的成绩。例如，含硒抗高血压药物（HOMePAESe）是由日本成功研制的口服类降压药，具有多种药理活性，属于世界上第一个有效的含硒药物。由日本和德国共同研发的新型药物依布硒啉（Ebselen）是具有谷胱甘肽过氧化物酶生物活性的小分子有机硒化合物，具有多重生物活性，不但能够清除脂质过氧自由基，抑制过氧自由基对 DNA 的损伤，而且能够对抗癌药物的毒副作用起拮抗作用。由北京大学研制的国家一类抗癌新药乙烷硒啉是一种新型苯并异硒唑酮类有机硒化合物，对多种肿瘤有抑制作用，这些肿瘤包括结肠癌、肝癌、胰腺癌、肺癌等。[144]

硒的抗肿瘤机制具有多样性，目前受到广泛关注的是加速肿瘤细胞凋亡、调节机体免疫、抑制肿瘤血管生成和肿瘤迁徙、维持机体遗传物质稳定、降低致癌因子诱变性、调节 GSH-Px 活性等机制。[144-145]

（1）加速肿瘤细胞凋亡。细胞凋亡又称细胞程序性死亡，是细胞为了维持内环境的稳定，由基因控制的细胞自主、有序的死亡。该过程涉及一系列基因的激活、表达及调控等作用，是一个主动过程。正常情况下，细胞凋亡能够维持组织、器官正常形态和功能，使机体的组成成分保持在生理需要的范围内。在治疗癌症过程中，使用放射线或化疗药物杀伤肿瘤细胞的机制实际上是诱导靶细胞凋亡的过程。当机体内细胞被多种不利因素诱导时，致癌因子可抑制细胞凋亡以促进肿瘤生长。

诱导和促进肿瘤细胞凋亡是硒防治肿瘤最关键、最重要的机制。研究表明，肿瘤细胞凋亡失控与肿瘤发生有必然关系，因此要防治肿瘤，当务之急就是寻找高效低毒且作用机制明确的凋亡诱导剂。邱玉爽[144]的研究表明，硒可以通过不同途径诱导肿瘤细胞凋亡：①使用天然存在的含硒氨基酸——硒代半胱氨酸对人皮肤黑色素瘤细胞 A375 进行预处理，可有效地调控凋亡抑制基因 Bcl-2 的表达，此基因在细胞凋亡的调控过程中起着重要的作用。凋亡抑制基因 Bcl-2 能够阻止氧自由基破坏细胞结构，导致线粒体膜电位降低，从而促进肿瘤细胞凋亡。此外，有研究表明，上调促凋亡基因 Bax 也能诱导肿瘤细胞凋亡。②硒代半胱氨酸和 5-氟尿嘧啶联合用药能够对细胞内氧化还原系统进行调节，其结果是阻断具有调节细胞增殖、分化和存活功能的细胞外信号调节激酶（ERK）信号通路，最终增强 5-氟尿嘧啶的抗肿瘤作用。[146]③细胞凋亡开始时，线粒体膜的膜稳定性会较差，在线粒体内呼吸链中的电子传递体细胞色素 C 能够从线粒体中大量释放，促进细胞凋亡。此外，无机硒化合物（如亚硒酸钠）不仅可以增强多烯紫杉醇的诱导细胞凋亡作用，还可以抑制前列腺癌细胞 PC3 的增殖，同时能够降低生物体内线粒体膜电位。[147]④二苯基硒氰酸是一种合成的硒化合物，它能够通过 ROS 诱导 DNA 损伤，上调 p53 基因表达，激活 caspase 信号通路，从而提高艾氏腹水癌细胞对环磷酰胺的敏感性。[148]细胞出现异常时，机体内积累的 ROS 可激活线粒体上非特异性的转运通道（PTP）开放，使 H^+ 在膜两侧达到平衡，呼吸链底物在细胞质与间质间也达到平衡，导致呼吸作用无法继续进行，因而引起细胞凋亡。此外，纳米硒能显著提高抗癌药物盐酸伊立替康对 HCT-8 细胞的杀伤效力，这是通过 p53 介导的细胞凋亡实现的。[149]在以 p53 介导的细胞凋亡过程中，ROS 为中心信号位置，Ca^{2+} 浓度上升，ATP 减少，跨膜电位降低，从而引起细胞凋亡。⑤研究表明，调节细胞周期可以诱导肿瘤细胞凋亡。细胞周期的研究对癌症的研究具有十分重要的意义。癌症的特征之一就是细胞分裂调控能力遭到破坏。细胞周期调控系统由一组依赖性蛋白激酶（CDK）组成，其能够在特定的时间激活驱动细胞周期顺利完成，但在癌变过程中其常常失活，从而使细胞周期失控。硒能够影响细胞周期蛋白，增强抗癌药物的肿瘤杀伤作用，诱导肿瘤细胞凋亡。

（2）抑制肿瘤血管生成和肿瘤迁徙。肿瘤或成长性病变中的微血管受到硒的抑制。[150]肿瘤血管对肿瘤微环境以及肿瘤细胞形成有影响，从而间接影响放疗的敏感性或化疗药物的药效等，其影响可能是通过对内皮的基质金属蛋白酶（MMP）和血管生成介质、血管内皮生长因子（VEGF）的抑制起介导作用。肿瘤血管生成是由免疫细胞释放的特异性因子等介导的，在多种因子中，VEGF 直接作用于血管内皮细胞及功能强大的血管生成调节因子。VEGF 具有多种功能，如改变内皮细胞的基因表达、促进内皮细胞的增殖生长、改变毛细血管的通透性等。缺氧诱导因子是介导细胞对缺氧微环境进行适应性反应的关键转录调控因子。当肿瘤细胞出现缺氧时，VEGF 会大量表达，在机体其他调控因子的参与下，VEGF-A 开始进行转录与翻译，促使更多的血管生成。VEGF 在促进肿瘤细胞的生长，增强血管通透性的同时，能够使肿瘤细胞通过血液循环进行转移，为肿瘤迁徙提供了路径。硒能够抑制肿瘤血管生成因子的活性，且可加速生物体内抑制因子的生成，因此可从两个方面抑制肿瘤血管的生成与发展，切断肿瘤细胞的营养供应来源，影响其能量代谢，使其逐渐坏死甚至消亡，因而对肿瘤细胞增殖和迁移具有重要作用。[144]同时，硒能够诱导分化肿瘤未成熟的新生血管逆转，使肿瘤血管的结构和功能恢复正常状态，营造抗肿瘤血管生成的环境，从而抑制血管网的形成与发展，进而干扰肿瘤转移环节。

此外，硒 – 甲基硒代半胱氨酸可降低头颈癌细胞和结肠癌细胞内的活性氧水平，保持脯氨酰羟化酶 3（PHD3）和脯氨酰羟化酶 2（PHD2）水平的稳定抑制 HIF-1α 的表达。而 HIF-1α 在肿瘤血管生成过程中也起着非常重要的调控作用，能够激活 VEGF 等因子的转录活性，增加血管生成的概率。因此，荷瘤小鼠肿瘤组织对抗肿瘤药物敏感性的增加是通过硒 – 甲基硒代半胱氨酸下调 HIF-1α 基因表达实现的。[151-152]研究表明，HIF-1α、血管紧张素 II（Ang II）和血管内皮生长因子表达量的高低都能相应地影响肿瘤血管的生成、紧张以及肿瘤细胞的生长。而 Liu 等[153]发现硒 – 甲基硒代半胱氨酸、亚硒酸钠和甲基硒酸均能使上述基因的表达量下调，其结果是张力蛋白和磷酸酶基因的表达量被上调，最终使环磷酰胺对犬乳腺癌细胞 CTM1211 的抑制作用显著提升。[153]Fu 等[154]合成的包裹多柔比星的纳米硒能够通过活性氧介导的脱氧核糖核酸损伤作用激活 VEGF-VEGFR2-ERK/AKT 信号通路而抑制肿瘤血管的生成。因此，硒具有协同抗肿瘤作用，未来有望将硒与抗肿瘤作用机制联用，其结果将可以显著提高化疗药物对肿瘤细胞的杀伤效率。

（3）降低致癌因子诱变性。致癌因子又称致癌物，是引起细胞恶性病变的物质，是肿瘤发生的最大诱因。致癌因子包括三大类：①物理致癌因子，包括 X 射线、γ射线、高速带电粒子等的电离辐射类，以及光、电磁辐射等的非电离辐射类。X射线能引起机体内染色体的易位和断裂，从而激活癌基因或使抑癌基因失活。放射线引起的肿瘤有乳腺癌、肺癌、骨肿瘤、皮肤癌、多发性骨髓瘤等。硒可以降低某些能激活致癌原的羟化酶的活性，如芳基羟化酶、苯并芘羟化酶等，提高解毒酶系统，如葡萄糖醛基转移酶的活性。②化学致癌因子，包括联苯胺、亚硝胺、黄曲霉等有机物，以及砷化物、铬化物、镉化物等无机物。吸烟是人体摄入化学致癌因子的主要途径，使食管癌、口腔癌等癌症频发。硒能够改变化学致癌因子代谢的作用，从而降低致癌因子的诱变性。③生物致癌因子，包括霉菌、病毒等。病毒致癌因子包括DNA肿瘤病毒和RNA肿瘤病毒，能够通过一定方式将其基因整合至机体基因组内。癌基因进入机体后通过逆转录作用产生癌基因，使宿主细胞发生癌变。

硒可以降低致癌因子的诱变性，抑制肿瘤新生血管分化。[150]硒通过促进致癌因子代谢产物生成酶的作用，阻止致癌因子到达细胞关键靶位与DNA作用，减轻致癌因子对DNA的损伤，保护细胞膜，提高细胞对致癌因子诱变作用的抵抗力。硒可降低蛋白激酶C（PKC）的活性，PKC在传导生长因子和有丝分裂原的增殖信号中扮演重要角色，因此它在细胞调节和肿瘤发展中起着重要作用。硒通过抑制PKC的活性，阻断癌细胞分裂增殖信息的传递，从而影响肿瘤细胞的生长和增殖。此外，硒能够逆转恶性细胞作用的环磷酸腺苷（cAMP）的分解，使其分解速度显著降低，并使之堆积于癌细胞中，最终抑制癌细胞的生长繁殖。最新的研究发现，在抑制细胞信号通路过程中，OPN基因通过细胞信号通路Pl3K/Akt进行传导，而MSC能够抑制这条信号通路的活性，所以这可能就是MSC能够抑制OPN基因表达、降低肿瘤细胞恶性表征的原因。

（4）调节谷胱甘肽过氧化物酶活性。谷胱甘肽过氧化物酶是一种含硒酶，是机体内重要的抗氧化酶，广泛分布于哺乳动物的细胞、血浆、线粒体、内液及其他组织中。它的重要功能是通过非特异性地催化过氧化氢和体内一系列有机过氧化物还原，保持细胞膜的完整性，从而保护细胞及其组织不受外界的损害，能够维持细胞正常的功能。现已证明，细胞膜系统的氧化性损伤与癌变有着重要关系。GSH-Px是谷胱甘肽过氧化物酶的重要组成部分，能够特异性地催化还原型谷胱甘肽转化为氧化型谷胱甘肽，在机体内具有较强的抗氧化作用，能够清除机体内脂质过氧化物，同时促使有毒过氧化物还原为无毒物质，降低活性氧和自由基对机体的损伤作用，从而保护细胞免受损伤。在缺硒时，细胞正常功能发生明显下降，甚至不能维持细胞正常的生理生化功能，对机体产生较大影响。此时，适量补硒能够调节谷胱甘肽过氧化物酶的活性，使其发挥正常作用，保护机体细胞进行正常的新陈代谢等生理生化过程。

GSH-Px以GSH作为唯一的生理还原剂，也能以GSH作为底物发挥催化反应，但两者在底物的选择和自身结构等方面都有所区别。前者主要作用于亲脂、胆固醇酯及亚油酸氢氧化物，后者主要作用于亲水性过氧化物。因此，硒能够通过调节谷胱甘肽过氧化物酶活性保护细胞膜。换言之，硒对癌细胞的抑制作用与其抗氧化作用密不可分。

1.5.3 拮抗重金属

硒有"天然解毒剂"的美名。硒与金属有很强的亲和力，在机体内能够与重金属离子结合，从而防止重金属中毒。在人体内，硒通常以带负电荷的形式存在，有害重金属离子以带正电荷的形式存在，两者在生物体内相结合后形成金属、硒、蛋白质复合物。最终，机体通过直接排出复合物的形式或以胆汁分泌的形式将有害重金属离子排出体外，从而消除金属离子对人体的毒性，缓解重金属离子对机体造成的损伤，起到排毒和解毒的作用。[155]由于现代工业的快速发展，工业"三废"的排放、汽车尾气、房间的油漆等都可能含有各种有害重金属，因而在土壤、空气、水源中都或多或少存在对人体健康有严重影响的重金属。硒能够拮抗重金属，从而保护人体健康。进一步研究表明，硒在体内外对重金属危害有一定的防护缓解作用，如一定浓度的硒处理后，绞股蓝对重金属铅、镉、砷、汞的吸收明显减少。[156]

重金属摄入过量会导致机体抗氧化系统失去平衡，而铅中毒则与机体内抗氧化系统的平衡有很大关系。铅主要损害神经系统和造血系统等，能够对机体内的新陈代谢产生严重影响。铅中毒时能够诱发脂质过氧化物含量升高，硒能够限制自由基的活动，同时降低脂质过氧化物含量，从而有效减轻铅中毒引起的脂质过氧化。重金属铅与含有巯基的酶结合成复合物后以胆汁分泌的形式将有害重金属离子排出体外。因此，硒通过GSH-Px发挥抗氧化作用而拮抗铅的毒性，这体现了硒对重金属引起氧化应激起缓解作用。[157]

重金属镉主要对肾脏产生慢性损害，可能会导致骨质疏松、骨软化等，同时高血压、心脏病和动脉硬化等也与镉的摄入有关。日本曾由于镉污染大量出现骨痛病。硒可拮抗镉导致的氧化损伤，通过硒蛋白缓解重金属的毒性作用。硒不仅可以使镉由小分子转变为大分子，还能够影响镉在机体各组织器官中的分布。此外，硒还能够在红细胞的共同参与下通过抗脂质过氧化或与蛋白质形成相联系的Cd-Se复合物而起到解毒作用，从而对由镉诱导产生的肾脏损伤起保护作用。

重金属砷能够引起脑组织氧化损伤、神经递质紊乱和脑细胞凋亡率增加等，主要表现为慢性中毒，表现症状为神经衰弱、神经末梢炎等，对脑组织产生一定影响。砷是一种人体非必需元素，砷中毒能够使脾脏肿大。亚硒酸盐可以帮助砷进入胆汁并随肠内容物排出体外，减少与含硫酶蛋白中心硫基（—SH）结合的As^{3+}，从而降低砷在体内的浓度，减弱砷的毒性以及对脏器的损伤。在胆囊中，硒与砷相互作用能够促进其排泄，使其在胆囊中的停留时间缩短、残留量减少等，同时能够加强肾对两者的吸收以及增加尿液中的排泄量。对含硫基 GSH-Px 来说，砷能降低它的活性，使机体清除自由基的能力降低。人们在研究中利用不同浓度梯度的砷和砷硒联合作用于培养淋巴细胞，以此研究砷对淋巴细胞增殖的影响。最终证实，砷能够抑制淋巴细胞的增殖生长，而硒能够拮抗砷对淋巴细胞的毒性。

重金属汞能够导致脑部和神经系统遭受损伤，影响脑发育，摄入过多时可导致胎儿或新生儿出现汞中毒、畸形、死亡等。汞具有扩散性和脂溶性，易通过呼吸作用进入动物体，并且能够通过血脑屏障进入脑组织，在脑组织内形成汞离子，长期积累后可对脑部中枢神经造成严重损害。此外，汞离子还能影响脑组织的能量新陈代谢过程。甲基汞可以快速经血液流动到达脑部，对小脑和大脑皮质造成损害，而且此种损害不可逆。在日常生活中，人们应尽量避免接触有害重金属，减少对汞的吸收。硒能减轻甚至消除甲基汞对人的毒副作用，作用的主要机制：硒与甲基汞形成复合物，降低甲基汞的毒性；抑制自由基的活动，减轻氧化应激，促进去甲基化作用；可能影响甲基汞在机体内的重新分配；可有效保护细胞的膜结构；等等。有学者的研究表明，甲基汞在动物体内分布具有选择性，主要存在于肾脏和肝脏部位。还有研究指出，硒与甲基汞之间存在拮抗作用，生物机体吸收适量的硒会对甲基汞的吸收产生排斥作用，即硒能够改变甲基汞的积累方式和部位，甲基汞也可以影响硒的分布、吸收与利用等。

硒是天然的对抗重金属中毒的解毒剂，对重金属引起的氧化应激，硒蛋白、热休克蛋白、细胞因子和细胞凋亡因子改变具有缓解作用，对有害重金属离子具有天然解毒作用，在帮助人类抵抗环境污染中起着重要作用。[158] 在今后的研究中，如何通过合理摄入硒达到拮抗重金属的目的仍是我们主要的研究方向之一。

1.5.4　免疫调节

研究表明，机体免疫功能下降是肿瘤发生及发展的一个重要因素。在体内，硒广泛分布于巨噬细胞、中性粒细胞、淋巴细胞和网状内皮细胞等细胞中。硒参与调控人和动物体内的特异性免疫和非特异性免疫，能提高体内抗体水平和吞噬细胞的吞噬功能和杀菌能力，从而增强人体和动物的细胞免疫和体液免疫功能。当硒含量低于机体内正常水平时，会导致免疫功能下降，主要表现在抗体的生成能力降低、免疫细胞活性降低等方面。[159]

　　硒对细胞免疫具有重要的影响。细胞免疫的过程主要有淋巴细胞的增殖与分化、分泌淋巴因子（加强免疫作用）、细胞毒作用等。参与细胞免疫过程的细胞主要为 T 细胞、自然杀伤细胞（NK 细胞）和 K 细胞等。T 细胞又分为辅助性 Th 细胞、抑制性 Ts 细胞、细胞毒性 Tc 细胞。硒可促进淋巴细胞产生抗体及分泌淋巴因子，特别是接收抗原刺激后分泌的具有免疫调节作用的 T 细胞生长因子（IL-2）。硒缺乏时会导致淋巴组织内成熟 T 细胞数目明显减少，因而使 T 细胞依赖的抗原抗体反应受损，同时使 T 细胞的增殖受损，最终导致免疫功能不全。[11]硒通过激活 NK 细胞和特定靶细胞表面的某些结构促进两者结合，从而增强 NK 细胞的杀伤作用。文献资料显示，硒不仅能够提高血液免疫球蛋白的含量，还能够促进抗原刺激所致的淋巴细胞增殖。IgG 是血清中的主要抗体，其数量可代表机体免疫强度。实验表明，受硒摄入量影响，动物血液、心脏及肝脏中的 GSH-Px 活性有明显变化，增加试验动物日粮中硒的摄入量后发现其体内 GSH-Px 活性高于对照组。[12]往蛋鸡日粮中添加 0.5% 中药负离子硒锗复合生物制剂或富硒乳酸菌均能有效刺激蛋鸡产生浆细胞，从而提高 IgG 含量，增强蛋鸡免疫力。[160-161]往绵羊日粮中添加酵母硒可提高血液和组织中的 GSH-Px 活性，进而提高吞噬细胞活性。[162]往猪日粮中添加纳米硒能够提高血清中 IgG、IgA 等的活性。[163]肖淑华的研究表明，鸡的肝自由基浓度、嗜异性白细胞数随日粮硒含量的升高而显著降低。[164]

　　硒对体液免疫、非特异性免疫也有重要影响。硒能增强体液免疫功能，刺激免疫球蛋白的形成。硒在一定程度上能够激活体液免疫，提高机体合成抗体能力。非特异性免疫主要是由于吞噬细胞对致病体具有吞噬和杀灭作用，且硒在这些过程中所起的作用也不尽相同。

　　进一步研究发现，经补硒治疗后，随着缺硒患者的血清中硒浓度的上升，机体细胞免疫功能明显增强，因此适量补硒治疗可以提高患者免疫功能，延缓 HIV 感染进展，间接升高 CD4+T 淋巴细胞数量。[11]CD4+T 淋巴细胞能分泌许多细胞因子，这些因子能够增强 CD8+T 淋巴细胞对肿瘤的杀伤作用。通过对新型抗癌药物乙烷硒啉的进一步研究表明，当乙烷硒啉作用部位在脾靶器官时，它可诱导脾淋巴细胞进行分化及增殖，同时上调 CD8+ 阳性 T 细胞的比例，增加自然杀伤细胞（NK 细胞）的活性和提高机体细胞免疫水平。硒酸酯多糖和复方硒酸酯多糖因能够提高动物机体内的抗体水平而对机体的细胞免疫具有促进作用。硒化硫酸软骨素（SeCHS）能够显著提高机体内谷胱甘肽过氧化物酶的活性，因此可以提高机体免疫系统的功能。[12]

1.5.5　调控基因表达

动物机体必需的微量元素通过多种方式参与调控动物基因的表达。研究表明，硒掺入一般发生于 mRNA 翻译阶段，此时 UGA 密码子是硒掺入半胱氨酸的编码信号，而不是作为翻译的终止信号，通过影响 Se-Cys-tRN-Se 的合成过程和 tRNA-Sec 反密码子的甲基化进而影响翻译过程。这一过程需要特定的非翻译序列发生结构上的变化来完成。[33] 通过调节硒的摄入量可以调节机体内硒蛋白 mRNA 的表达量，进而影响机体内硒蛋白的含量和活性，最终实现调控基因表达。[166] 硒对谷胱甘肽过氧化物酶（GSH-Px）基因的表达具有调控功能。有研究指出，硒能够降低鼠肝脏谷胱甘肽过氧化物酶基因 mRNA 的丰度和谷胱甘肽过氧化物酶 mRNA 的表达水平和活性，同时会对肝组织造成一定损伤。硒缺乏时会加速 GPx1 mRNA 的降解。

当前的研究认为，与硒蛋白相关的酶有以下五种：GPx1、GPx2、GPx3、GPx4 和 GPx6。研究表明，在机体内，不同组织、不同硒蛋白及其相应的 mRNA 对不同硒浓度的敏感程度不同。硒缺乏时，所有的硒蛋白合成都会减少，但减少的程度会有所不同，其差异主要取决于不同硒蛋白中 mRNA 的稳定性。总之，硒蛋白调控基因表达的过程是非常复杂的，具体的调控机制有待进一步研究。

1.5.6　对亚细胞结构与功能的影响

亚细胞指的是在电子显微镜下可以看到的细胞结构，如线粒体、中心体、高尔基体等。软骨细胞也是一种亚细胞结构，在电镜下可以看到它表面的突起和皱褶。细胞质中含有大量的粗面内质网、发达的高尔基复合体及少量的线粒体。由于软骨细胞在软骨组织中的存在部位不同，其形态也各不相同。随着现代科学技术的快速发展，显微技术也逐步发展，使人们对亚细胞结构的研究越来越深入，硒对亚细胞结构和功能的影响也受到关注。

李生广等[166] 通过比较补硒前后 T-2 毒素对软骨细胞超微结构与功能的影响发现，硒可拮抗 T-2 毒素引起的软骨细胞超微结构和功能的改变。因为只有 ω=0.01 mg/ kg 的 T-2 毒素存在时，才会对机体胞外基质胶原微原纤维的合成和分泌具有抑制作用。当 T-2 毒素与硒同时在机体内存在时，硒能够拮抗 T-2 毒素引起的胶原微原纤维合成和分泌的抑制作用。

机体内软骨细胞的主要功能是合成和分泌胶原微原纤维，而胶原微原纤维在维持软骨组织的形态、生长发育等方面具有重要作用。胞外基质与胞内骨架是相互作用、相互影响的，主要体现在当胶原微原纤维受损，但软骨细胞保存较完整时，胶原微原纤维能够通过软骨细胞被迅速合成而基本恢复到原状态。此时，这个过程也会影响细胞骨架等重要组成成分，从而使机体内整个细胞功能恢复。T-2毒素能够引起软骨细胞超微结构与能量转换功能的显著改变，添加硒对 T-2 毒素引起的改变具有明显的拮抗作用。

1.5.7 促进基础代谢

硒能够促进动物机体的基础代谢，这与甲状腺分泌的脱碘酶有密切关系。硒调节甲状腺中的代谢平衡，提高人体基础代谢率以维持正常的生理功能，缺硒会造成甲状腺功能紊乱。硒参与机体内的甲状腺激素调节过程，甲状腺是动物体内重要的分泌腺。甲状腺细胞制造和分泌的氨基酸类激素主要有四碘甲状腺原氨酸（3，5，3'，5'-四碘甲状腺原氨酸，简称 T_4）和三碘甲状腺原氨酸（3，5，3'-三碘甲状腺原氨酸，简称 T_3）两种，其中硒参与调节甲状腺素 T_3 的分泌和代谢，因此 T_3 的活性较强。甲状腺内含有多种硒蛋白，其中最重要的一种是 GSH-Px，它是甲状腺组织中一种重要的抗氧化剂，能够降低氧化应激对甲状腺细胞的损伤。通过检测缺硒状态下鸡血清中各种甲状腺激素水平发现，包括 Gpx1 和 Gpx2 在内的 8 种硒蛋白在甲状腺激素代谢中发挥着类似的作用，而硒摄取不足会引起这些硒蛋白合成下降，可能间接抑制了 T_4 到 T_3 的转化，使 T_3 水平降低，进而影响甲状腺功能。

硒通过影响人体甲状腺代谢促进基础代谢，在甲状腺激素合成、活化及代谢中起重要作用。[11] 甲状腺的代谢产物——甲状腺激素能调节人体物质代谢和能量代谢，影响机体的生长发育。甲状腺的主要功能是提高基础代谢率，增加组织细胞耗氧率。甲状腺激素通过血液循环被运送到全身各处以发挥其各自不同的生物化学功能。与此同时，甲状腺激素自身被分解代谢。另外，脱碘酶（ID）与甲状腺代谢也息息相关。脱碘是分解代谢中的最主要环节，它在脱碘酶（有的是在含硒胱氨酸）的作用下完成，脱下来的碘一部分被甲状腺进行再利用，其余部分经肾脏后随尿液排出体外。在这个过程中，硒与 I、II、III 型脱碘酶活性有关，能通过影响这三种脱碘酶生物活性调节甲状腺的生理功能。[33] 硒通过调控机体的甲状腺素水平，进而促进基础代谢。

1.5.8 增进动物繁殖能力

国内外的大量研究表明，微量元素硒能够促进动物生长和提高其繁殖性能。当给低硒状态下的动物补给适量的硒后，动物的生长有所改变。往动物日粮中加入适量的硒，动物血液中硒的浓度提高，谷胱甘肽酶的活性也得到提高。硒能够促进生长激素的合成与分泌，生长激素能够使蛋白质合成速度加快，从而加快动物的生长。

对雄性动物来说，摄入适量的硒能够增强繁殖性能。精子顶体蛋白中的含硒蛋白是精子细胞的主要成分，因此硒是雄性动物产生精子所必需的微量元素，也是维持雄性动物生殖力的基本因素。雄性动物精液中的硒能够通过 GSH—GPx1 的抗氧化作用，进而保护精子原生质膜免受氧化损害。缺硒会损伤精子细胞，降低精子活力，导致受精能力和胚胎发育受阻。[163]磷脂氢谷胱甘肽过氧化物酶在精子的发育成熟和活力维持两个过程中，具有酶功能和结构作用的双重性。有文献资料显示，磷脂氢谷胱甘肽过氧化物酶在成熟精子的线粒体膜上含量丰富，且催化功能丧失。动物机体缺硒时，精子活力下降，同时出现头尾断裂现象。研究发现，蛋白质分子聚合为无功能形式导致酶活性下降。进一步研究发现，在精子发育早期，膜型谷胱甘肽过氧化物酶具有活性，但在成熟精子中发生聚合变构，转变成一种结构成分，用于维持精子的正常形态和活力。[168] Olson 等 [169] 的研究发现，缺乏硒蛋白 P 能够导致雄性大鼠的精子结构发生异常。具体表现为，雄性大鼠的精子线粒体鞘缩短和主体微管及其外周纤维凸起，且其特异性鞭毛结构缺失。Marin-Guzman 等的研究发现，公猪日粮中缺硒能够导致其精子活力显著降低，这说明硒对公猪繁殖能力至关重要。综上所述，补硒能够使雄性动物精子的活力增强，从而显著提高动物的繁殖性能，增强动物繁殖能力。

对雌性动物来说，适量补硒也具有积极的作用，能够增强其繁殖能力。研究证实，缺硒能够对畜禽繁殖性能产生明显影响，如蛋鸡产蛋率下降、母猪产仔数量减少、母牛产后胎衣不下等。[170]研究表明，缺硒易损伤子宫肌肉，因此摄入适量的硒可以降低不孕症，防止妊娠雌畜流产，降低胚胎死亡率，提高雌畜的繁殖力。[33]动物体内经过代谢活动不断产生自由基，由于胚胎着床前对自由基的损害作用非常敏感，所以自由基的存在是动物不育的因素之一。在缺硒地区补充硒可以提高雌性动物的繁殖效率。在新西兰硒缺乏地区，给母羊补硒后的空怀胎率、胚胎死亡率明显降低。在低硒区给母猪注射一定浓度的亚硒酸钠，其产仔数比对照组提高 60% 以上，弱仔数比对照组大约低了 3%，仔猪日增重比对照组提高 36.4%。同时，适当补硒能显著提高子代的生长性能，增强其抗病力，减少病毒感染的风险，进而减少经济损失。在低硒地区，对雌性禽畜进行适量补硒能够促进畜牧业的健康发展。

1.5.9 抗病原微生物

微生物在自然界中的分布极为广泛，几乎无处不在，硒在地球化学循环过程中发挥重要的作用。有些微生物可将低价态的硒进行氧化，使其变成高价态。绝大部分微生物对人类及动植物是有益的，但也有小部分微生物具有致病性，能够引起人类或动植物体的病害，这些微生物被称为病原微生物。当机体免疫力下降时，病原微生物可侵入机体，从而威胁健康。微量元素硒通过抑制细菌表面生物膜的形成，进而发挥抗病原微生物作用，这种方式类似于多黏菌素和制霉菌素类抗菌药物的作用机制。有文献报道，（N—硒代吗啉基）甲基膦酸二苯酯具有较强的抗菌效果，吗啉类含硒化合物 N，N—亚甲基双硒代吗啉对金黄色葡萄球菌有较强抑制作用。

有研究表明，部分依布硒类化合物具有显著的抗病原微生物作用，这引起了药物学家和研究人员的重视，促进了对有机化合物的进一步研究。这部分有机硒化合物在体外对金黄色葡萄球菌、溶血性葡萄球菌、大肠杆菌、白色念珠菌、铜绿假单胞菌、肺炎克雷伯杆菌、黑曲霉等均有一定的杀伤和抑制作用，对革兰阳性菌金黄色葡萄球菌属具有较显著的抑制作用，但对革兰阴性菌的抑制效果较差。[12]此外，这部分有机硒化合物也具有抗病毒活性，尤其对脑心肌炎病毒（EMCV）和单纯疱疹病毒 1 型（HSV—1）的作用效果显著，此外对水泡性口炎病毒（vesicular stomatitis virus，VSV）也具有一定的抑制作用。研究表明，硒唑呋林对于 HSV—1、EMCV，1,2—取代噻唑基苯并异硒唑—3（2H）—酮衍生物对于真菌，部分依布硒衍生物对于酵母菌、丝状真菌，硒氮杂苯衍生物对于金黄色葡萄球菌和大肠杆菌均呈现显著的抑制效果。

1.5.10　神经保护

硒蛋白 P 对神经细胞具有保护作用，对维持中枢神经系统正常的生物功能具有重要作用。硒蛋白 P 主要分布于额叶神经皮质、海马区、嗅球和小脑，同时会在星形胶质细胞和神经元中有所表达。[171]当前，硒对神经的保护作用主要由硒蛋白 P 体现。

硒蛋白 P 发挥神经保护作用的机制之一是维持脑内硒含量的稳定。硒能够维持脑内硒蛋白的稳定。硒蛋白 P 基因敲除，会导致小鼠神经受损，硒含量和多种含硒酶的活性显著下降，神经损伤严重时会导致死亡。硒蛋白 P 能够通过与 ApoE2 受体结合进入神经元而转运硒合成硒蛋白。当前，已有药物的神经保护功能主要体现在能够加强神经元生成，促进神经元分枝。在机体内，硒首先会优先作用于脑，脑通过硒蛋白 P 维持脑部硒的水平。当血浆中硒水平降低时，脑部硒水平不受影响。有机硒化合物因其具有显著的抗氧化能力，表现出一定的神经保护作用，有望用于精神障碍和精神分裂症等疾病的治疗。

另一保护机制为抗氧化防御。硒蛋白 P 可通过清除机体内自由基、过氧化亚硝酸盐，促进抗氧化的通路等方式，发挥其对神经的保护作用。[56]大量研究表明，硒蛋白 P 能够保护星形胶质细胞。此细胞与小胶质细胞、少突胶质细胞及室管膜细胞等其他神经胶质细胞相比，是中枢神经系统中数量最多、分布范围最广的神经胶质细胞。星形胶质细胞在神经系统中具有极为重要的作用，如能够作为卫星细胞为神经元提供代谢支持，接收神经元传导的信号，释放神经活性物质对神经元进行有效调控，维持稳定的细胞外环境，等等。更为重要的是，星形胶质细胞在维持神经递质的传递以及建立血脑屏障中起着关键性作用。硒蛋白 P 不仅能使星形胶质细胞免受氧化应激损害，而且此蛋白具有磷脂氢过氧化物酶的功能。值得一提的是，硒蛋白 P 还是一种神经促存活因子，它能够通过清除机体内的过氧化亚硝酸盐保护内皮细胞。

有机硒药物是一类新型化合物，由于其在神经系统方面具有重要作用，已成为当前药物研究的热点。二苯基二硒醚能够透过血脑屏障，用于改善脑部的功能障碍，进而发挥保护神经的作用。依布硒能够模拟锂离子，具有抗躁狂的作用，有望成为一种神经保护剂而被应用于治疗躁郁症。硒酸钠能够有效激活蛋白磷酸酯酶，调节主要金属离子的含量，影响阿尔兹海默症相关功能蛋白的表达，阻碍其发展的进程。实验证明，二苯基二硒醚和依布硒不仅能够抑制甲基汞和二苯基二碲的中枢神经毒性，而且它们的这种抑制效果具有剂量依赖性。[12]

1.6　微量元素硒的营养价值

硒是人体必需的微量矿物质元素，不仅能为人体提供营养，而且具有多种生物学功能。然而，硒在被认定为营养元素前，由于当时有限的研究使其一直被看作是有毒元素。硒的生物效应与其浓度范围有关，在适量的摄入范围内，硒对人体健康是起积极作用的，因此硒的毒性与其营养性并不矛盾。硒与生物体的健康息息相关，但硒在人体不能合成，也无法长期贮存，因此人体只能依赖摄入膳食中的硒元素供机体需要。人们在日常生活中应该注意摄入适量的硒，同时应该注意其摄入的方式和剂量。此外，人们认识到硒具有较高的营养价值，各种富硒食品也陆续出现，如富硒茶、富硒大米、富硒酵母、富硒水果等，使硒能够高效、安全地被人体吸收和利用，充分发挥其营养价值。

1.6.1　防治硒缺乏病

克山病是最早被发现的与缺硒有关的地方病。大量研究表明，人体缺硒与克山病的发生是有直接关系的。克山病是一种慢性病程的心肌病，多发于我国贫困山区，而在硒较为充足的新西兰等地很少出现。[172] 硒代谢失衡时会导致 GPx 与 SOD 活性降低以及其清除自由基的功能下降，从而进一步导致自由基堆积，生物膜被氧化，最终造成心肌细胞损伤。此外，缺硒还可能导致大骨节病、白肌病、地方性肌红蛋白尿等疾病的发生，通过补硒能够显著降低这些疾病的发病率，有效维持人体健康。

1.6.2 提升免疫功能

硒能够提升机体的免疫功能，提高抵抗力，其作用的分子机制主要体现在以下三个方面：

（1）提高 NK 细胞等免疫细胞的活性。免疫细胞是指参与免疫应答或与免疫应答相关的细胞，在机体内扮演着重要的角色。免疫细胞可以分为多种，主要包括粒细胞、肥大细胞、NK 细胞、B 淋巴细胞、T 淋巴细胞、树突状细胞、巨噬细胞等。对吞噬细胞来说，硒能够提高吞噬过程中巨噬细胞的存活率和吞噬率。当巨噬细胞对病原体进行吞噬时，硒能影响巨噬细胞的趋化、吞噬和杀灭等过程，促进巨噬细胞激活淋巴球或其他免疫细胞，使其对病原体做出反应，增强吞噬功能和杀菌能力，从而提高机体的免疫功能。[158]

（2）促进与免疫相关的细胞因子释放。细胞因子是指一类能够在细胞间传递信息、具有免疫效应和调节功能的小分子多肽或蛋白质，它是由免疫细胞和某些非免疫细胞受到内外界刺激而合成、分泌的一大类多功能、高活性的生物物质。[173] 最明显的例子就是白细胞介素（IL），它是一种在细胞间起重要调节作用的细胞因子，具有多种功能，如刺激淋巴细胞分泌产生免疫球蛋白、诱导细胞释放前炎症因子、对巨噬细胞进行免疫调节等。缺硒时，细胞因子的含量明显降低，免疫功能显著下降，补硒能够促进 T、B 细胞分泌细胞因子，并以此通过多种生物学效应提升机体细胞的免疫功能。

（3）促进活化 T 细胞的增殖。硒蛋白能够充分发挥活化 T 细胞的功能，可增强 T 细胞介导的肿瘤特异性免疫。硒的摄入不足将会导致机体内免疫球蛋白的合成受阻，产量下降，同时 T 淋巴细胞的增殖和分化会被抑制。当 T 细胞受损后无法感受外界刺激信号，部分免疫功能会丧失。

总的来说，提升机体的免疫功能包括提升机体的体液免疫系统和细胞免疫系统，两者共同组成机体的免疫防御系统。体液免疫是指 B 淋巴细胞在抗原的刺激下分化为浆细胞，并产生与抗原特异性结合的免疫球蛋白（即抗体），以此达到保护机体的目的。研究证明，低水平的硒会导致机体免疫球蛋白合成不足，产量下降，如 IgM、IgA 和 IgG 的含量都有所下降，进而会损伤体液免疫的免疫防御系统。细胞免疫又称细胞介导免疫，是指 T 细胞受到抗原刺激后，增殖、分化、转化为效应 T 细胞，当相同抗原再次进入机体时，效应 T 细胞对抗原有直接杀伤作用及其所释放的细胞因子具协同杀伤作用。细胞免疫是清除机体细胞内寄生微生物的最为有效的防御反应。硒可以通过增加 T 细胞的细胞毒作用和增加淋巴因子的分泌提升机体的细胞免疫功能。

1.6.3　预防心血管疾病等慢性疾病

研究发现，心血管等慢性疾病的发生与缺硒有关。硒是维持心脏正常生理功能的重要微量元素，因此硒对维持生物体的健康具有非常重要的作用。硒对心血管系统有以下三方面的重要功效：[142]

（1）加强血红蛋白的携氧能力，增加血氧浓度，提高血液中硒的水平，被氧化的血红蛋白就会减少，携氧能力增强，使脑部、心肌和各脏器内氧的供应得到有效保障，减轻由各种因素所致的组织供氧不足的状态，使血压和血脂维持保持稳定，进而使由于头晕、耳鸣等引起的微循环障碍得到迅速缓解，有效预防心肌缺氧引发的突发性心肌梗死。低血硒水平会导致体内清除自由基的功能降低，有害物质沉积，血流速度减缓，导致送氧功能下降，最终使心血管疾病发病率升高。

（2）硒蛋白溶栓系统在血管中形成。此系统能够溶解血栓，使血液的黏稠度降低，同时能够修复损伤的血管内皮组织，使血管壁增厚，从而恢复其弹性，对心梗、脑梗、脑出血、中风的发生有较好的预防作用。血管壁的老化是心血管疾病发生的重要因素之一，血管壁老化后弹性下降，一旦受到轻微影响就容易出血，从而产生各种心血管疾病。

（3）营养心肌。通过对克山病的深入研究发现，心肌缺血和缺氧造成心肌炎、心绞痛、心律不齐等症状时，硒能够有效地改善上述症状。此外，硒具有平缓降血压的作用，能够调节体内的血脂代谢，预防由血压高、血脂高造成的多种并发症的产生。

目前，补硒对心血管疾病的作用仍然有争议。补硒具有预防心血管疾病作用的可能机制是硒主要通过抗氧化应激和抗脂质过氧化影响心血管疾病。易春峰等的实验表明，当小鼠心肌梗死后，血清中的硒含量和硒蛋白 GPx 活性降低，氧化应激水平增高，进而促进斑块破裂和激活血小板。[174] 红细胞 GPx 活性降低和动脉粥样硬化加重有一定的联系。补硒能够增加血清 GPx 表达和活性，减轻氧化应激产生的心肌损伤。亚硒酸钠和硒蛋白 P 等可以抑制氧化应激，前者可降低细胞的氧化状态和脂质过氧化作用水平，后者具有抗氧化性和运输硒的功能。在防治脂质过氧化损伤过程中，硒蛋白能够在心血管疾病发生的环节中发挥重要作用，如抑制血小板凝集、减缓炎症反应等。[172] 硒可以提高 GPx 与 SOD 的活性，直接限制 ROS、氧自由基和脂质过氧化物等的水平，从而降低心血管疾病的发生风险。尽管心血管中的高血硒水平能够降低心血管疾病的发生率，有助于保持心脏及心血管健康，但是在当前研究理论的基础上我们不能片面地认为补硒对预防心血管等慢性疾病一定有效果，要根据不同个体内硒含量的差异而定。在机体缺硒的前提下，摄入适当的硒可成为预防心血管疾病等慢性发生的途径之一。

1.6.4 预防癌症

硒有"抗癌之王"的美誉，这与它抑制和预防癌症的功效息息相关。大量研究表明，硒有抗多种癌症的活性，但总的来说，硒预防癌症的机理主要有四方面：①硒对某些肿瘤细胞具有直接杀伤作用；②硒可以调节谷胱甘肽过氧化物酶、谷胱甘肽磷脂氢过氧化物酶的活性，防止脂质过氧化，从而保护生物膜不受损伤，防止其突变，具有防止细胞癌变的重要作用；③硒介入某些致癌物的代谢过程，选择性抑制癌细胞，也可以提高癌细胞中环腺苷酸（cAMP）的水平，进而通过抑制癌细胞的 DNA、RNA 和蛋白质的合成及癌细胞的增殖而抑制癌基因的转录，从而能够阻止致癌物的代谢活化或拮抗其代谢产物，影响癌基因的表达；[175] ④硒可以调节机体的免疫系统，增强机体免疫力，能够促进受损 DNA 的快速修复，也能够减少某些致癌物诱发的 DNA 损伤，增强抗癌能力。[170]

近年来的文献报道显示，暴露于亚硒酸钠的肿瘤细胞内，亚硒酸钠可被还原生成单质硒，单质硒则可与富含—SH、—NH_2 的蛋白质或酶结合并自我组装形成纳米硒颗粒，这些纳米硒粒子可与蛋白质或酶大量结合并将其固定下来，从而阻碍肿瘤细胞的代谢活动，抑制肿瘤细胞的生长，使其向正常方向分裂，以此达到预防癌症的目的。[51, 145]

硒还能够预防放化疗过程中出现的耐药性。耐药性使大部分化疗药物在临床上的使用受到明显阻碍，要想使治疗取得良好效果就必须解决这一问题。对机体进行长期的放化疗，容易使肿瘤细胞对药物失去敏感性，硒能够协同多种临床化疗药物提高肿瘤细胞对这些药物的敏感性，减少毒性损伤，从而减少耐药现象的发生。所以，在进行放化疗的同时，通过合理的方式摄入适量的硒能够显著降低放化疗后出现耐药性，使放化疗过程中肿瘤细胞对药物维持敏感状态，并使后期治疗更容易。因此，摄入适量的硒可以改善病人的生活质量，增加放化疗的疗效，延长其生命，减轻其痛苦。此外，研究表明，细胞凋亡途径的抑制、DNA 修复异常、抑癌基因突变等多个方面都会导致化疗产生耐药现象，硒预防耐药性的具体机理仍需不断探讨和验证。此外，目前大量研究表明，硒可能对治疗某些恶性肿瘤有一定功效，其在治疗恶性肿瘤过程中所起的重要作用也已被流行病学、临床学研究的结果所验证。

1.6.5 其他功能

人类的情绪在某种程度上也受硒水平高低的调控。[176]硒能够间接调节神经细胞功能，舒缓心情。低硒状态下，某些神经递质的代谢速率改变，所以硒与忧郁、焦虑、精神错乱等负面情绪的出现有一定的相关性。美国的一项调查研究表明，低硒状态下人会产生忧郁情绪，具有攻击倾向，同时产生心理失常。补硒能够降低氧化物、过氧化物等的水平，使其达到临界状态，对情绪产生有利影响，明显减少忧郁、焦虑、疲倦等情绪的发生。所以，适量补硒能够保持心情舒缓。

硒能够与维生素 E 协同保护细胞[11]。在抗脂质过氧化过程中，两者共同发挥抗氧化作用。维生素 E 在生物体内容易被氧化，因而能够保护其他物质不被氧化，是一种抗氧化剂。维生素 E 能够进入生物膜，避免脂质过氧化物的产生，保护生物膜的结构和功能。它能够阻止不饱和脂肪酸被氧化为水合氧化物，从而使过氧化物的形成减少。硒能够催化过氧化物的破坏，预防有害自由基的形成，减少机体内不饱和脂肪酸受到的攻击。硒与维生素 E 也具有互相补偿作用，在一定情况下硒能够减少家畜对维生素 E 的需求量，减轻维生素 E 缺少而导致的病理变化。但是，硒的这种作用不足以完全替代维生素 E，维生素 E 不足时易出现硒缺乏症。硒还能够调节维生素 A、维生素 C、维生素 K 等的吸收和消耗，对机体的免疫防御系统具有重要作用。例如，维生素 A 与人体上皮细胞的正常形成和功能有关，可以提高机体的免疫功能，并促进人体生长和骨的发育。缺乏维生素 A 可引起上皮组织干燥、增生及角质化等，从而导致干眼症、毛发脱落等。

硒还参与辅酶 A 与辅酶 Q 的合成。辅酶 A 是泛酸在生物体内的主要活性形式，由 3'，5'—ADP 以磷酸酐键连接 4—磷酸泛酰—β—巯基乙胺形成。辅酶 A 中的活泼巯基可以与酰基结合形成硫酯，因而可作为酰基的转移酶，在蛋白质、糖类、脂质等的代谢过程中主要起传递酰基的作用。辅酶不仅是生物体内重要的抗氧化剂和非特异性免疫增强剂，而且是生物体内细胞呼吸和细胞代谢的激活剂，大多参与呼吸链中质子移位和电子传递，属于脂溶性醌类化合物，在生物体内广泛存在。辅酶 Q 促进 α—酮酸脱氢酶系的活性，它是与电子转移有关的细胞色素的组成成分。所以硒在三羧酸循环及呼吸链电子传递过程中发挥着重要作用。硒在动物机体内能够促进蛋白质的生物合成，如胰脂酶的合成，缺硒时该酶的合成受阻，使脂肪等吸收出现障碍。

硒能够抗衰老。衰老是生物体的自然过程，硒是迄今为止发现的最重要的抗衰老元素。人体内的过度氧化会加速衰老、死亡和疾病的发生，会产生色素沉淀，导致色斑出现，也会导致肿瘤快速生长，并发炎症等，影响身体健康。机体内细胞间隙被代谢废物填充会导致细胞衰老，细胞受外界环境影响发生突变也会诱发衰老。此外，血管系统受损会导致人体的微循环出现障碍，这也会使代谢活动受到限制，造成细胞的衰老。中科院研究专家通过对长寿地区进行研究发现，其土壤、谷物中含有的硒高于全国平均水平近 10 倍。硒是抗氧化剂谷胱甘肽过氧化物酶的活性部分，能够调节体内的过氧化反应，对多种衰老成因均有一定的抵抗作用。当机体内的硒处于适量水平时，其就能够有效地清除自由基，发挥抗氧化作用，调节人体内的新陈代谢，进而延缓衰老。

硒与视力和神经传导有密切关系。生物学家经过长期研究证实，硒对视觉器官具有重要作用。视网膜的视力与硒含量有关，硒能够催化以及清除对眼睛有损害作用的自由基，从而保护眼睛的细胞膜。硒在巩膜和晶状体内含量丰富，在视网膜、运动终板中可能发挥着整流器或蓄电器作用。[170] 硒处于低水平状态，会影响细胞膜的完整结构，严重时会出现视力下降和其他眼睛疾病，如视网膜病、白内障和夜盲症等。当前，用硒治疗视力下降已进入临床阶段，对提高视力有明显作用。

1.7　微量元素硒的毒副作用与机理

硒是动物生长必需的微量元素，随着对硒的开发利用，其营养价值已得到广泛认同。适量的硒可提高免疫机能、增强抗氧化能力、促进机体生长等，但是过量补硒对动物来说也不利，严重时会发生硒中毒，甚至死亡。下面对硒中毒的症状及其机理进行介绍，以期对硒的毒副作用有更全面的认识。

根据人体摄入硒的时间和剂量，可将硒中毒症状分为慢性硒中毒和急性硒中毒。①急性硒中毒：主要表现为呼吸窘迫、运动失调、腹泻，甚至死亡。多数情况下是动物短期内摄入硒的剂量超过 20 μg/g 或短期内被注射硒的剂量超过 1.65 mg/kg 所致。[177] 过量的硒不仅会对动物及人体产生严重的毒性，还会在心、肝、脾、肾等器官中蓄积。[178] ②慢性硒中毒：主要表现为贫血、肝硬化、蹄腐烂、毛发稀疏、食欲不振、生长发育受阻等，通常是动物长期摄入的硒含量介于 5～20 μg/g 饲料时产生慢性毒性所引起的[179]。例如，中国恩施和紫阳地区水土中的含硒量高，因此在此环境中生长的农作物富含硒，当地居民平均每天从膳食中摄入硒的量约为 4.99 mg，长期按此量摄入就会发生慢性硒中毒，机体出现皮疹、神经呆滞、呼吸带有大蒜味、脱发、胃肠道紊乱等症状。[180]

过量的硒还具有特殊毒性作用。①遗传毒性：较低剂量的亚硒酸钠能够以剂量依赖性导致细胞分裂减少，而且可以诱导外周血淋巴细胞染色体畸变，引起染色单体断裂、双着丝粒和多倍体数量减少等现象。②胚胎毒性：研究发现，用不同剂量的亚硒酸钠饲喂大鼠后，硒的剂量越高，其导致的胎盘损伤越严重；高剂量的硒对公鸡睾丸也有损伤作用，且能够导致不同时期的生精细胞分别遭受不同程度的损伤。③免疫毒性：过量的硒使动物机体特异性免疫功能均有不同程度的降低。④细胞毒性：亚硒酸钠和亚硒酸盐在一定浓度下能够诱导细胞坏死，例如摄入过量的硒会对心肌细胞产生毒副作用。

硒在动物体内具有的毒性依赖于其存在的化学形式。有机硒化合物不如无机硒化合物的毒性强，食物中硒化合物主要为硒代半胱氨酸、硒代蛋氨酸、亚硒酸盐和甲基硒代半胱氨酸。硒代蛋氨酸具有极好的生物利用和较低的毒性，被认为是最佳的用于营养硒补充的成分，但硒代蛋氨酸能够无选择地在动物体内积累而导致硒中毒。甲基硒代半胱氨酸是近年来受到重视的天然有机硒化合物，能够抑制某些肿瘤细胞的生长。[180]

1.8 微量元素硒的摄入现状

硒与生物体的健康密切相关。由于硒在世界各国的分布极不均匀，因此世界各国的硒摄入量有所不同。调查数据显示，法国、土耳其、德国、西班牙、希腊、意大利、韩国等 29 个国家和地区成年人的硒摄入量都显著低于中国居民的硒推荐摄入量，这导致显著的硒"隐性饥饿"问题。美国、日本、加拿大、瑞士、澳大利亚、新西兰、芬兰、委内瑞拉等 8 个国家成年人的硒摄入量充足，大多数国家和地区的硒摄入量是不充足的，处于硒"隐性饥饿"状态。调查数据显示，目前大约 10 亿人面临硒"隐性饥饿"问题。[171] 由于硒对人类健康有重要作用，其摄入量也越来越受到人们的关注和重视，人们通过各种有效措施摄入适量的硒以维持健康。

我国硒的储备资源丰富，但各地区分布极其不均衡，既有如陕西紫阳和湖北恩施等的高硒区，也有占地 70% 以上的缺硒区。缺硒地区粮食等天然食物中硒含量也较低，人们很难通过食物达到补硒的目的。因此我国大部分地区居民的硒摄入量不足。

国内外对于硒的摄入量标准进行过多次探讨。国外专家认为，现行的硒摄入量标准是以满足人体基本生理需求为出发点的，并不是从预防疾病如癌症、心血管疾病等方面考虑的。当硒摄入量标准从预防疾病的方面考虑时，由于硒的分布极不均匀，因此全球大部分国家和地区的人都需要补硒以达到此标准。中国疾病预防控制中心营养与食品安全所硒营养专家夏弈明曾表示，现在硒的摄入量标准是以满足谷胱甘肽过氧化物酶的活性为出发点制定的，要想满足硒在人体多方面的需求，硒的摄入量还应该有所提高，以真正起到调理疾病的作用。

我国关于人体硒摄入量的研究成果已被国际组织 FAO/WHO/IAEA 采用，具体包括：硒的最低需要量为 17 μg/d，摄入低于该值时，易患克山病；生理需要量为 40 μg/d，低于该值时，机体内谷胱甘肽过氧化物酶无法达到饱和状态，容易诱发癌症等；膳食硒供给量为 50 ～ 250 μg/d；膳食硒最高安全摄入量为 400 μg/d；中毒剂量为 800 μg/d，高于该值时，会出现硒中毒症状。[155]

硒在人体内无法合成，也不能长期贮存，因此必须从其他途径摄入以维持机体内硒的稳定状态。目前从膳食中获取硒是最重要的摄入方法。富硒食品多种多样，大致分为三类。第一类是植物。富硒食品层出不穷，如富硒大米、富硒香菇、富硒茶、富硒水果等。富硒茶中，有机硒含量占很大部分，由于其浸出率高，溶水性好，因此容易被人体吸收利用，在延缓衰老、美容祛斑等方面具有显著作用。第二类是动物。目前已开发的有富硒猪肉、富硒鸡蛋、富硒牛奶等，主要通过加入含硒饲料或水等获得，但富硒在海洋动物食品还未得到大力开发。第三类是营养强化剂。分为以亚硒酸钠和硒酸钠为主的无机硒营养剂，以及通过生物转化法和人工合成的有机强化剂。

1.9　微量元素硒的提取工艺

硒是动物体内必需的微量元素，对维持机体健康具有重要作用。因此，随着对硒元素研究的深入，人们开始探讨硒的提取工艺。当前，世界范围内有机硒资源严重短缺，供不应求。在我国，供求矛盾更为突出。尽管我们已经掌握了一些有关有机硒资源提取工艺方面的理论知识和操作技术，但是由于有机硒的应用领域广泛，提取的有机硒并不能满足日益发展的需要。因此，有机硒的提取工艺将是未来我们必须尽快攻克的关键科学技术。

天然有机硒主要以硒蛋白、硒多糖等生物大分子的形式存在。探讨其提取工艺对进一步开发利用天然有机硒具有重要作用。当前，对硒蛋白的提取方法主要有酸提法、碱提法、盐提法、水提法和醇提法。它们的本质都离不开逐级沉淀过程。适用于有机硒小分子，如硒酸盐、亚硒酸盐、甲基硒代半胱氨酸、γ—谷氨酸硒甲基硒代半胱氨酸等硒代氨基酸，它们都属于水溶性的硒形态。[141] 近年来，许多学者为了减少硒在提取过程中的损失和不同操作工艺对硒蛋白结构和功能的破坏，并且最大限度地提高硒蛋白的提取率和完整性，逐渐倾向于采用复合式提取方法进行硒蛋白的提取。这种方法往往需要将上述不同的提取方法综合起来使用，以实现对富硒产品中硒蛋白的连续提取，最终将每种方法所提取的沉淀进行合并。合并后的硒蛋白沉淀经除杂处理后便可应用于后续研究。[181] 当前，微量元素硒的提取，需要根据材料的性质来确定使用哪种提取工艺，以获得最高提取率，并保持硒的生物活性、商业价值、营养价值等。

1.9.1　水提法

此方法对以蛋白形式结合的硒形态的提取效果不好，一般只适用于一些非结合蛋白形式的硒形态的提取，如 γ—谷氨酰基—硒甲基硒代半胱氨酸和硒—甲基硒代半胱氨酸等。如果想得到硒多糖，可将一定量的富硒样品脱脂干粉置于适量双蒸水中进行沸水浴提取，经过两次重复和三次合并即可得水溶性硒多糖提取液。如果想得到硒蛋白，可将一定的富硒样品脱脂干粉置于适量双蒸水中进行搅拌提取，同样经过两次重复和三次合并后即可得到水溶性硒蛋白溶液。如果想提高其纯度，可将上述得到的水溶性硒蛋白溶液中加入（NH_4）$_2SO_4$ 至饱和，经透析后，将蛋白质转出，用双蒸水混悬，即得纯度较高的水溶性硒蛋白溶液。

武芸等曾用水提法对黑木耳中的水溶性蛋白进行过提取实验，其水溶性蛋白中含有较多的微量元素硒，其中硒的含量高达 79.07 mg/kg。使用此方法提取黑木耳中的硒多糖时，得到的水溶性硒多糖为总硒的 5.12%。[182] 钟鸣等使用水提法从富硒蛹虫草中提取硒多糖，所得率为 5.76%。以上结果表明，在硒蛋白或硒多糖的提取实验中，由于提取时选择的样品不同，最终所得到的水溶性硒蛋白或硒多糖的含量也不一样。总体来看，尽管热水浸提法的操作工艺简单，但该方法提取不充分、提取率较低，因此并不是提取硒多糖的理想工艺。

1.9.2　醇提法

醇溶性硒蛋白往往需要采用醇提法进行提取。室温条件下，在提取盐溶性硒蛋白后的残渣中加入适量的一定浓度（75%）的乙醇进行提取，5 000 r/min，离心 20 min，取上清液（沉淀保留），再加入适量的双蒸水，于 4 ℃下静置过夜。取出溶液进行离心，5 000 r/min 离心 15 min。离心后弃掉上清液并保留沉淀，将所得沉淀冻干后加入一定浓度的乙醇将其溶解并不断调整乙醇的浓度，以便对所得到的蛋白质沉淀进行分级。

张驰等的实验结果表明，荸荠中硒的主要赋存形态是硒蛋白，其占总硒含量的 50.45%，且硒在荸荠的醇溶性蛋白质中的含量约为 3 709.3 μg/g，属于极高剂量。[183] 其蛋白质组分中，醇溶性硒蛋白的含量最多，占总硒含量的 38.66%，所以荸荠适合用醇提法。当然，也有部分硒和多糖结合成硒多糖。在实验中，张驰等也对蛋白质的四个组分硒进行分析，不论是水溶性蛋白、盐溶性蛋白、醇溶性蛋白还是碱溶性蛋白，它们都能结合一定量的硒成为硒蛋白。荸荠中，以醇溶性硒蛋白形式存在的硒含量最多，而且每分子醇溶性蛋白结合的硒原子最多，这一结果为硒与荸荠中的蛋白质结合机理的研究打下了基础。此外，钟鸣等使用醇提法从蛹虫草中提取的醇溶性蛋白硒占总蛋白硒的 15.30% ~ 16.49%，再次说明醇提法可以应用于微量元素硒的提取。[184]

1.9.3　酸提法

在提取水溶性硒多糖后的残渣中加入适量的一定浓度的 HCl 溶液进行酸提取，经过两次重复和三次合并后即可得酸溶性硒多糖提取液。在提取盐溶性硒蛋白后的残渣中加入适量的一定浓度的 pH 为 6.0 的磷酸二氢钠—磷酸二氢钾缓冲液进行搅拌提取，经过两次重复和三次合并后即得弱酸溶性硒蛋白溶液。例如，武芸等曾用酸提法对黑木耳中的酸溶性硒多糖进行提取，结果提取出的酸溶性硒多糖占黑木耳总硒的 12.65%。[185]

目前，国内外分离提取大豆蛋白的方法主要有碱提酸沉、NaCl 溶液浸提、Tris—HCl 缓冲液浸提等方法。有研究运用酸提法提取大豆中的可溶性蛋白，具体的提取方法为：取 3 g 富硒大豆样品，按一定的液料比加入浸提液，在一定温度和时间条件下振荡，25 ℃条件下 4 000 r/min 离心 30 min，取上清液在冰浴条件下缓慢加入 4 倍溶液体积的丙酮，于 –20 ℃冰箱放置 4 h 后，4 ℃条件下 10 000 r/min 离心 20 min，弃上清液并在通风橱吹干丙酮，得可溶性蛋白。此研究表明，当液料比为 11∶1（mL/g）、提取温度为 44 ℃、提取时间为 96 min 时，可溶性硒蛋白的提取率可达到 76.03%。武芸等用酸提法提取硒，检测得富硒大豆的酸溶性蛋白中硒的含量可高达 44.17 mg/kg。[185]

酸提法具有的优点是提取工艺成本低廉，如 HCl 等无机酸价格较低，而且无须除去多余酸即可进行下一步操作，提取率较高。但此方法也有缺点，如酸具有腐蚀性，酸性试剂会损坏设备，对设备的要求较高，而且酸对试样有影响，容易使硒形态发生转变，其中 Tris—HCl 对人体具有致癌作用。

1.9.4 碱提法

在提取水溶性硒多糖后的残渣中加入适量的一定浓度的 NaOH 溶液，经过两次重复和三次合并后即可得到碱溶性硒多糖提取液。在提取醇溶性或者弱酸硒蛋白后的残渣中加入适量的一定浓度的 pH 为 8.5 的磷酸二氢钠—磷酸二氢钾缓冲液，经过两次重复和三次合并后即可得到弱碱溶性硒蛋白溶液。将上清液中和至 pH 为 7.0，透析，方法同上，将蛋白质转出，用 NaOH 溶液混悬。

武芸等用碱提法对黑木耳中的碱溶性硒多糖进行过提取，结果提取到的碱溶性硒多糖占黑木耳总硒的 4.78%，以富硒黑木耳为原料，采用水浸提、乙醇沉淀多糖、Sevage 脱蛋白等方法对富硒黑木耳中硒多糖的提取分离工艺进行了初步研究。[185] 对多糖含量的检测可运用蒽酮比色法，这是因为糖可与硫酸反应，脱水生成羟甲基呋喃甲醛，后者与蒽酮缩合成蓝色的配位化合物，此时可用分光光度计测定硒多糖的含量。此方法在测定硒多糖含量时操作简单，且显色稳定，灵敏度高，重现性好。硒含量的检测则运用了原子吸收法。实验结果表明，富硒黑木耳中的硒多糖的最佳提取条件为：料液比 1∶20，提取时间 2 h，提取温度 60 ℃，提取两次。在此条件下多糖提取率最高，水溶性硒多糖含量高达 18.95%，硒的含量为 32.56 μg/g。钟鸣等从蛹虫草中提取的碱溶性硒蛋白占总硒蛋白的 2.99% ～ 3.35%。[184]

碱提法具有的优点是，提取工艺成本低廉，易于操作和控制。但是，强碱容易造成赖氨酸的损失，一些有害物质也会因此产生，如赖氨酰胺丙氨酸；强碱还可能造成蛋白质的水解和变性，可降解硒化合物，进而导致营养价值、生物活性等受到影响。同时，此方法需要较长的提取时间，其提取效果也未达到最佳。因此它可与其他方法联用，如与超声波提取法、酶法等结合，来提高硒蛋白的提取率。

1.9.5 盐提法

在提取水溶性硒蛋白后的残渣中加入一定浓度的 NaCl 溶液进行搅拌提取，经过两次重复和三次合并后即可得到盐溶性硒蛋白溶液，然后加入（NH_4）$_2SO_4$ 至饱和，经透析后，将蛋白质转出，用 NaCl 溶液混悬。此方法适用于盐溶性硒蛋白的提取。

钟鸣等曾对蛹虫草中的盐溶性硒蛋白进行过提取，结果提取到的盐溶性硒蛋白占总硒蛋白的比例介于 55.13% ～ 56.80%。[184] 蛹虫草具有很强的富硒能力，其中有机硒占绝大部分，达 80% 以上。在蛹虫草的子实体内，有机硒主要与生物大分子结合，如蛋白质、多糖、核酸等，其中硒蛋白是硒的主要赋存形态，在其蛋白质组分中，又以盐溶性硒蛋白的含量最多。钟鸣等曾运用盐提法提取过盐溶性硒蛋白，即在提取水溶性蛋白质后的各自残渣中加入适量的一定浓度的 NaOH 溶液后进行搅拌提取，同时调节 pH 约为 4.5，纯化后检测硒含量。[184]武芸等曾用盐提法对黑木耳中的盐溶性硒蛋白进行过提取，结果提取到的盐溶性蛋白中硒的含量可高达 35.32 mg/kg。[185]此外，张驰等也曾对荸荠中的盐溶性硒蛋白进行过提取，结果提取到的盐溶性硒蛋白浓度达 871.621 μg/g。[183]

不仅用盐提法提取的硒蛋白含量高于用其他两种方法所提取的，而且这种方法对后续的定性及定量检测的结果影响最小。这是因为盐提法所使用的盐溶液基本上是以硫酸铵等为代表的中性盐溶液，或者是以 Tris—HCl 为代表的缓冲溶液，它们对硒蛋白的破坏作用都比较小。

1.9.6 酶提法

用酶提取硒属于生物学方法。酶提法的原理是通过酶破坏细胞壁结构，使细胞内的有效成分快速溶出细胞，加快提取速率，然后提取其中所需的有效成分。酶提法适用于以硒代氨基酸或者硒肽的形式结合在蛋白质中的硒。实验室常用的酶有：果胶酶、纤维素酶、淀粉酶、蛋白酶 K、蛋白酶 E、脂肪酶、胃蛋白酶、胰蛋白酶和链霉蛋白酶等多种酶。例如，使用蛋白酶 K 提取富含硒的样品时，每个样品做两次平行，同时做空白实验。具体来说，先将样品超声（酸性环境）处理后置于恒温水浴摇床中 37 ℃振荡过夜，然后离心，将上清液经 0.22 μm 水性滤膜过滤后待测。称取适量待测样品，将其超声（中性环境）处理后，加入 3 mg的蛋白酶 K，然后将其置于恒温水浴摇床中 50 ℃振荡 4 h，离心后，将上清液经0.22 μm 水性滤膜过滤后待测。在使用纤维素酶对灵芝菌丝体中的硒多糖进行提取时，需先称取 1.0 g 灵芝菌丝体，加入 50 mL 水中，然后加酶量 300 U/mL 的 0.5%的纤维素酶，pH 为 4.5，温度为 55 ℃，酶解 80 min，随后升高温度至 85 ℃使酶灭活，4 000 r/min 离心 15 min，测定提取液中的硒多糖含量。酶提法还可与其他方法联合使用，以提高提取率。有研究表明，在提取灵芝硒多糖的过程中，酶提法与醇提法联合使用，得到的硒多糖含量为 2.112 mg/mL，这时的提取率最高。原因是纤维素酶具有专一性，能够水解纤维素，使由纤维素构成的灵芝细胞的细胞壁被破坏，释放出硒多糖，提取液中的多糖含量明显增加，此时使用醇提法进行提取，可以进一步提高提取率。

酶提法工艺简单，反应温和，不破坏硒的成分，环保无污染，且具有较高的选择性，提取率较高。但其实验成本比较高，因此还未被广泛用于工业生产中。

1.10 微量元素硒的检测技术

硒既具有毒性又具有生物活性，在一定范围内，硒对维持动物机体的健康是有利的。生物体中的硒（特别是有机硒）是人类营养硒来源的基本渠道。从食物链之间的关系来看，它间接从植物硒中来。人类的硒营养状况的好坏很大程度上是由生物硒资源状况的好坏决定的。因此现在对生物样品中硒的测定方法和形态进行分析和研究的意义就显得尤为重大。伴随富硒产品生产技术的发展，人们越来越关注自身硒摄入量是否合理。因此需要发展一系列具有高分辨率、高灵敏度的检测技术。[141] 近年来，人们对微量元素硒的检测技术进行了很多探索，也取得了很大进步，但目前有关硒蛋白提取、性质和含量检测的完整体系还没有建立。这些完整体系如果未来被成功建立，将会满足对硒含量技术的实用化程度、经济成本、灵敏度等的要求，更能弥补当前有关富硒产品中硒的性质及含量检测技术等方面的不足。

研究表明，产品的预处理可通过凝胶电泳法来进行，之后对硒进行定性、定量测定，采用的技术有纳升级高效液相色谱—电感耦合等离子体质谱（Nano HPLC—ICP—MS）技术、激光剥蚀–电感耦合等离子体质谱（LA—ICP—MS）技术、基质辅助激光解吸离子化—飞行时间—质谱（MALDI—TOF—MS）技术、毛细管高效液相色谱—电感耦合等离子体质谱（Cap HPLC—ICP—MS）技术以及纳升级高效液相色谱—电喷雾—串联质谱（Nano HPLC—ESI—MS）技术等。

1.10.1 激光剥蚀–电感耦合等离子体质谱技术

这种分析方法对于固体矿物微区原位微量元素的分析十分重要，也可应用于锆石微区原位 U—Pb 定年及单个流体包裹体成分研究等。激光剥蚀—电感耦合等离子体质谱（LA—ICP—MS）技术的基本原理是为了使样品熔蚀气化，需要用激光微束聚焦到它的表面。将样品微粒通过载气送入等离子体中进行电离，需要再采用质谱系统技术进行质量过滤，最后对不同质荷比的离子分别采用接收器进行测定。在湿法消解的过程中出现的困难已经被该技术克服，这大大提高了检测效率。其中，分子和中性原子、离子和自由电子组成了中性气体，在高温情况下，假如被电离的原子或分子超过 1%，则证明该气体存在极大的电导率，拥有这种特点的中性气体被称为等离子体。

电感耦合等离子体质谱（ICP—MS）技术在美国安捷伦科技有限公司研发的

Agilent 7500cx 等离子体质谱仪中得到了运用。这种等离子体质谱仪可以完成样品中常量、微量、痕量等多个数量级的多个元素含量的分析。在实际运用中，激光剥蚀 – 电感耦合等离子体质谱技术具有多种优点，如精密度高、准确度高、分析速度快、分析检出限较低等。正因如此，它被广泛应用于各类科学研究领域，如环境、生物、医学、石油、核材料等领域，主要用于微量元素的分析方面。该技术也有一定的缺点。如超痕量杂质检测中灵敏度不高；存在谱干扰，包括质谱干扰和非质谱干扰两种，干扰使关键性的杂质元素不能被准确检测；存在基体效应；仪器成本较高；等等。为解决该技术中存在的问题，人们常将其与其他技术联用，即融合两种或两种以上的技术，这样可以有选择性地解决普遍性的问题。与此技术联用的技术有多种，其中的中子活化分析（NAA）是检测硒的方法之一。其测定硒的原理是，硒与样品中的硒元素产生核反应，转变为具有放射性的核素，样品由中子照射后，反应才可进行。对于放射性核素，我们可以对其射线的种类和能量、放射性半衰期等方面进行检测，由此最终确定试样中的硒含量。微量、时间短、准确以及可以同时测定多种元素都是这一方法的优点。因此，该方法在微量元素的测定方面有其自身优势。但此种方法也有其本身的局限性，如对实验室要求极高，一般实验室并不具备该方法所需的仪器设备；涉及核反应，会产生放射性物质，其若发生泄漏会对人体伤害很大；对环境的污染极大。因此这种方法在检测中未得到广泛应用。LA–ICP–MS 技术与中子活化分析联用可有效提高检测的灵敏度，分析的材料所属的范围也可扩大到自然环境中的水、生物圈等领域，而分析的材料不再局限于半导体材料、高纯材料等；A–ICP–MS 技术与流动注射分析（FIA）联用可以进行形态分析以及在线分析等；LA–ICP–MS 技术与辉光放电（GD）的相关技术联用可分析微区、表层，扩大分析的范围等；LA–ICP–MS 技术与激光剥蚀系统的相关技术联用可以用于锆石微区原位 U–Pb 定年及微区微量元素的分析等。

在单个流体包裹体成分研究中，LA–ICP–MS 技术是高能量密度、高空间分辨率的紫外激光剥蚀系统与高灵敏度、低检出限的等离子体质谱的有机结合，使固体微区定量分析成为可能。同时，采用分步剥蚀的方式获取单个包裹体的流体，可以排除基质对单个包裹体测定的干扰，减少剥蚀过程中样品的溅射损失，从而提高分析的精密度和准确度，并且能够使人们更精确地对成矿流体演化及其成因机制进行研究。

常规的 ICP–MS 与 LA–ICP–MS 是不同的，其差别在于 LA–ICP–MS 的进样系统是激光剥蚀（LA）系统。[186] LA 系统一般由德国 Lambda Physik 公司的高能量 ArF 准分子激光器（波长 193 nm）和聚焦激光的光学系统组成，我们运用 LA–

ICP-MS 技术时，平顶斑束会在样品的表面形成，并且平顶斑束趋于完美，且对于不同的斑束，可以给予相等的能量密度。形成的斑束的直径是可调节的，我们可以根据需求在 4 ~ 160 μm 范围内调节档位改变其直径，单脉冲能量 200 mJ，最高频率达 20 Hz，能量密度可通过光学系统实现匀光和聚焦，最后可达 45 J/cm²。此外，LA-ICP-MS 还包括与之对应的控制单元、样品剥蚀池以及能够把产生的气溶胶有效输送到等离子体的接口装置等。不同的激光器有不一样的测量精密度，准分子 193 nm 的深紫外激光系统更适用于减小分馏效应。湿法消解的方法有许多缺点，如花费时间长，步骤繁杂，会导致水和酸等多原子分子含量降低而出现变量，等等。我们如果采用 LA-ICP-MS 技术，通过载气将固体样品直接导入 ICP，不仅能解决湿法消解的过程中存在的不足，还能进一步提升进样效率，增强实际检测能力。一维或二维凝胶电泳后的蛋白质条带或斑点内多元素的测定采用的是灵敏度高和空间分辨率高的 LA-ICP-MS 技术，因为此技术能够直接、准确地测定出多元素。

一维凝胶电泳和 LA-ICP-MS 技术可用来测定硒的含量，其中硒是从红细胞中粗分离出来的谷胱甘肽过氧化物酶（GSH-Px）里含有的。LA-ICP-MS 技术与二维凝胶电泳相结合，可用于酵母中硒蛋白含量的测定。我们通过比较凝胶中蛋白质分子量标记和 GSH-Px 的位置以及 LA-ICP-MS 中硒信号出现的位置来确定 GSH-Px 是否被识别成功。此外，研究发现剥蚀能量不影响硒信号。同时，为防止硒蛋白中含硒氨基酸的降解并保证该技术测定硒的准确性，我们需要进行 SDS 变性和碘乙酸衍生化处理，然后对硒蛋白提取液再次进行凝胶电泳。

1.10.2　毛细管高效液相色谱 – 电感耦合等离子体质谱技术

近年来由于联用技术在元素形态分析中的发展越来越快，其中的毛细管电泳 – 电感耦合等离子体质谱技术也越来越受到重视，它是一类新型液相分离技术，不仅能够将毛细管作为分离通道，还能将高压直流电场作为驱动力，不同形态的样品分离可采用此方法。近年来，毛细管高效液相色谱 – 电感耦合等离子体质谱技术作为一种强有力的高分辨率分离技术，广泛适用于微量样品的分析，如可以应用于二维凝胶电泳后蛋白质斑点消解产物的检测、单细胞样品的测定等。[186]

高效液相色谱（HPLC）法是硒形态分析中被使用最多的分离方法。王丙涛建立了高效液相色谱 – 电感耦合等离子体质谱（HPLC-ICP-MS）技术，在此联用技术中，HPLC 与 ICP-MS 的接口有微型同心雾化器、超声雾化器、直接注入雾化器、液压式高压雾化器以及高效雾化器等。由于本身局限性问题，在多种接口中，微型同心雾化器最适用，用于液体样品中的硒及其他元素的不同形态的定量分析，检测限一般为 ppb 级。检测的样品多为硒酸盐、亚硒酸盐、硒代蛋氨酸以及硒代胱氨酸等。HPLC-ICP-MS 技术具有多种优点，但是此技术不能提供化合物的分子结构信息。在使用此方法检测时，我们要严格按照操作步骤执行，注意接口及色谱柱等。数据分析结束后，要做好仪器的清洁及维护工作。

在将毛细管高效液相色谱（Cap HPLC）与 ICP-MS 耦联时，我们需要克服柱流速与传统喷雾器流速的差异（100～1 000 倍），解决双通路 Scott 喷雾室较大死体积（40～100 cm³）引起的淋洗时间较长和峰变宽的问题。就目前来说，对于微喷雾器总消耗量（流速在 0.5～7.5 mL/min 范围内）方面的界面设计是 Cap HPLC-ICP-MS 技术最有意义的改进。传统耦联的 HPLC-ICP-MS 并没有解决在分离多肽上的问题，而 Cap HPLC 和 ICP-MS 间的无管鞘界面可以克服这些困难。它不仅能够确保高效的喷雾和最小峰宽效应，还能很好地分辨出 30 多条含硒多肽混合物。硒蛋白的纯化和识别都采用 Cap HPLC-ICP-MS 技术，通过一维或二维凝胶电泳之后，硒化酵母中的水溶性蛋白会获得蛋白质条带或斑点，再将其用胰酶进行消解、抽提，之后采用 Cap HPLC-ICP-MS 技术进行分离检测，根据酶解产物在 HPLC-ICP-MS 色谱图中各峰的保留时间已经纯化和表征的蛋白的多肽谱图，鉴定蛋白质的种类，发现硒的检测限低于 pg 水平，并可估算每个多肽中硒的量。此外，对于凝胶电泳后蛋白质酶解产物特异性多肽谱图，我们可采用 Cap HPLC-ICP-MS 技术进行绘制。

1.10.3　纳升级高效液相色谱－电感耦合等离子体质谱技术

类似于 Cap HPLC-ICP-MS 技术，纳升级高效液相色谱（Nano HPLC）技术也是一种强有力的高分辨率分离技术，也被广泛应用于微量样品分析中，还可应用于多维分离。在将 Nano HPLC 与 ICP-MS 耦联时，需要解决的问题与 Cap HPLC-ICP-MS 中出现的问题相同，Nano HPLC 与 ICP-MS 的耦联要用管鞘流动界面，此技术能够对非特异性同位素进行稀释定量测定。[186]

在实际操作中，可先采用 LA-ICP-MS 技术检测蛋白质条带，对其中的蛋白质进行硒定量分析后确定其是否含硒，由于 LA-ICP-MS 技术检测取样较少，所以凝胶电泳后的蛋白质条带或斑点中的剩余部分可用于 Nano HPLC-ESI-MS 技术检测。采用胰酶对蛋白质条带或斑点进行消解、抽提，进行分离检测时，采用 Nano HPLC-ICP-MS 技术测定。根据酶解产物在 HPLC-ICP-MS 色谱图中各峰的保留时间，对照与已经纯化和表征的蛋白的多肽谱图，对蛋白质进行正确识别并测定其基因序列。

硒的测定方法研究向有机硒化合物测定的方向发展，联用技术的发展为分离检测硒形态做出了重大贡献。电感耦合等离子体质谱技术在被用于对硒元素进行化学种态分析时具有的优点包括：有较高的敏感性，有较宽的动态线性范围，对元素具有较低的检测限，有多元素分析与同位素比率测定的功能，等等。ICP-MS的谱线简单，检测模式灵活多样，可通过元素谱线的质荷比（M/Z）进行定性分析，也可通过谱线全扫描测定所有元素的大致浓度范围即进行半定量分析。此外，它还可用于标准溶液校正，进行微量元素硒的定量分析。[187] 高效液相色谱 – 电感耦合等离子体质谱技术是有效分离检测硒形态的方法之一，也是目前人们分析硒化合物时应用最多的方法之一。HPLC-ICP-MS 技术容易进行接口连接，在线联用时具有最高的敏感性，同时可获得最低的检测限。但硒形态具有不稳定性，导致其无法被准确地定性定量。如何减少硒形态的相互转化和更有效地分析转化后的产物，仍有待深入研究。[188] 此外，由于硒化合物含量少，对硒蛋白和含硒氨基酸等有机含硒化合物进行直接分析仍存在挑战。

1.10.4 基质辅助激光解吸离子化 – 飞行时间 – 质谱技术

20 世纪 80 年代，德国科学家 Karas 和 Hillenkamp 等第一次提出基质辅助激光解吸离子化（MALDI）技术。基质辅助激光解吸离子化技术是一种新的用于质谱的软的离子化技术，可以得到用常规离子化方法解离得到的分子碎片的一些大分子的质谱信息，如生物类的 DNA、蛋白质、多肽、糖、核酸以及其他大分子量的有机分子。这种技术是由激光解吸（LD）发展而来的，是分析非挥发性有机物的重要方法，主要用于解决激光解吸中难挥发和热不稳定高分子样品的离子化问题。该技术的原理是，靶上待分析物质有了由激光提供的高强度脉冲式能量，能够在一个极小的区域里和极短的时间间隔中，瞬间完成解吸和电离，并且不产生热分解。MALDI 技术是一种直接气化并离子化非挥发性样品的质谱离子化技术。它有两种离子化机理可能性：一种是离子在固态时已形成，给予激光照射后，离子释放出来；另一种是激光照射前没有产生离子，激光照射之后引发的离子反应产生了离子。该技术解吸离子化过程与基质的种类、激光波长和激光照射强度有关。理想的基质具有这些特质：真空稳定性较好；蒸气压较低；将固态基质与待测分析物混合之后，两者能较好地融合；在适用的激光波长处有较强的电子吸收；等等。由于 MALDI 技术在灵敏度、使用范围、操作等方面的优点，该技术可以解决质谱技术在分析高级性、不易挥发性以及热不稳定样品方面的问题，这就使传统的主要用于小分子物质研究的质谱技术得到很大提升。

飞行时间 – 质谱（TOF-MS）仪是一种很常用的质谱仪。它的质量分析器是一个离子漂移管，最初被收集的离子是由离子源产生的，且收集器内所有离子的速度都将变为 0。离子能够进入无场漂移管的前提是，离子使用脉冲电场加速后，以恒定的速度进入离子接收器内。在此过程中，离子的质量与到达接收器所用的时间成正比：质量越大，时间越长，质量越小，时间就越短。根据时间的不同测定离子的质荷比，将离子进行分离。该技术的优点是扫描速度快、检测的分子量范围大、仪器结构相对简单，缺点是分辨能力低。为保护检测器，质谱仪需要在真空环境下运转，这样能够提高样品的检测精度。

　　MALDI-TOF-MS 技术是一种软电离技术，不产生或产生较少的碎片离子，适用于混合物及生物大分子的测定。此技术具有灵敏度高、准确度高及分辨率高等优点，是一种重要的分析检测技术，在诸多研究领域发挥着重要的作用。理论上我们通过凝胶电泳对产品进行预处理后可使用 MALDI-TOF-MS 技术识别硒蛋白，但由于从凝胶中有效地抽提硒蛋白比较困难，所以这一方法并未被广泛应用。同时，含硫同源蛋白和硒蛋白会同时存在于机体中，而且前者比后者更丰富，更易离子化，这会造成抽提过程中后者没有被检测出来。例如，硒代蛋氨酸多肽的离子化能力比甲硫氨酸的同源多肽的离子化能力弱，而且由于硒有着较多同位素类型和同位素峰，所以采用 MALDI-TOF-MS 技术对硒蛋白的检测效果较差。因此，有效抽提蛋白质、进行质谱分析成为检测技术的关键。

　　研究表明，在抽提蛋白质、进行质谱分析中，采用胰蛋白酶消化胶内蛋白是最有效的办法。硒与蛋白质以共价键相互结合，在胰蛋白酶消化后的多肽片段中也有硒的存在。在实验中，羧甲基化是必不可少的，可以防止硒蛋白和硒蛋白中的含硒氨基酸不被破坏。但值得注意的是，要防止其产生的衍生化试剂与硒代蛋氨酸相互反应影响实验结果。在对二维凝胶电泳后的硒钙调蛋白点进行抽提后，再采用 MALDI-TOF-MS 技术进行结果测定。结果表明，硒化合物的同位素类型特征无法被正确地识别。因此，在选择适当的质量范围、提前了解蛋白质序列的情况下才能检测到抽提物中的含硒多肽。采用 MALDI-TOF-MS 技术可鉴定氯沙坦对自发性 2 型糖尿病 KKAy 小鼠肾小球蛋白差异表达蛋白质；采用 MALDI-TOF-MS 技术分析可获得大鼠肺组织蛋白质中的肽质量指纹图谱，匹配的蛋白质可通过 Matrix Science 查询软件搜索获得。就当前来说，在含硒蛋白多肽的检测中，有一维和二维的凝胶电泳，但 MALDI-TOF-MS 技术仅适用于二维凝胶电泳分离后的硒蛋白多肽的检测。[186] 纯蛋白和相对较浓蛋白的胰酶消解后的多肽可以通过采用具有高灵敏度的 MALDI-TOF-MS 技术进行测定。

1.10.5　纳升级高效液相色谱－电喷雾－串联质谱技术

　　电喷雾离子质谱（ESI-MS）技术是在缺乏标准物对照的情况下的一种不可缺

少的形态分析技术。目前，ESI-MS 技术已经被应用于鉴定硒酵母中的硒－腺苷－高半胱氨酸和海藻中一种新的硒糖等。但 ESI-MS 技术有其局限性：灵敏度低，易受试样中基体的干扰，信号受到抑制。因此，我们在运用 ESI-MS 技术分析前须把分析物经过多次分离、纯化和富集等，以获得尽可能纯的分析物，从而保证分析结果的准确性。[189] 近几年，人们在研究中发现采用纳米高效液相色谱－电喷雾－串联质谱技术识别硒蛋白有较好的效果。我们须采用酶解法对凝胶中的蛋白质进行酶解之后再进行下一步分析，因为酶解法能在较温和的环境下高效率地提取含硒化合物，尤其是硒蛋白，且对后续分析结果无影响。酶解后用 Nano HPLC-ESI-MS 技术鉴定含硒多肽，分析物的纯度能够决定实验是否成功，因此少量含硒多肽只有在某一时刻以几乎纯物质形式到达离子源才能被检测到。此外，通过平行使用 ICP-MS 技术测定分离产物中的硒，能够确定含硒多肽从 Nano HPLC 中分离出来的保留时间。对于多肽的浓度、数目、消解效率和柱回收率，我们全都采用 ESI-MS 技术进行识别。研究中，科学家们进行一维凝胶电泳后，采用 LA-ICP-MS 技术检测蛋白质条带是否含硒，将含硒蛋白质条带进行酶解后回收接着用 Nano HPLC 技术平行连接 ICP-MS 技术和 ESI-MS 技术，即用 Nano HPLC-ESI-MS 技术进行分离检测，得到一个含硒多肽强峰，再将该含硒多肽用 ESI-MS 技术进行证实，用此方法识别和鉴定了凝胶电泳后的大鼠硫氧还蛋白还原酶。含硒多肽的提取离子色谱图（XIC）和碰撞诱导裂解（CID）质谱图是我们通过将 Nano HPLC-ESI-MS 总离子色谱图（TIC）与 Nano HPLC-ICP-MS 色谱图进行比较获得的。在 TIC 中对应的含硒多肽峰被找到了，从而含硒多肽的存在和含硒氨基酸的形态被证实。[186]

1.10.6　石墨炉原子吸收光谱法

石墨炉原子吸收光谱法在目前仍是测定硒的最灵敏的方法之一。它是利用石墨材料制成管、杯状的原子化器，用电流加热实现元素电子化的分析方法。此方法用于测定痕量金属元素，在效果上比其他方法更好，并且此方法能够用于少量样品的分析测定和固体样品的直接分析，因此该方法的应用领域较为广泛。同时，它在用于测定硒含量时具有操作简便、分析速度快等优点。石墨炉原子吸收光谱法的原理是将经硝酸和高氯酸的混合酸加热消化后的样品投入石墨炉中，在样品中的六价硒以盐酸为媒介被还原成四价硒。在盐酸介质中，用硼氢化钠或硼氢化钾再将四价硒还原成硒化氢（H_2Se），还原出来的硒化氢被载气（氩气）带入原子化器中进行原子化，在硒特制空心阴极灯的照射下，被激发的基态硒原子达到了高能态。[190] 当有辐射通过自由原子蒸气，且入射辐射的频率等于原子中外层电子由基态跃迁到较高能态所需能量的频率时，原子就产生共振吸收。在吸光度上，将被测定的试样和标准溶液进行比较，最终测定出试样中被测元素的浓度。但在样品的消解过程中，温度达到 400 ℃ 会使硒蒸发而导致损失一部分硒，且样品中的金属离子和非金属离子如果达到一定浓度，就会对硒的测定产生干扰，导致测定结果不准确。[191]

原子吸收方法除了有石墨炉原子吸收法外，还有火焰原子吸收法。通过比较可知道这两种方法的优缺点。石墨炉原子吸收法的优点是检出限低，灵敏度高，使用样品量少，利用率高，而且石墨炉原子吸收法可以直接分析固体样品和液体样品，能够减少化学试剂的干扰，原子化效率高。但由于使用的仪器设备较复杂，石墨炉原子吸收法的成本高，此外，在检测的精密度方面不如火焰原子吸收法。火焰原子吸收法具有稳定性和重现性好、基体效应和记忆效应小、背景噪声低等优点，但此方法也有原子化效率低、灵敏度低等缺点。

在硒测定中使用基体改进技术在减少硒的损失方面具有积极的作用。该技术有助于解决待测样品溶液基体的挥发性不够高，待测易挥发元素的稳定性不够强以及灰化温度不高导致不能消除基体对实验的干扰的问题，这些问题往往可以通过在石墨炉或样品溶液中加入相对应的某种化学试剂的方法来解决。因此，选择合适的基体改进剂是改善采用石墨炉原子吸收光谱法测定硒的效果的关键，采用不同的基体改进剂也能获得较好的效果。在水中硒含量的测定过程中，用铜－铁混合基体改进剂可以减少化学干扰以及灰化过程中的挥发损失，并提高灰化温度。常用的基体改进剂镍会污染环境且产生记忆效应，但是用铜－铁混合基体改进剂非但没有这些不好的效果，反而可以对硒的吸光度有增感作用，也会提高被测定样液的灵敏度，能够有效减少背景的干扰，该方法的使用使加标回收率达到95% ～ 102% 之间。[192]

1.10.7　联苯胺比色法

随着物质生活水平的提高，人们越来越关注自身健康，各种各样的保健食品相继出现，富硒酵母类的保健食品也进入人们的视线。在富硒酵母的研究中人们找到一种简便可靠的测定方法，即联苯胺比色法。采用联苯胺比色法对样品进行测定，结果会有显著的差异，这是由于处理样品时采用了不同的消化液。使用高氯酸、盐酸、无水乙醇等组成的消化液测定有机硒含量的方法如下。[193]

（1）测定总硒元素含量。按照要求需要将一定量的硝酸和高氯酸放到样品中进行混合，消化的过程需要在酸性环境中进行，消化完成以后进行冷却，这一步骤完成以后，在样液中加入一定量的盐酸，然后将混合液加热到有白烟冒出，同时溶液会变成无色的。将溶液的温度降到室温，然后将冷却后的溶液转移到相应规格的试管中，只需加上水和少量的铁氰化钠溶液，记下此时试管中溶液的容量，之后总硒元素量就可以被测定出来，将其作为硒总量 A 记下来。值得注意的是，此时相应的空白实验也需完成。

（2）测定无机硒含量。在温度为 70 ℃的水中放入试管，试管中有把 2 g 样品和 6 mg/g 的盐酸溶液充分搅拌后的溶液，之后将试管在 70 ℃的水中水浴两个小时再进行冷却，将试管溶液的温度降到室温，再用脱脂棉球过滤同样多的盐酸溶液。取 6 mL 滤液加到有塞的试管中，将试管放到 100 ℃的沸水浴中加热 25 min，再进行冷却，将试管溶液的温度降到室温，最后加上水和一定量的铁氰化钠溶液，记下此时试管内的液体的体积，总量 A_1 就是计算出的结果。值得注意的是，此时对应的空白实验也需完成。

（3）有机硒含量 A_2 为总硒含量 A 减去无机硒含量 A_1，即 $A_2 = A - A_1$。

（4）在规定的条件下，根据仪器的自动配备标准系列，在不一样的时间里多次测定该标准系列，仪器可以根据测得的数据自动合成数字报告。由报告中可以看出硒含量的荧光强度与硒的浓度之间的关系，相关系数在 0.999 9 范围内浮动，即呈现良好的线性关系。

当前，富硒食品不断出现，检测硒的方法也不尽相同，这些方法都有其自身的优缺点。样品不同，分析的要点也不同，因此根据不同需要，选择出最合适的检测方法对于我们来说有着十分重要的意义。在检测富硒蛹虫草中，适用微波消解法对试验样本进行消解，实验者分别通过 ICP-MS 法、HPLC/ 荧光法和 3,3- 二氨基联苯胺比色法等三种方法检测富硒蛹虫草菌丝体中硒的含量。实验者对上述几种硒含量测定方法的工作条件、检出限和精确度等进行对比研究，实验结果表明，ICP-MS 法的检出限最低，为 0.260 7 μg/L，3,3- 二氨基联苯胺比色法的检出限最高，为 10.485 9 μg/L。通过对精密度进行比较得知，同一样品以 ICP-MS 法测硒的标准差最低，以 3,3- 二氨基联苯胺比色法测硒的标准差最高。所以，当样品中的硒含量很低时，可选用 HPLC/ 荧光法和 ICP-MS 法；当样品中的硒含量相对较高时，可使用 3,3- 二氨基联苯胺比色法。当然，这三种检测方法各有优缺点：HPLC/ 荧光法的优点是使用样品量少、灵敏度高、干扰不多等，但此方法有较多的实验步骤；ICP-MS 法的优点是对样品的处理不复杂、准确度高、灵敏度高，但样品用量相对较多，而且实验设备昂贵，导致测定成本高；3,3- 二氨基联苯胺比色法实验操作相对简便，测定成本低，对实验设备要求较低，但此方法的灵敏度比其他两种方法低。因此，检测样品时要根据自己的实际情况及样品中硒含量的高低选择不同的测硒方法，争取使用最合适的方法，以取得更可靠的检测结果。

在检测过程中，联苯胺比色法具有低成本、高效率的优势，这种方法在测定有机硒含量时是最实用的。在实验样品的选择上，实验者选择的是富含硒的酵母，在样品中检测有机硒的含量时实验者采用了两种方法，分别是原子吸收法和联苯胺比色法。做平行测定后得出结论，两种方法在测定的结果上相对偏差都不超过5%。上述检测方法在保证检测结果的准确性以及质量的前提下，减少了不必要的支出，降低了成本。[194]

1.11 微量元素硒与疾病的关系

硒是人体内必需的微量元素之一，人体自身无法合成，必须从外界摄入。硒在维持人的生命活动方面有着重要作用，与人体健康的关系十分密切。硒因为具有抗氧化功能，所以在预防心血管疾病、癌症、艾滋病等疾病方面都发挥着重要作用。硒作为人体免疫调节的营养元素，既能激活淋巴细胞，使淋巴细胞在细胞免疫中发挥作用，又能刺激免疫球蛋白并刺激抗体产生。硒的缺乏与过量都会危害人体的健康。国内外大量实验和临床研究表明，缺硒会造成机体重要器官的功能失调，导致克山病、大骨节病、白肌病等多种严重疾病的发生，许多地区的人们通过补充硒元素使这些疾病得到一定控制。在20世纪70年代，Rottuck发现硒是谷胱甘肽过氧化物酶的活性中心，这标志着硒的发现，其后人们开始对硒元素的生物学功能进行研究，接着相继发现20多种硒蛋白，硒生物化学和硒蛋白质组学等科学相继被建立并开始了长远的发展。后来，随着研究水平达到基因水平，硒代半胱氨酸密码子UGA被发现，人们对硒的研究达到前所未有的高度，这些都是在研究微量元素硒的过程中曲折而又重要的经历。从硒的发现到后来人们对其生物学功能的研究和应用，经历了将近200年。而人们对硒的代谢、硒与各种疾病之间的关系等方面的研究从未停止，这都是重要的研究方向，新研究成果也不断出现。[195]

1.11.1 硒缺乏引起的地方病

1.克山病

克山病（KSD）是1935年于我国黑龙江省克山县发现的一种地方性心肌病，病死率极高，病因目前尚不完全清楚，主要病变为心肌损伤，主要临床表现为不同程度的急性或慢性的心脏功能不全和不同类型的心律失常。[196]患者往往还伴有难以呼吸、气喘、食欲下降、下肢水肿、肝脏肿大、心脏扩大等表现。[197]

克山病根据发病的临床表现可分为以下四种类型。

（1）急型克山病。该类型克山病有突然发病和在潜在型或慢型克山病的基础上急性发作两种发病方式。在北方，急型克山病多发生于冬季，诱因可能是寒冷、过劳、感染、暴饮暴食或分娩等，起病急骤。急性肺水肿、心源性休克和严重的心律失常等情况的出现，表明患者的病情很严重。患者初始会经常头晕，接连不断地恶心呕吐，继而烦躁不安。如果情况严重，患者有可能在数小时或数天内死亡。患者脸色苍白，四肢厥冷，脉细而微弱，身体温度没有升高，呼吸浅速，血压下降。心律失常常见，主要表现有室性早搏、阵发性心动过速和房室传导阻滞等。心脏一般轻度增大，心音弱，其中第一心音减弱得最为明显，可有舒张期奔马律和轻度收缩期吹风样杂音。急性心力衰竭时肺部出现啰音。此外，肝肿大和下肢水肿亦常见。据资料，1980年急型克山病已基本消失。

（2）亚急型克山病。亚急型克山病与急型克山病相比，发病较慢，感染此病的大多为幼童，并且春、夏季的发病率高。该病亦可导致充血性心力衰竭或心源性休克。发病初期，该病的临床表现主要为精神萎靡、气急、咳嗽、食欲不振、面色灰暗甚至全身水肿，患者也可能出现心脏扩大、奔马律和肝肿大的现象。

（3）慢型克山病。该病有可能是从急型、亚急型或者潜在型克山病转化而来的，起病缓慢。其在临床上主要有慢性充血性心力衰竭、心悸、气短的症状，患者疲劳时病情会加重，并伴有尿液减少、水肿和腹腔积液的现象。在检查时会发现心脏向两侧明显扩大，而且心音低，能够听见轻中度收缩期杂音和舒张期奔马律。在晚期，可能出现右心衰竭的体征，主要表现为颈静脉怒张、肝肿大和下肢水肿等。病情严重者可能有胸、腹腔积液或者出现心源性肝硬化等症状。心律失常常见，主要表现有室性早搏、心房颤动、心动过速、传导阻滞等。

（4）潜在型克山病。潜在型克山病常常不会显现出症状，对患者日常的劳动或工作都没有影响，这种潜在型较稳定。由其他型转变而来的潜在型克山病在临床上有心悸、气短、头昏、乏力等症状，另外还表现为心电图有 ST–T 变化、QT 间期延长及过早搏动。潜在型克山病会损害患者的心脏，但心脏受损伤的程度轻微，心功能代偿良好，心脏不增大或者只有轻度增大。

克山病发病存在明显的地区性、季节多发性和人群选择性的特点。在从东北到西南的低硒地带，病区涉及 16 个省（自治区、直辖市）、326 个县、2 953 个乡、6 000 万人口。克山病发病具有年度和季节的多发性。1955 ~ 1978 年是其高发年，1978 年之后克山病发病率开始有下降的趋势。克山病在南北方病区都有集中高发的季节，在东北地区多发于冬季，而在西南地区多发于夏季。目前的情况是，在全年都会发生此病，病型也开始转变，由原来的以急型和亚急型克山病为主，转变为以慢型和潜在型克山病为主。克山病的发病还呈现明显的人群选择性。农村为克山病的流行地区，患病人口大部分为农业人口，其中儿童占多数。在四川省同一病区内，研究者将职工户儿童与农业户儿童进行比较，从发硒情况来看，农业户儿童的发硒水平均明显低于职工户儿童的发硒水平。其原因很可能是两者在膳食的组成和搭配方面的不同。农业户儿童在饮食方面种类相对单一，其大部分的主副食是自己家生产种植的，受水土影响。而职工户儿童在饮食方面有繁多的种类和平衡的主副食，可以说水土因子对其影响不大。但近年来，克山病普遍发生于年龄高的人群中，患者多为中老年人，年龄越高的人群发病率越高，男女间的发病率没有明显差异。

关于克山病的病因一直存在疑问，科学家们提出过多种病因假说，病因大体被归纳为两类，即生物性病因和非生物性病因。生物性病因包括自然疫源、病毒、真菌毒素中毒等。非生物性病因通常也被称为水土病因，它包括两种：①中毒性病因，主要有环境中的异常有机物中毒、亚硝酸盐中毒和其他化学元素中毒；②缺乏性病因，主要有缺硒、缺钼以及饮食中某些化学物质的缺乏与失调。通过科学家们长期的研究与协作，看似对立的生物性病因和非生物性病因这两种观点开始慢慢融合，因为可能导致克山病的不只是一方面因子，极有可能是两方面的共同作用，即复合因子。但是，对于将克山病作为一种地方病的病因假说或学说而言，科学家们必须有环境科学方面的依据或实证，否则将克山病称为地方病就是不合理的。因此，要想成功地探索出克山病的病因，科学家们必须从宏观和微观两方面对地理环境与克山病的关系进行研究。

中华人民共和国成立以来，我国科研人员在克山病病因和防治的研究工作中做了许多努力。20世纪60年代，西安医学院克山病研究室首先提出了"水土病因"假说，提出缺硒为克山病病因的猜想，因为克山病病区的动物由于缺硒患有白肌病，此病的病理变化与克山病的病理变化极为类似。[198]依据"水土病因"假说这一线索，1965年6月，研究者们首次进行了口服亚硒酸钠预防克山病的试点观察。为了知道硒对克山病的抵抗效果，他们把一定数量且同质的观察对象随机分成两组，在同一时期把观察对象放到相同的地区，并且其中一组服硒，另一组则为对照组，然后将两组进行对比性观察，通过多次试点观察发现硒预防克山病的效果也许与克山病发病规律有一定的关系。研究者们在一个吃、住、劳动以及生活、卫生条件完全一致的集体中进行初步试点观察，两组被观察对象的情况基本一致，如平均年龄、病区居住时间、健康状况等，最后研究者们初步了解了硒对克山病的预防效果。随后，在另一较重发病地区的试点中，他们开始复试观察服硒组及对照组，两组人员被随机分配，研究者们发现预防效果显著。在此基础上，研究者们继续观察普服预防试点。最后，在普服预防观察期间，他们将试点区当年服硒人群的发病率与邻近病区未服硒人群的发病率进行了对比，发现服硒人群的发病率显著降低，由此在对比观察中取得的效果进一步被肯定了。20世纪60年代以来，中国医学科学院等机构先后在黑龙江、四川、云南进行了十余万人次的硒防对比观察。1975年以来，硒防对比试点也在陕西省甘泉县等一些病区被开展，一共有一万四千余人参与，都取得了一致的结果。这个发现为预防克山病提供了一条行之有效的途径，也为进一步研究克山病病因及其发病机理提供了重要的线索。[199]20世纪70年代到80年代末，国内发现了生物材料中硒的测定方法，根据克山病流行病学调查机构对全国范围内的各病区和非病区的内外环境中硒水平的对比分析，证实了因为缺乏硒，人体对克山病没有抵抗力，低硒地带的人群容易患克山病，非病区居民的头发、血液、脏器中的硒含量也都高于患有克山病的人群。[200-203]硒的补充使病区居民机体内的硒水平恢复到正常水平，这对预防急型克山病和亚急型克山病有着很重要的作用。由此证明克山病地区性发病的原因是体内缺硒，这是一个条件性的导致克山病的水土因素。[204]20世纪90年代至今，克山病的发病率急剧下降，我国对克山病病情实行动态监测，发现克山病的流行特点已发生改变，由开始的以急型克山病、亚急型克山病为主，转变为以慢型克山病和潜在型克山病为主。[205]

综合目前的研究资料，低硒虽不能解释克山病的季节多发性和人群选择性特征，但其作为克山病的致病因素之一，在克山病发病机理和防治研究工作中仍占重要地位。相关资料显示，硒对克山病的作用机制为硒能提高 GSH-Px（谷胱甘肽过氧化物酶）的活力，提高机体的抗氧化防御能力，对保护线粒体代谢功能和心肌膜系有重要的作用；硒对病区低硒居民机体免疫功能有增强的作用，从而能够维持当地居民的正常免疫状态并提高其机体抗感染能力；硒可以降低病区低硒人群血小板的活性，特异性致病因素会导致心肌发生多发性周围血管灶状坏死，此致病基础可以因此被消除；因为甲状腺激素的代谢对心脏功能有影响，所以含硒酶——碘甲腺原氨酸5'-脱碘酶可以通过改善甲状腺激素进一步对心脏功能产生积极的作用。因此，硒的补充可以起到对克山病的保护性预防作用。[206]

根据动物实验及有关资料，我们得出了预防克山病所需要补充的硒的用法和用量：用法是用一次之后隔开十天再次服用，每次服用量因年龄而不同，使用量也因此不同，1～5岁的、6～10岁的、11～15岁的、15岁以上的，服用量分别为 1 mg、2 mg、3 mg、4 mg。服用的亚硒酸钠应在安全剂量之内，医学科学院提出人体口服安全剂量应为每周每千克体重 0.04 mg，其用法是在上一次服药之后隔开 5～7 天再进行服药，使用量根据年龄的不同来定，1～5 岁的、6～10 岁的、10 岁以上的，服用量分别为 0.5 mg、1 mg、2 mg。两种方案具有很多相同之处。采用以上剂量、用法确实可以将人体内的硒水平提高，但并不是将人体内的硒水平（发硒、全血硒、全血谷胱甘肽过氧化物酶活性水平）提高到非病区水平，就一定能保证预防克山病。

2. 大骨节病

流行病学调查发现，大骨节病病区亦在我国东北—西南的低硒地带内，并且多与克山病并存。大骨节病（KBD）是一种病因未明的慢性、地方性及变形性骨关节病，主要的临床表现为多发性灶状软骨坏死甚至关节畸形。

大骨节病因发病时期的不同而具有不同的临床表现。①少年时期发病。患者表现为侏儒型，这是由于患者发育出现障碍，骺板提前骨化，临床表现为矮小的体型、粗大的关节、出现疼痛并且活动范围受到限制。关节通常的发病顺序为踝关节、手指关节、膝关节、肘关节、腕关节、足趾关节和髋部。患者常常出现两下肢的膝向内翻、膝向外翻或髋内翻畸形的情况，这些情况的发生是由于骺板融合的速度出现了不一致，其他表现有手指短、粗小，足部扁平。此病的严重程度与发病时的年龄有关，患者年龄越小，畸形就会越严重。②青春后期发病。患者主要有骨关节炎的症状，关节发生肿胀，出现少量积液，在活动时会产生摩擦感，同时有交锁症状出现，有时还能在人体的关节内检查出游离体。成人多为下肢出现病症，踝、膝会产生肿胀疼痛的感觉，患者行走十分不便。若患者该时期内发病，畸形不明显。

近几十年来，硒与大骨节病的关系受到了众多研究者的重视。20 世纪 70 年代，有研究提出低硒与大骨节病发病存在着密切联系并逐渐发展成低硒学说，主要论据有 4 种。①在我国，位于低硒水平地带的大骨节病病区的居民体内的硒也处于低水平。②非病区人群的头发、血液、尿液中的硒水平与病区居民的相比均比较高。③根据流行病学显示，硒与大骨节病发病率呈显著负相关。④经对比验证，病区居民补硒后能降低儿童大骨节病的新发率，防止病情恶化。[207]

20 世纪 80 年代，王权等再次证实了微量元素硒不足是大骨节病发生的环境危险因素。[208] 后来相继有研究显示对大骨节病病区投硒取得良好的防治效果。[209] 因此，大多数研究者认为大骨节病的发生与低硒有关。但随着研究的深入，研究人员发现并不是所有的低硒环境都会引发大骨节病，虽然补硒后发病率有所下降，但是不补硒的病区大骨节病发病率同样会出现自然下降的现象。[210-211] 低硒虽对内环境有一定影响，但并没有更多依据支持低硒为诱发大骨节病的原始病因这一观点。机体内的低硒环境虽然不是大骨节病的致病因素，却是大骨节病发生的一个重要条件。[212]

总而言之，适量补硒能降低大骨节病发病率是毋庸置疑的，在当前大骨节病病因未明的情况下，仍不失为防治大骨节病的有效措施。[213]

3. 白肌病

白肌病又指肌营养性不良，是一种营养代谢病，临床上主要表现为骨骼肌、心肌及肝组织发生变性、坏死，因病变部位的肌肉颜色变淡甚至接近苍白色而得名。各种动物特别是幼畜、幼禽均可发病，最常见于羊羔、牛犊、仔猪和马驹，尤其是山羊羔的发病率可达 90% 以上，病死率也很高，也曾有家兔和雏鸡发病的相关研究报道。

白肌病的临床表现是心脏机能衰退（心音混浊，节律不齐，心搏过速，有时可闻收缩期杂音）。急性病例常突然死亡，死前无任何临床表现，病羊羔有时在白天仅表现出沉郁、呻吟、不食，而在夜间死亡。病羊羔在生前检查时会有心跳极快、心律不齐的症状，最后死于心脏停搏；其中也有呈慢性经过的，但一般多呈亚急性经过，死亡率可达 50% ~ 70%。病羊羔精神委顿，食欲减退，常有腹泻、跛行、拱背站立或卧地不起的现象。若此时有人驱赶其运动，则其步态僵硬，关节不能伸直，触诊会发现其四肢及腰部肌肉发硬、肿胀，骨骼肌弹性下降。心区有压痛，脉搏 150 ~ 200 次 / 分钟，呼吸 90 ~ 100 次 / 分钟。病羊羔常发生结膜炎，角膜混浊、软化，终至失明；四肢及胸腹下出现水肿；尿液常呈红褐色。其常由于咬肌及舌肌机能丧失而无法采食，心肌及骨骼肌严重受损会导致其死亡。

在股二头肌、臂三头肌、半膜肌、半腱肌及心肌等部位往往会出现白肌病的病变。出现病损的骨骼肌外表会表现为白色条纹或斑块，当整个肌肉出现弥漫性黄白色时，病症已经很严重了，肌肉切面干燥，且切面的表面似鱼肉般，会有对称性的损害。有的病例在肌纤维已经变性坏死后还能发生退变，但这只是少数，剖开肌纤维，会有线条一样的剖面，也称"线猪肉"。当在乳头肌、心内膜及中膈中出现灰白的条纹或斑块时，心肌开始受到损伤，这可以使心肌纤维出现变性、坏死及钙化的情况。心脏内出现肺水肿和胸腔积液表明心脏损伤严重。我们通过镜检可以观察到肌纤维的状况，其出现典型透明变性或蜡样坏死，也能够看到肌纤维肿胀、断裂、溶解，钙化也可能出现在已经坏死的肌纤维中，一些肌纤维中的细胞核已经消失。肌纤维出现明显增生的结缔组织，其也被较多的淋巴细胞浸润，且肌纤维之间少有血管相连。明显的可见性病变暂时没有在机体其他脏器和淋巴结上被发现。

白肌病的病因迄今尚不完全清楚。有关白肌病病因的说法很多，其中微量元素硒不足导致白肌病发生的说法得到很多研究者的支持。据有关资料显示，白肌病早在 1863 年就有记载，自 1957 年有人首次发现硒能预防大白鼠的肝坏死以来，越来越多的研究人员采用亚硒酸钠治疗羔羊白肌病，均获得良好效果。[214-217] 硒影响白肌病的发病机制可能是机体缺硒时，脂质过氧化物通过损害细胞及亚细胞的脂质膜使细胞出现变性、坏死的现象其中，脂质过氧化物是在代谢过程中产生的脂质。在正常的机体内，硒能转化为硒酶，将过氧化物清除或使过氧化物的生成受到抑制。实验证明，补硒治疗其他幼畜的白肌病同样获得了显著的效果，适量补硒不仅可以有效控制幼畜的白肌病，还能增强其抗病能力，促进其生长发育。[218]

相关研究表明，防治白肌病的补硒措施主要有三种。①对于缺硒地区每年所生的羊羔，用 0.2% 亚硒酸钠液进行皮下或肌肉注射，可预防本病的发生，通常在山羊羔出生 20 天左右就可用 1 ml 0.2% 亚硒酸钠液注射 1 次，间隔 20 天左右，用 1.5 ml 再注射 1 次。注意注射的日期最晚不超过 25 日龄，过迟则有发病危险。②对于怀孕后期的母山羊，皮下注射 1 次亚硒酸钠液，用量为 4 ～ 6 mg，这也可预防其所生的山羊羔发生白肌病，提高羊羔的成活率。③对于已发生白肌病的山羊羔，应立即用亚硒酸钠液进行治疗，每只羊的用量为 1.5 ～ 2 ml，还可用维生素 E10 ～ 15 mg，进行皮下或肌肉注射，每天 1 次，连用数次。

4. 地方性肌红蛋白尿病

地方性肌红蛋白尿病是一种与麻痹性肌红蛋白尿病症状类似的疾病，具有地方性流行特征，发病率不高但病死率高，不易治愈。临床上的急性病例常突然发病，发病时通常会排出红褐色尿且后肢麻痹没有力气，运动发生障碍。地方性肌红蛋白尿病的病因尚不十分清楚。近些年来，马地方性肌红蛋白尿病的发病率有逐渐升高的趋势。[219] 资料显示，20 世纪 80 年代，内蒙古根河林业局兽医站对该地区 1973 至 1984 年期间爆发的肌红蛋白尿病做了调查，当时同一地区还同时发生了犊牛白肌病。经血、尿检查和病理解剖，该兽医站认为马地方性肌红蛋白尿病是因土壤、饲料中硒的含量不足而引起的。[220] 硒制剂配合维生素 E 的治疗方法取得了显著效果，这证实了硒缺乏是马地方性肌红蛋白尿病的一个关键致病因素。[221] 徐国华等还发现在马地方性肌红蛋白尿病的防治中采用亚硒酸钠治疗有一定的效果，此病的治愈率与病症发现的早晚和是否及时采用补硒疗法有关。[222] 建议人们在饲养马匹时，要对本地区的土壤和作物秸秆以及种子的硒含量予以检验，如硒含量不足时，可在饲料中补硒，尤其是在马地方性肌红蛋白尿病流行的地区更不能忽视补硒。

5. 摇摆病

阿拉善左旗骆驼摇摆病是一种以运动功能障碍为特征的疾病，临床上主要表现为后躯僵硬，举步时前肢呈粘着样，后肢拖曳，左右摇摆，容易跌倒发生骨折，给养驼业造成很大的经济损失。1983年前骆驼摇摆病还未见报道。1983年11月至1984年，研究者首次对骆驼摇摆病的病因和流行情况进行了调查，发现病区的微量元素测定显示为硒缺乏，初步认为阿拉善左旗骆驼摇摆病是硒缺乏所引起的。[223] 两年的补硒治疗和预防验证进一步证实是硒缺乏症，采用亚硒酸钠治疗骆驼摇摆病后取得良好的效果，且二次补硒比一次补硒明显效果更好。试验还发现，补硒组骆驼的毛色、绒毛产量和生产性能等比未补硒组骆驼表现更好。故研究者认为，微量元素硒对骆驼的骨骼、肌肉的发育和绒毛的生长均有一定影响；硒缺乏会导致骆驼骨折、肌肉病变和绒毛产量下降。[224] 据相关资料显示，硒缺乏症可造成动物多种组织（骨骼肌、心肌等）的病理损害，而骆驼摇摆病的病变形式与其他动物硒缺乏症的病理损害相吻合，证明骆驼摇摆病确属于硒缺乏症。[225] 综上所述，补充足量的硒元素不失为治疗和预防骆驼摇摆病的有效措施。

6. 大肚病

犊牛大肚病是青海从新疆引入的褐牛犊中发生的一种疾病，以腹泻、心力衰竭、肺炎和腹水为主要特征，由于病至后期有大量腹水、腹部膨大而命名为"大肚病"。西宁地区的奶牛犊中也常见大肚病。大肚病的病变特征与犊牛白肌病相似，但相比于白肌病运动障碍征候较轻，心力衰竭较严重，病情往往因并发或继发肺炎和胸膜肺炎而复杂化，大肚病病死率高。[195, 226] 补硒后取得明显的预防效果。[226]

7. 渗出性素质

雏鸡渗出性素质是雏鸡硒缺乏症引起的地方性疾病，以皮下水肿为主要特征。患病雏鸡的头颈、胸部、腹部、翅下和大腿皮下组织水肿，蓄积大量黄色或淡蓝色液体（存在变性血红蛋白），使用注射器穿刺水肿部，可抽出黄色或淡蓝色黏性液体。患病后期雏鸡出现贫血、腹泻、昏睡等症状，最终衰竭而亡。雏鸡渗出性素质可使鸡胚发生颈部皮下水肿，造成孵化率低下。因为该病以皮下水肿为主要特征，且多发于20～65日龄小鸡，亦称为雏鸡水肿病。[227, 228] 现有众多研究表明，硒在家禽疾病的应用上日益广泛，在饲喂的日粮中加入适量亚硒酸钠同时辅以注射治疗可有效防治雏鸡水肿病的发生。[229] 研究发现，在雏鸡的日粮中增加

0.3 ～ 0.6 mg/kg 的亚硒酸钠可以增强 35 日龄雏鸡自然杀伤细胞的细胞活性。针对雏鸡渗出性素质的预防与治疗措施如下。①用全价饲料喂养肉用型、兼用型仔鸡。②发现鸡群中出现硒缺乏症，应立即在饲料中配入以下药物进行治疗：50 kg 饲料中加入亚硒酸钠维生素 E 100 g、敌菌净 30 g、干酵母 50 g，把三种药物压为粉末，均匀拌入饲料中，连续饲喂 5 天。与此同时，在每次饮水中每只鸡加入青霉素 1.5 万单位，链霉素 1 万单位，每天两次，连续饮水 3 天。

1.11.2 与抗氧化功能相关的疾病

1. 癌症

癌症也称恶性肿瘤。癌症是机体细胞失去正常调控、过度增殖引起的疾病。过度增殖的细胞称癌细胞，癌细胞可侵犯周围组织（浸润），甚至可经体内循环系统和淋巴系统转移到身体的其他部分（癌症转移）。癌症有许多类型，病症的严重程度取决于癌细胞所在部位、恶性程度及是否发生转移。各个年龄层的人都有可能患癌症，由于脱氧核糖核酸的损伤会随着年龄累积而增加，故年龄越大罹患癌症的概率越大。癌症主要分为四种。①癌瘤：影响皮肤、黏膜、腺体及其他器官；②血癌：血液方面的癌；③肉瘤：影响肌肉、结缔组织及骨头；④淋巴瘤：影响淋巴系统。常见的癌症有血癌（白血病）、骨癌、淋巴癌（包括淋巴细胞瘤）、肠癌、肝癌、胃癌、盆腔癌（包括子宫癌和宫颈癌）、肺癌（包括纵隔癌）、脑癌、神经癌、乳腺癌、食管癌、肾癌等。

近年来，随着硒研究的不断深入，硒缺乏与癌症的关系引起了大批专家学者的关注。大量研究证明，癌症在不同人群中发生率与硒摄入量有关。国外学者在硒与癌症研究方面做了大量工作。据统计，目前全世界已有 27 个国家的人群显示血硒与癌症的发病率成反比，并且有 22 种癌症的发生、发展与机体的硒量显著负相关。不仅如此，学者还证实硒缺乏与癌症的复发有关。硒缺乏与癌症的关系使研究者不断尝试寻找低硒引发癌症的机理。2003 年，据某科学杂志报道，硒缺乏引发癌症或增大患癌风险主要建立在抗氧化保护（谷胱甘肽过氧化物酶）和氧化还原调节作用含硒酶表达受限的基础上。有研究者在一次动物实验中发现，由紫外线照射引起或由佛波醇脂导致的皮肤癌与动物皮肤 GSH—PX 活性呈负相关。此外，相关实验结果还显示硒缺乏可增大患癌风险是因为机体氧化应激的增加和氧化还原信号的改变。近年来，研究者通过大量的动物实验发现了硒抑制癌症的可能机理，综合起来概括如下：①参与细胞分裂速率的调节；②改变致癌物质的代谢；③抑制癌组织血管的生成并介导细胞凋亡；④减少致癌物质的活性代谢产物；

⑤促进 DNA 的损伤修复；⑥作为诱导剂可使癌变早期紊乱的基因调节途径正常化，作为抗氧化剂可保护细胞免受氧化损伤；⑦刺激免疫系统杀伤肿瘤细胞，增强机体免疫力；⑧调节肝脏酶的活性或激活解毒等。

对于硒与癌症的关系，国内外有大量研究。20 世纪 40 年代，科学报道指出高硒饲料能导致实验动物患肝癌或肝硬化。随着硒研究的深入，硒可致癌的研究领域得到进一步的拓展。以下主要阐述硒与食管癌、胃癌、前列腺癌、卵巢癌、肺癌的关系。[230]

（1）硒与食管癌。食管癌是常见的消化道肿瘤，早期时症状不明显，吞咽食物有迟缓、滞留或轻微哽噎感，可自行消退，但数日后又可出现，反复发作，并逐渐加重。部分患者在吞口水或吃东西时，总感觉胸骨有定位疼痛。患者在日常生活中感觉食管内有异物且与进食无关，持续存在，喝水及咽食物均不能使之消失，常吐黏液样痰（下咽的唾液和食管的分泌物）。中晚期时患者逐渐消瘦、脱水、无力、持续胸痛或背痛，癌细胞已侵犯食管外组织。当癌肿梗阻所引起的炎症水肿暂时消退，或部分癌肿脱落后，梗阻症状可暂时减轻，常误认为病情好转。癌肿若侵犯喉返神经，可出现声音嘶哑；若压迫颈交感神经节，可产生 Horner 综合征；若侵入食管、气管、支气管，可分别形成食管瘘、气管瘘和支气管瘘，出现吞咽水或食物时剧烈呛咳，并引发呼吸系统感染，最后出现恶病质状态。若有肝、脑等脏器转移，可出现黄疸、腹腔积液、昏迷等状态。

世界范围内常见癌症中，食管癌发病率位于第 8 位，致死率位于第 6 位。在我国食管癌每年平均病死约 15 万人，男多于女，发病年龄多在 40 岁以上。我国的食管癌发病率比非洲西部低发区发病率高出 20 倍。全球范围内，发病率最高的区域是中国太行山南端三省交界地区。在伊朗戈勒斯坦省，学者研究了土壤中硒含量与当地食管癌患者之间存在的关系，发现土壤中硒含量与食管癌患病率呈现正相关。数据显示，食管癌高发区土壤的硒水平比其他地方硒水平高。通过采用 MTT 比色法、细胞生长曲线描绘的方法，陈滋华等对硒蛋氨酸对食管癌细胞系 EC9706 增生产生的影响进行研究，发现硒蛋氨酸可能对防治食管癌有一定的作用，因为硒蛋氨酸会根据时间通过对剂量产生依赖性的方式防止 EC9706 细胞增生，增加 G0/G1 期细胞比例，对细胞周期进行重新分布，进而导致细胞凋亡。

（2）硒与胃癌。胃癌是一种常见的恶性肿瘤，我国各类肿瘤中胃癌发病率居第一。每年约有 17 万人死于胃癌，占全部恶性肿瘤死亡人数的 1/4，且每年还有 2 万以上新的胃癌病人产生。胃癌发病存在地域性，相比于我国的南方地区，西北地区与东部沿海地区胃癌发病率更高。男女胃癌发病率比例为 2∶1。胃癌通常会在 50 岁以上的人群中出现，但是现在胃癌患者开始年轻化，可能的原因包括现代饮食结构的改变、生活压力的增大以及幽门螺杆菌的感染等。胃的任一部位都可以发生癌变，发生于胃窦部的胃癌占一半以上，胃窦部的胃癌对胃大弯、胃小弯及前后壁都有一定的影响。绝大多数胃癌属于腺癌，胃癌初期并不会出现明显症状，少数人会出现一些上消化道症状，如溃疡病、恶心、呕吐等，这些症状容易被人们忽略。因此，目前我国胃癌的早期诊断率仍较低。随着肿瘤生长，胃功能受到影响，一些较为明显的症状才能被发现，但都没有特异性。进展期的胃癌会出现一些临床症状，其中疼痛与体重减轻是最常见的表现。患者会出现一些上消化道症状，例如上腹不适、进食后感觉饱胀。当上腹的疼痛开始加重，食欲开始下降、出现乏力的情况证明病情开始进一步恶化了。肿瘤的部位不同，临床表现不同。贲门胃底癌可有胸骨后疼痛和进行性吞咽困难，幽门附近的胃癌有幽门梗阻表现。当肿瘤破坏血管后，可有呕血、黑便等消化道出血症状；肿瘤侵犯胰腺被膜，可出现向腰背部放射的持续性疼痛；肿瘤溃疡穿孔则可引起剧烈疼痛甚至腹膜刺激征象；肿瘤出现肝门淋巴结转移或压迫胆总管时，可出现黄疸；远处淋巴结转移时，可在左锁骨上触及肿大的淋巴结。晚期胃癌患者常出现贫血、消瘦、营养不良甚至恶病质等表现。

近几年来，胃癌与微量元素的相关性引起了科学家的重视。在美国土壤硒含量相对较低的地区，居民胃癌发病率和死亡率均高于其他地区，提示硒缺乏可能是导致胃癌发病的一种因素。于玉树等在我国 8 个省 24 个地区随机检测居民的血硒水平，揭示胃癌死亡率与当地人群血硒水平呈负相关。另有报道认为，胃癌患者血硒值大约比正常人低 45%，给动物肿瘤组织注入适量亚硒酸钠，可抑制瘤体生长。焦鹏等发现，亚硒酸钠可明显抑制 BGC823 胃癌细胞的增殖，且呈剂量依赖性；亚硒酸钠可阻滞细胞于 S 期，增加 BGC823 胃癌细胞凋亡率，并在一定范围内随剂量增大作用增强。可见，硒与胃癌息息相关。

（3）硒与前列腺癌。发生在前列腺的上皮性恶性肿瘤通常称为前列腺癌。2012 年我国肿瘤登记地区一共有 9.92 万～ 10 万人发病，前列腺癌在男性恶性肿瘤发病率里排在第 6 位。在 55 岁前的发病率较低，55 岁后逐渐升高，发病率随着年龄的增长而增长，高峰年龄是 70 ～ 80 岁。前列腺癌早期常无症状，随着肿瘤的发展，前列腺癌引起的症状可概括为两大类：①压迫症状。逐渐增大的前列腺腺体压迫尿道可引起进行性排尿困难，表现为尿线细、射程短、尿流缓慢、尿流中断、尿后滴沥、排尿不尽、排尿费力，此外还有尿频、尿急、夜尿增多，情况严重可能会出现尿失禁。肿瘤慢慢长大，会压迫直肠致使患者出现大便困难或肠梗阻，也可压迫输精管，造成患者不能正常射精。阴部的疼痛是由神经压迫导致的，并可向坐骨神经放射。②转移症状。前列腺癌可侵及膀胱、精囊、血管神经束，引起血尿、血精、阳痿。盆腔淋巴结转移可引起双下肢水肿。前列腺癌易发生骨转移，引起骨痛、病理性骨折或截瘫。前列腺癌也可侵及骨髓引起贫血或全血象减少。

研究表明，补充适量硒有利于防治前列腺癌。对荷兰人群的趾甲硒浓度与其前列腺癌发生率进行对比，最终表明趾甲内高硒水平与前列腺癌低发生率存在明显相关性。对日裔美国人 20 多年的跟踪实验表明，血浆中高硒水平可降低前列腺患癌风险。增加体内硒含量对降低前列腺癌发生风险有很好的作用，然而英国和加拿大的大范围病例对照研究有另一种观点，认为高剂量硒对预防前列腺癌有一定的效果，但趾甲硒水平与前列腺癌没有直接的关系。为确定前列腺癌风险与前趾甲中硒含量之间的联系，研究者把美国卫生职业随访研究中的 50 000 多名患者作为研究对象，结果表明并不是所有的前列腺癌患者趾甲硒含量高的人患癌症风险就低，而仅仅是晚期前列腺癌患者且趾甲硒含量高的人再度患癌症风险比正常情况低 60%。但在研究中仅知道硒发挥保护作用的临界值为 700 ng/g，而临床 A、B 期前列腺癌与硒浓度之间的关系缺少详细说明。研究者发现只有在硒浓度很高及前列腺癌晚期病例中血清硒浓度与前列腺癌发生率之间才呈负相关，且如果保持持续硒厌状况，这种显著性将不会出现。

（4）硒与卵巢癌。卵巢恶性肿瘤是发生在女性生殖器官中的常见恶性肿瘤之一，发病率位于第 3 位，仅次于子宫颈癌和子宫体癌。卵巢恶性肿瘤常见于上皮，其次是恶性生殖细胞肿瘤。在各类妇科肿瘤中，卵巢上皮癌死亡率排在第一，极大地威胁了女性生命。卵巢癌患者早期多无明显症状，早期卵巢上皮癌的诊断存在一定的困难。大多数患者发病时已是晚期，晚期患者的常见症状有以下几种：①腹胀。主要由肿物增大、合并腹或盆腔积液导致。②腹痛。卵巢恶性肿瘤可能由于肿瘤内的变化，例如出血、坏死、迅速增长，而产生一定程度的腹痛。③消瘦。可伴有体重下降。

学者研究了接受化疗的卵巢癌患者，了解硒对其体内氧化应激以及谷胱甘肽过氧化物酶系的作用。卵巢癌患者接受化疗的同时利用药物补硒。实验表明，补充硒 200 μg/d 后，实验组患者的发硒和血清硒的浓度明显高于对照组。将补充 2 个月和 3 个月硒制剂的患者与补充 1 个月的进行对比，患者血硒浓度有了明显的提高。随着服用时间的增加，患者红细胞内的谷胱甘肽过氧化物酶活性均有显著性提高且丙二醛的浓度和白细胞数有显著性上升。林峰等抽取了 40 例卵巢癌患者的血清测定硒元素含量，采用单因素和多因素非条件 Logistic 回归分析法对血清硒水平进行分析，结果发现卵巢癌患者的血清硒水平虽明显地比正常人低，但与肿瘤负荷状态没有关系。在多因素非条件 Logistic 分析法建立的回归模型中，OR 值比 1 小，硒的 β 为负值，采用 Waldx2 进行测验，发现硒存在显著的差异性。

（5）硒与肺癌。肺癌是发病率和死亡率增长最快，对人类生命健康威胁最大的恶性肿瘤之一。肺癌发生于支气管黏膜上皮，亦称支气管癌。肺癌具有复杂的临床表现，肺癌临床表现和发病早晚受多种因素影响，包括肿瘤发生的部位、病理的类型、肿瘤转移、并发症、患者的反应程度及耐受性的差异。在肺癌早期，人体只会出现很轻微的症状，甚至不会出现症状。中央型肺癌在早期就出现了严重的症状，周围型肺癌在较晚的时候才出现轻微的症状，或者没有任何症状出现，因此经常在进行体检时才能被发现。出现的症状大体可划分为局部症状、全身症状、肺外症状、浸润和转移症状。近 50 年来，肺癌在世界各国特别是工业发达国家蔓延，死亡率也在快速增长。在所有恶性肿瘤中，男性肺癌发病率和死亡率排在首位。

到目前为止，肺癌的病因仍不明确。魏华臣等首先提出关于硒水平与肺癌的相关性研究，研究共抽取了肺样 228 例、发样 560 例和血样 464 例作为实验材料，材料从肺癌病人、良性肺病病人及健康人获取。检测实验材料的硒含量，结果发现，在对照组相同的情况下，硒含量由高到低为肺癌组织、癌旁肺组织、良性病肺组织，与健康肺组织存在明显差异。研究人员在 1968—1971 年和 1973—1976 年将 9 101 份芬兰的非癌患者血样进行了冻存，并在 20 年间进行随机走访调查，其中发生了 95 例肺癌。冻存的肺癌病例的血样中的硒含量为 53.2 μg/L，非癌病例的为 57.8 μg/L，硒缺乏状态可能会对肺癌发生率有一定影响作用。此外，还有一些研究发现烟草中硒的含量与肺癌高发和焦油的含量呈负相关，研究人员发现在烟草平均硒含量中，肺癌低发国家为（6.20 ± 2.78）nmol/gL（P<0.000 1），肺癌高发国家为（2.03 ± 0.63）nmol/gL，肺癌高发国家烟草平均硒含量明显低于低发国家。其中，焦油的主要成分是苯并芘、酚类物质和芳香化合物。中国人喜爱的卷烟中天然硒的含量与焦油含量呈负相关，且当硒含量处在 $0.1 \times 10^{-6} \sim 1.0 \times 10^{-6}$ mol/L 范围时，焦油含量的下降速度显著。硒缺乏提高肺癌的发生率已经被很多文献报道过了，虽然有少部分的研究得出不一样或相反的结论，但就当前证据来说，足量的硒对预防肺癌有一定积极效果。

癌症在发达国家中已成为主要死亡原因之一。癌症已经成为现代社会人们的最大敌人，其预防及治疗一直是医学界面临的最大难题之一。硒与癌症关系的研究对癌症的预防与控制具有重大意义。

2. 心血管疾病

氧自由基及过氧化脂质在动脉硬化中的作用引起医学界极大关注。正常情况下，机体有一套完整的抗氧化防御体系，分为抗氧化酶和自由基清除剂两大类。硒主要存在于肌肉（包括心肌）中，硒本身具有清除自由基作用，是抗氧化酶的重要成分，也是谷胱甘肽过氧化物酶的活性中心。谷胱甘肽过氧化物酶的主要功能是清除体内沉积的过氧化脂质，维持膜系统的完整性，从而达到保护心肌的目的，并且促进受损伤的心肌修复和再生。机体硒缺乏时，谷胱甘肽过氧化物酶的活性降低，不能清除体内有害物质，从而导致心脏组织中过氧化脂质的积累，使心脏细胞受损，细胞膜被破坏，造成心脏纤维坏死，心肌动脉损伤，最终导致心脏病和心脑血管病的发生。

心血管疾病又称为循环系统疾病，是与循环系统有关的一系列疾病，一般与动脉硬化有关，可以细分为急性心血管疾病和慢性心血管疾病。循环系统主要包括心脏和血管（动脉、静脉、微血管）等，它们都是人体内运送血液的主要器官和组织。这些疾病具有类似的病因，病发过程相似，治疗的方法也类似。心血管疾病多发于 50 岁以上中老年人群，具有高患病率、高致残率和高死亡率等特点。流行病学调查表明，心血管疾病患病人群分布呈现的显著地区性差异与硒含量有关，美国和芬兰等高硒地区的冠心病、高血压发病率明显比硒缺乏地区低。[231] 硒缺乏与冠心病、动脉粥样硬化、心肌炎等心血管疾病的发生发展及预防治疗有着密切的关系，[232] 防治心血管疾病的关键在于预防动脉粥样硬化。

冠状动脉粥样硬化性心脏病是冠状动脉发生动脉粥样硬化病变而引起血管腔狭窄或阻塞，造成心肌缺血、缺氧或坏死而引起的心脏病，常常被称为"冠心病"。冠心病的范围很大，由炎症、栓塞等引起的管腔狭窄或闭塞也包括其中。世界卫生组织将冠心病分为无症状心肌缺血（隐匿性冠心病）、心绞痛、心肌梗死、缺血性心力衰竭（缺血性心脏病）和猝死 5 种临床类型。临床中经常将冠心病分为稳定性冠心病和急性冠状动脉综合征。冠心病病因目前尚未完全明了，研究表明，冠心病是由多种因素引起的疾病。近年来，硒与冠心病关系的研究日益受到重视，也是冠心病病因探讨的一个新领域。体内硒元素可以通过酶、激素、脂质、儿茶酚胺参与人体代谢和氧化过程。硒可直接参与血压的调节，对冠心病的发生发展中起到一定的延缓作用。硒缺乏会导致动脉硬化，动脉管壁发生退行性改变，顺应性下降，使血压间接升高。硒缺乏时，机体生物膜功能损伤，心肌溶酶体的膜脆性增高，心肌氧的利用受到阻碍，导致动脉壁细胞生物膜发生功能障碍，从而促使冠状动脉粥样硬化形成。另有研究发现，冠心病患者（心肌梗死 11 例，心绞痛 14 例）的血硒水平普遍低。[233] 由此可见，血硒浓度与冠心病呈负相关。采用富硒酵母治疗冠心病，能使患者过氧化脂质的均值下降，谷胱甘肽过氧化物酶与过氧化脂质的比值有所上升。另外，全血黏度、血浆黏度、纤维蛋白原等血液流变学指标也有明显改善。[234]动物实验表明，补硒可减少心肌梗死损伤，加速梗塞区细胞的修复过程；还可增加冠状血管血流量，使心肌耗氧量降低，有利于心肌细胞损伤的修复和功能的改善。[235]

动脉粥样硬化是冠心病、脑梗死、外周血管病等多种心脑血管病的病变基础，以脂质代谢紊乱为主要特征，因在动脉内积聚的脂质外观呈现黄色粥样而得名。研究表明，人体内血浆过氧化脂质的含量与年龄呈正相关，血浆和红细胞Se—GSH—Px活性与年龄呈负相关。老年人红细胞膜过氧化脂质升高，Na^+—K^+—ATP酶的活性随之降低，膜的流动性减弱，这与硒缺乏的后果相似。临床观察发现，老年人发硒与胆固醇及低密度脂蛋白胆固醇呈明显的负相关。[236]动脉粥样硬化患者血浆过氧化脂质与胆固醇、甘油三酯的含量呈正相关。硒缺乏会导致谷胱甘肽过氧化物酶的活性降低，过氧化脂质浓度增加，抑制血管壁前列环素的合成，使血管壁前列环素与血栓素的比值下降，导致血栓的形成，血管壁损伤的区域胆固醇沉积和血管平滑肌增生，从而促进了动脉粥样硬化。动物实验研究表明，补硒可增强老龄大鼠红细胞的抗氧化能力，降低过氧化脂质含量，同时提高Se—GSH—Px与过氧化脂质的比值。[237]而Se—GSH—Px活性的增强可大量破坏在血管壁损伤处积聚的胆固醇，调节体内的血脂代谢，预防动脉粥样硬化。[238]总而言之，心脑血管疾病病因学方面存在着许多复杂因素。硒在心脑血管疾病中的地位与作用值得进行更进一步的探究。

3. 艾滋病

艾滋病是一种传染病，对人的身体有严重的危害，引起的原因是艾滋病病毒的感染。该病毒是一类RNA病毒，艾滋病病毒可以对人体的免疫系统进行攻击，也叫人类免疫缺陷病毒（HIV）。艾滋病病毒主要攻击人体免疫系统中最重要的CD4+T淋巴细胞，将大量的CD4+T淋巴细胞破坏，进而破坏人体的免疫功能。因此，艾滋病病毒感染者易于感染各种疾病，并可诱发恶性肿瘤，病死率较高。艾滋病病毒在人体内的潜伏期平均为8～9年，在感染艾滋病病毒之后，感染者可以没有任何症状地生活和工作多年。

研究认为，艾滋病起源于非洲，后由移民带入美国。1981年6月5日，美国疾病预防控制中心在《发病率与死亡率周刊》上登载了5例艾滋病病人的病例报告，这是世界上第一次有关艾滋病的正式记载。1982年，这种疾病被命名为"艾滋病"。不久之后，艾滋病迅速蔓延到各大洲。1985年，一位到中国旅游的外籍人士患病入住北京协和医院后很快死亡，后被证实死于艾滋病。这是我国第一次发现艾滋病病例。

艾滋病病毒感染者要发展为艾滋病病人需要经过潜伏期，有的要经过数年甚至十年或更长时间。机体免疫力的降低会导致多种感染，包括肺结核、口腔霉菌感染、带状疱疹以及肺孢子虫、念珠菌等多种病原体引起的严重感染等。艾滋病病人后期经常会发生恶性肿瘤，机体被长期消耗，最后会全身衰竭而死亡。全世界众多医学研究人员对此做出很多努力，但至今没有研制出一种能够治愈艾滋病的特效药物，能够预防艾滋病的有效疫苗也没有研制出来。艾滋病已被我国列入乙类法定传染病，并被列为国境卫生监测传染病之一。

艾滋病的主要感染对象是青壮年，80% 的发病患者处于 18 ～ 45 岁，患者在这一年龄阶段有活跃的性生活。一旦感染艾滋病，患者经常会出现一些罕见的疾病，如真菌感染、弓形体病、非典型性分枝杆菌感染、肺孢子虫肺炎等。

艾滋病病毒感染者感染艾滋病病毒之后的最初数年至十余年内可能没有任何临床表现。一旦发展为艾滋病，各种临床症状就会开始表现出来。艾滋病的初期症状一般就像普通感冒，患者会出现疲劳无力、食欲下降、身体发热等症状，随着病情开始一步步加重，症状日益增多，例如皮肤、黏膜出现白念珠菌感染，表现为紫斑、血疱、淤血斑、单纯疱疹和带状疱疹等；之后艾滋病病毒逐渐向内脏器官扩散，艾滋病患者出现持续性发热且原因不明，时间可以持续 3 ～ 4 个月；患者还常出现持续性腹泻、便血、肝脾肿大、咳嗽、气促、呼吸困难并发恶性肿瘤等。艾滋病病毒侵犯患者肺部时常出现咳嗽、胸痛和呼吸困难等；侵犯胃肠可引起消瘦无力、腹痛和持续性腹泻等。此外，艾滋病病毒还可侵犯心血管系统和神经系统。临床症状很复杂且容易发生改变，但并非上述的所有症状都会体现在每个患者的身上。

艾滋病患者一般出现以下症状。①一般症状：持续发烧、身体虚弱、盗汗，持续广泛性全身淋巴结肿大。特别是在颈部、腋窝和腹股沟有更明显的淋巴结肿大。淋巴结有 1 厘米以上的直径，质地坚实，能够活动，没有疼痛感。在 3 个月之内体重可以下降 10% 以上，最多时可达 40%，病人具有很明显的消瘦。②呼吸道症状：长期咳嗽，严重时痰中带血，胸痛、呼吸困难等。③消化道症状：食欲下降、厌食、恶心、呕吐、腹泻，严重时可便血。这种腹泻用寻常的治疗消化道感染的药物治疗是不起作用的。④神经系统症状：抽搐、偏瘫、痴呆、精神恍惚、头痛、头晕、反应迟钝、智力减退等。⑤皮肤和黏膜损害：口咽部黏膜炎症以及溃烂，有时伴发单纯疱疹或带状疱疹。⑥肿瘤：可能会产生多种恶性肿瘤，出现位于体表的卡波济肉瘤，可以看见红色或紫红色的斑疹、丘疹和浸润性肿块。

艾滋病现已成为人类历史上从没遇过的最具毁灭性的一种疾病。如今，它不只是一个医学上的难题，而已经成为严重的社会问题和政治问题。在开放和发达的现代社会中，毒品走私和吸毒现象普遍，卖淫、嫖娼导致性病人数呈现逐步递增之势，同性恋群体和静脉吸毒者逐渐成为艾滋病侵袭的主要对象。这些人在感染艾滋病病毒之前一般会出现典型的血清硒水平或者T细胞计数的下降。研究人员通过对相关文献进行回顾总结认为，艾滋病病毒感染与血清硒浓度低有关，尤其是艾滋病晚期患者血清硒浓度显著低于正常人，硒缺乏还影响艾滋病相关心肌病的发病，而合理补硒似乎能减缓艾滋病的进展，改善艾滋病病毒感染者的心脏功能，提高艾滋病患者的存活率。[239]艾滋病病毒致使机体免疫缺陷，极易破坏患者胃肠功能，患者产生严重的厌食、腹泻、吸收障碍，使外源性的硒流失严重，硒补充剂能有效减轻腹泻。[240]有学者对拉各斯15～49岁的女性艾滋病人开展了关于硒与不良妊娠关系的调查研究，发现硒缺乏孕妇较正常硒水平孕妇的早产率高八倍，且更易生出低重量婴儿。[241]硒缺乏还会导致T细胞的数量和免疫功能下降，抗氧化作用减弱，使机体同时陷入免疫缺陷和艾滋病恶化。[242]因此，硒抑制艾滋病病毒复制的详细机制还有待进一步深入研究。

4. 热带疾病

大量哺乳动物实验结果显示，作为一种天然抗氧化剂，硒对热带疾病的预防和治疗有一定的作用，尤其是热带疾病中的利什曼病和肺结核。

利什曼病是由利什曼原虫所引起的一种人畜共患病，可引起人类皮肤及内脏黑热病。其主要的临床特征是长期不规则的发热、消瘦、贫血、脾脏肿大、白细胞计数减少和血清球蛋白的增加。如果没有接受合适的治疗，在得病后1～2年内大部分患者会因为并发症而死亡。利什曼病主要发生在海拔不低于600 m，年平均相对湿度不低于70%，气温在7.2～37.2 ℃的热带和亚热带地区。

病人在发病2～3个月以后，临床症状就日益明显。主要表现有以下几方面。①发热：发热是利什曼病最主要的症状，占病例数的95%左右。利什曼病的热型极不规则，升降无定，有时连续，有时呈间歇或弛张，有时在一天内可出现两次的升降，称双峰热，在早期较常见。患者一般在下午发热，发热时患者感到倦怠，当发热至39 ℃以上时，可能伴有恶寒和头疼，但并不发生神昏谵语症状，夜间大都有盗汗。②脾肿大：脾肿大是利什曼病的主要体征，一般在初次发热半个月后即可触及，至2～3个月时脾肿大的下端可能达到脐部，6个月后可能超过脐部，最大的可达趾骨上方。肿大的脾脏在疾病早期都很柔软，至晚期则较硬。脾脏表面一般比较平滑，且无触痛。③肝肿大：有半数左右的病人出现肝脏肿大。肝肿大出现常迟于脾肿大，肿大程度也不如脾肿大明显，很少有超过右肋缘下6 cm者。

目前，我国对硒与热带疾病关系方面的研究很少，但国外已有实验证明。微量元素硒作为一种热带疾病强力保护剂，可以有效地抑制利什曼原虫引起的氧化损伤和肺结核病。[243]

肺结核是肺部感染结核分枝杆菌所引起的一种常见传染病，肺结核是一种肺部感染性疾病。排菌的肺结核患者是结核分枝杆菌的主要传染源，结核分枝杆菌主要感染呼吸道。活动性肺结核患者咳嗽、喷嚏或大声说话时会产生以单个结核菌为中心的飞沫核，并在空气中悬浮，借此感染下一位宿主。此外，患者咳嗽排出结核菌，结核菌干燥后附着在尘土上，形成带菌尘埃，然后感染人体。极少结核菌通过消化道、泌尿生殖系统、皮肤进行传播。结核分枝杆菌与许多其他细菌不同，结核分枝杆菌不具有内毒素和外毒素，也没有能防止吞噬作用的荚膜及导致疾病的细胞外侵袭性酶类。结核分枝杆菌毒力基础尚未明了，也许和其菌体的成分有一定的关系。健康人在被结核分枝杆菌感染之后并不都会发病，只有机体免疫力下降时，患者才会发病。世界卫生组织统计显示，全世界每年有 800 万～1 000 万人患上结核病，每年死于结核病的人约有 300 万，是单一传染病中死亡人数最多的。

世界卫生组织一度认定结核病为全世界重要的公共卫生问题，曾于 1993 年宣布"全球结核病紧急状态"。研究表明，硒与肺结核的关系密切。杨爱玲等采用亚硒酸钠联合抗痨药治疗乙型肝炎病毒感染的肺结核病人，并取得明显疗效，证明硒对肺结核有一定的治疗作用。[244] 硒能通过刺激机体产生免疫球蛋白和抗体，抑制补体活化，减轻免疫复合物对呼吸道和肝脏造成的免疫损伤，并可使嗜中性粒细胞的吞噬功能加强，在一定程度上保护机体免受一些病毒细菌的感染与侵袭。[245]

5. 病毒感染

微量元素硒与病毒感染性疾病关系的研究成果日新月异。病毒是一类寄生性侵染分子，无细胞结构，依赖宿主细胞完成核酸的自我复制。现有大量研究结果表明，硒或硒化物对多种病毒的生命活动有影响。柯萨奇病毒是一类单股正链小 RNA 病毒，属于肠道病毒属。研究发现，从感染甲型 H1N1 流感病毒的硒缺乏小鼠体内提取的柯萨奇 B3 病毒和从硒缺乏小鼠体内扩增的无毒柯萨奇 B3 病毒都能使正常硒培养小鼠发生心肌病变，这说明硒缺乏会增强柯萨奇 B3 病毒活性，并使无毒株变为有毒株。[246] 另外，低硒水平小鼠感染柯萨奇 B4 病毒后心肌病变发生率显著高于正常硒水平小鼠。[247] 由此可见，硒对柯萨奇 B3、B4 病毒的复制具有抑制作用。[248] 硒可在一定程度上抑制细胞因感染流感病毒而引起的坏死。[249] 硒缺乏导致免疫系统防御功能下降，增大 H1NI、H5N1 等病毒的致病性突变的概率，使病毒突变为致病力更强的新病毒。[250] 儿童感染 H1N1 后，机体硒蛋白含量和血清硒含量显著降低。[251]硒缺乏小鼠感染流感病毒后死亡率高达75%，补充亚硒酸钠可明显降低其死亡率。[252]埃博拉病毒是一种能引发严重出血热而强致命的丝状单股负链RNA病毒，由于硒缺乏能够促进机体内的补体系统活化，而激活后的补体会导致患者出现出血性症状，因此现在认为硒缺乏与埃博拉病毒导致的出血症状相关。[253]目前，硒化物的抗乳腺肿瘤研究已进入基因层面，许多报道证实了硒化物对大鼠和小鼠的自发性及诱发性乳腺肿瘤有化学预防和抑制作用。[254, 255]硒蛋白可协同SOD清除鸡体内的自由基，降低传染性法氏囊病毒对鸡的致死率；[256]紫外线诱导的细胞凋亡可被人传染性软疣病毒编码的硒蛋白阻断；[257]硒蛋白可由腮腺炎病毒合成；[168]硒能抑制引发手足口病的肠道病毒71型的复制；[258]脊髓灰质炎病毒的突变率可通过补硒显著降低；[248]补硒对尼罗河病毒的复制过程无显著影响，但能降低病毒诱导性细胞死亡；[259]雏鸡对马立克氏病毒的抵御依靠硒清除自由基的能力。[260]此外，硒对乙型肝炎病毒、猪细小病毒、单纯疱疹病毒、猪圆环病毒等多种DNA病毒的感染也有影响。[261, 265]众多研究表明，多种病毒感染性疾病与硒元素息息相关。

1.11.3 与激素调节功能相关的疾病

1. 甲状腺疾病

甲状腺疾病常见的有甲状腺炎、甲状腺囊肿、甲状腺瘤以及甲亢（甲状腺功能亢进症）、甲状腺功能亢进并发症和甲低（甲状腺功能低下症）等。甲状腺炎是一类甲状腺病，炎症是其主要表现。甲状腺炎分为慢性淋巴细胞性甲状腺炎（桥本病）、亚急性甲状腺炎、亚急无痛性甲状腺炎、急性化脓性甲状腺炎、产后甲状腺炎。后三种甲状腺炎可以归类为自生免疫性甲状腺炎。依照发病频数依次分为桥本氏甲状腺炎、亚急性甲状腺炎、无痛性甲状腺炎、感染性甲状腺炎及其他原因引起的甲状腺炎症。①桥本氏甲状腺炎：在20世纪日本人桥本策首次完成报告并以此做出描述，又称桥本氏病、慢性淋巴细胞性甲状腺炎、自身免疫性甲状腺炎。桥本氏甲状腺炎占全部甲状腺病的7.3%～20.5%，是甲状腺炎中最常见的一种类型。桥本氏病多发生在30～50岁的妇女，也是儿童产生散发性甲状腺肿的常见病因，男女间有差异，且比例为1∶6～1∶10。主要患病表现及危害是起病慢，发病时常伴有甲状腺的肿大，质地硬韧，边界清晰，部分患者会有压迫感。患者患病早期一般不会出现任何不适，甲状腺的机能正常，少数病人早期也许会出现短暂的甲亢表现，多数病例发现时已经出现甲状腺功能下降。病患常表现皮肤干燥、便秘、浮肿、乏力、腹胀、怕冷、性欲减退、月经不调等。②亚急性甲状腺炎：通常会在

30～50岁的年龄段发病，且男女间有差异，女性比男性发病率高3～6倍。大多数病人在甲状腺功能恢复正常后，人体也可恢复正常。部分病人在病情得到缓解后的数月之内再次或者多次复发。永久性甲状腺功能低减的发病率不超过10%，极少数病例可以进一步发展成桥本氏病或毒性弥漫性甲状腺肿。主要临床表现是甲状腺剧痛，一般疼痛开始产生于甲状腺的一侧，不久后便向腺体其他部位、耳根及颌部扩散，经常会出现全身不适、乏力、肌肉疼痛，可能也会出现身体发热，并在病后3～4天内达到高峰，在1周内会消退。也会有许多病人起病缓慢，在两周以上，病情起伏不定且保持3～6周，待病情有所好转之后，数月内也可能会多次复发。患者的甲状腺体积比正常的甲状腺体积大2～3倍或者更大，接触时压痛明显；存在甲状腺功能亢进的表现，包括兴奋、怕热、心慌、颤抖及多汗等。产生这些症状的原因是，出现急性炎症时甲状腺释放出过量的甲状腺激素。在疾病消退过程中，少数病人有肿胀、便秘、怕冷、嗜睡等甲状腺功能减低表现，但这些症状持续的时间不长，最后甲状腺功能恢复正常。

硒参与甲状腺激素的生物合成、分泌及代谢，对甲状腺组织具有免疫保护作用，在体内有抗氧化、调节免疫等重要功能。众多研究表明，硒与自身免疫性甲状腺炎、甲状腺肿等多种甲状腺疾病的发生及发展相关。研究发现，硒含量低的地区甲状腺疾病的患病率高，而富硒地区人群的甲状腺疾病患病率较低，[266]且各种甲状腺疾病患者全血中的硒浓度均比健康人群低，其中硒含量最低的是毒性弥漫性甲状腺肿患者，而补硒能够促进患者甲状腺功能的恢复。人体甲状腺组织硒缺乏还可能增大甲状腺癌的发病率。[267]甲状腺是人体单位中含硒量最高的器官之一，内含多种含硒蛋白，其中与甲状腺疾病关系最密切的主要是谷胱甘肽过氧化物酶和脱碘酶。[268]甲状腺正常的分泌功能依赖于适量的硒，硒缺乏可以让肝肾脱碘酶活性降低，甲状腺素在外周脱碘变成三碘甲腺原氨酸，逆－三碘甲腺原氨酸的降解能力减弱，导致三碘甲腺原氨酸水平下降、促甲状腺激素水平升高。另一方面，硒缺乏可降低谷胱甘肽过氧化物酶活性，使甲状腺的抗氧化能力降低，损伤甲状腺组织。[269]硒可以对甲状腺激素的代谢和下丘脑－垂体轴的负反馈作用产生影响。硒能够对甲状腺激素受体活性产生抑制作用，使甲状腺激素与之结合的概率降低，可缓解缺氧并防止自由基大量产生，从而抑制甲状腺疾病的发生和发展。[270]

2. 糖尿病

糖尿病是胰岛素分泌不足或者胰岛素受体敏感性降低引起的代谢性疾病，其主要特征是胰岛素相对不足、慢性血葡萄糖水平提高。长时间的患病可能会导致眼、肾、神经、血管、心脏等组织产生慢性病变。糖尿病表现的症状有：①多饮、多尿、多食和消瘦，具有严重高血糖时会存在典型的"三多一少"症状，经常发生于1型糖尿病中。发生酮症或酮症酸中毒时具有很明显的"三多一少"症状。②疲乏无力，肥胖，经常发生于2型糖尿病。2型糖尿病发病前经常会出现肥胖现象，若没有及时接受诊断，患者体重就会逐渐下降。近年来，糖尿病发病率上升，已成为危害人类健康的全球性疾病，防治形势十分严峻。而硒在糖尿病的发生发展、预防治疗等方面处于不可忽视的地位。

硒与糖尿病关系的研究始于1990年，相关领域学者首次指出了硒的类胰岛素作用[271]，通过研究发现硒酸钠对大鼠脂肪细胞葡萄糖的转运有一定的促进作用。1991年，研究人员[272]在实验中证实了硒酸钠可以降解链脲佐菌素诱导的1型糖尿病大鼠的血糖。之后，有一系列的研究报道了硒对1型糖尿病或2型糖尿病动物血糖有降低的作用，[273, 276]而且证明了硒在加快细胞对葡萄糖的转运、糖类的代谢和信号的转导等方面均具有类胰岛素的作用。[277-278]

硒的类胰岛素作用可能对防治糖尿病具有一定积极作用，而近年来的人群试验和动物研究却对硒在糖尿病防治方面具有的积极作用产生了质疑，证实了硒对于糖尿病发生发展具有两面性的作用，长期给机体补充一定剂量的硒更容易增强胰岛素抵抗力并提高2型糖尿病的发病风险。[279]硒在糖尿病发生发展中的两面性被证实与几种硒蛋白密切相关，主要包括谷胱甘肽过氧化物酶、硒蛋白S和硒蛋白P等。其中，硒蛋白P可通过影响胰岛素信号转导通路导致胰岛素代谢紊乱，也可通过降低AMPK磷酸化水平降低机体对胰岛素的敏感性，从而促使胰岛素抵抗2型糖尿病的发生发展。[280]

综上所述，在糖尿病的发生发展过程中硒会存在双重性影响。虽然硒有一定的类胰岛素效果，但长时间摄入被认为是安全剂量的硒，反过来也许会促进肥胖、胰岛素抵抗和2型糖尿病的发生发展。因此，不提倡对硒已经摄入足量的人群补充硒，即使是硒缺乏地区的人群也不应该补充过量的硒。硒的双重作用和硒蛋白的生物学功能具有密切的关系，但其具体作用机制尚未明了，还有很多问题需要进行进一步探究。

3. 神经退行性疾病

神经退行性疾病是一类进行性发展的以特异性神经元的大量丢失为主要特征的复杂疾病。该病严重时可导致死亡，一般情况下也常会致残。该病可分为急性神经退行性病和慢性神经退行性病，前者主要包括中风、脑损伤，后者主要包括亨廷顿病、帕金森病、阿尔茨海默病等。随着我国人口老龄化，神经退行性疾病已经成为现代社会尚未解决的医学难题。其错综复杂的发病机制到现在也没有搞清楚。近年来有研究表明，氧化应激是引起神经退行性疾病，如帕金森病、阿尔茨海默病、中风以及癫痫等，发生的重要原因。在人体的器官、组织中，脑组织拥有丰富的硒蛋白，采用基因敲除的方法研究硒蛋白的生理功能，发现多种硒蛋白缺失能引起小鼠认知能力损伤或运动功能障碍。硒蛋白P能够保护神经，有了抗氧化防御才能发挥作用。近期的许多研究和临床资料表明，硒蛋白P和神经退行性疾病之间具有密切的关系。硒蛋白P主要分布于小脑、嗅球、海马区和额叶皮质，神经元和星形胶质细胞中都有硒蛋白P的表达，对神经细胞具有保护作用，在维持正常的脑功能中发挥着重要作用。硒蛋白P将自由基、过氧化亚硝酸盐进行清除或者采用促进相关的抗氧化通路的方式，具有神经保护效果，防止哺乳动物的神经发生退行性变化。硒蛋白P消耗殆尽会引起神经损害、突触可塑性改变、脑功能异常。但是，如今与硒蛋白P功能相关的资料主要从体外研究或基因敲除模型中获取，还很少有有关硒蛋白P功能及调节作用的报道。因此，其确切的分子生物学作用还有待深入研究，以期为研究神经保护或神经退行性疾病的防治途径提供新的思路。[281]

4. 炎症性疾病

炎症性疾病是一类发生于多关节的炎症。炎症性疾病如风湿、风湿热通常是由咽部的链球菌感染所引起的关节（关节炎）和心脏（心肌炎）的炎症。虽然风湿热可随链球菌感染后发生，但并非感染性疾病。风湿热可影响身体的许多部位，如关节、心脏和皮肤。营养不良和居住环境拥挤会增加感染风湿热的风险，遗传因素似乎也起一定的作用。

在美国，风湿热很少在4岁以前或18岁以后的孩子中发现，而且发病率较发展中国家低，这大概是由于在链球菌感染的早期阶段即广泛地运用抗生素治疗。近年来，风湿热的感染率不断增加，但原因不明。美国患轻微的链球菌感染、经常咽部疼痛又未经治疗的儿童有1%的概率发生风湿热。如果感染严重，发生风湿热的概率将增加到3%。

横断面研究显示，患有囊性纤维化、痤疮、炎症性肠病等慢性炎症性疾病的患者体内的硒水平会下降，而补硒有助于缓解这些症状。类风湿性关节炎（RA）患者的临床数据显示，RA患者的血清硒水平显著低于健康人群。[282] 硒对炎症性疾病的具体作用机制目前尚不十分清楚，但大量的临床试验表明补硒确实可以改善患者的身体状况，其可能的机制是硒可以通过抑制诱导白细胞介素和肿瘤坏死因子 α 产生的 NF-κB 级联反应影响炎症反应。此外，研究表明硒蛋白S在炎症反应中扮演了十分重要的角色。[283]

除了上述几种主要疾病以外，硒缺乏还会引起大肠杆菌病、猪桑葚心病、母牛乳腺炎、幼畜腹泻，导致母畜不育、胎衣不下、流产、繁殖力减弱、胚胎退化、免疫功能下降、幼畜存活率降低、畜禽生长缓慢等。

5. 硒过量导致的疾病

微量元素硒对人体有益或有害取决于其在体内的浓度。机体对微量元素的需求量遵循一定规律，硒摄入量不足会引起一些缺硒性疾病，硒摄入量过高又会引起生化紊乱，导致中毒。微量元素浓度达不到正常机体的需求，机体就会出现缺少该微量元素的一系列症状；微量元素浓度大于机体能够承受的范围，机体则会显现过多摄取该微量元素而导致的中毒现象；当微量元素的浓度达到机体所需的浓度又没有超过机体承受范围时，机体具有正常的生理现象。

硒中毒包括慢性硒中毒和急性硒中毒。慢性硒中毒多发生在富硒地带，1961—1964 年湖北恩施高硒区的人群出现脱毛脱发、脱甲、神经系统感觉迟钝、四肢麻木甚至瘫痪、腱反射亢进等症状，研究表明这与其过高的硒摄入量（日硒摄入量达到 4 990 μg）密切相关。[284] 在印度天然高硒区的旁遮普州，当地男性日硒摄入量达到 632 μg，女性达到 475 μg，均出现了脱发的硒中毒症状。[285] 急性硒中毒曾发生在 2008 年的美国，当时 201 个人服用硒含量标注错误的硒补充剂，导致日硒摄入量高达 41 749 μg，远远超过正常的日硒摄入量，随后 78% 的人出现腹泻，75% 的人感到疲劳，72% 的人出现脱发，70% 的人出现关节疼痛，61% 的人出现指甲变色或变脆，58% 的人出现恶心等中毒症状。[286] 硒与人体健康的关系十分密切，其在人体内的营养剂量与毒性剂量间变幅小，因此摄入硒应当适量。中国预防医学科学院工作组在低硒的克山病地区和高硒的湖北恩施地区进行了长达 8 年的研究。研究结果表明，硒的最低需要量（以预防克山病为界限）为 17 μg/d，硒的生理需要量为 40 μg/d，在安全的情况下，硒的最高摄入量为 400 μg/d，摄入硒超过 800 μg/d 就会中毒。在正常情况下，专家建议正常人每日摄入硒应为 50 ~ 250 μg。FAO、WHO、IAEA 三个国际组织已经认同并且使用这些数据。

动物实验表明，当动物体内硒含量过高时，硒不再表现为抗氧化作用，而是以产生活性氧自由基为主，导致机体氧化损伤。[287] 动物急性硒中毒大部分是由于注射或口服过量的硒制剂，其主要临床表现是在呼气时会带有大蒜气味，发生视觉障碍、失明、盲目往前冲、转圈、腹部疼痛、跛行等。严重时中毒者会表现为姿势和行为异常，步态不稳，呆立不动，呼吸十分困难，肺部有湿啰音，有白色或红色泡沫从鼻孔流出，腹痛，流涎，尿量变多，腹泻，脉搏快而弱，虚脱等，大部分中毒者会在几个小时或者一天内因呼吸衰竭而死亡。①鸡急性硒中毒的症状：精神低沉，呼吸十分困难，鸡冠肉髯发紫，食欲废绝，运动缺乏协调性，闭目呆立时双翅会下垂，全身抽搐痉挛，衰竭而亡。病理变化为在其皮下呈现点状出血，在胸肌会出现出血点或出血条斑；心包积液，心肌颜色变淡，心腔内出现积血；胆囊肿胀变大，胆汁变稀薄，肝脏肿胀变大，颜色变为土黄色，在表面出现针尖大的出血点和黄白色的坏死灶；肺水肿、肺气肿，有大量暗红色血液从湿润的切面流出；白色泡沫状液充满全部气管和支气管；肝小叶中央静脉及小叶间静脉扩张、淤血、出血，肝小叶的部分肝细胞出现局灶性坏死，在坏死灶的周围存在不同程度的淋巴细胞和嗜酸性粒细胞浸润。②猪急性硒中毒主要临床症状：精神沉郁，反应迟钝，运动失调；心跳速度变快，胃肠鼓气，呕吐，腹泻，尿量变多，呼吸困难，最终因为呼吸衰竭而死亡。其病理变化为出现全身性的出血，肺脏内出现充血、水肿，肝脏、脾脏、肾脏发生变性。③小白鼠急性硒中毒主要症状：被毛粗乱，精神严重沉郁，脖颈伸直，呼吸困难，四肢如同游泳一样进行划动，甚至出现站立不稳，全身抽搐，最终因为窒息而死亡。④兔急性硒中毒主要症状：死前精神严重沉郁，甚至会发生昏睡，且整个躯体开始蜷缩起来，反应迟钝，食欲废绝，呼吸十分困难，四肢无力，运动缺乏协调性，会做出犬坐或趴卧姿势。其病理变化表现为心包积液变多，心室与心房的交界处有条带状或斑点状出血。心房和心室充满凝血块且发生扩张，接近乳头肌附近的心内膜存在红色出血斑点；肝脏发生肿大，并在其表面遍布黄白色斑点，胆囊充盈；肾脏被膜很容易被剥离，髓质部的颜色为暗紫色，皮质部的颜色为土黄色，皮质与髓质交界处存在明显的淤血。⑤马急性硒中毒的主要症状：食欲废绝，精神委顿，流涎，大汗淋漓，腹泻，呼吸困难，发生昏迷或者表现出狂躁不安等兴奋状态，大部分会在 24～48 小时死亡。

在 20 世纪早期，人们发现不能长期补充含硒量高的食物，否则会有慢性硒中毒的危险。①鸡慢性硒中毒表现：食欲下降，精神不振，羽毛粗而杂乱，消瘦，排出稀粪呈白色，生长发育缓慢，但死亡率较低。②猪慢性硒中毒主要临床症状：食欲减退，反应不灵敏；生长发育迟缓，体重下降、贫血；被毛粗大而杂乱，局部或者全身有毛发掉落的现象，蹄冠发生肿胀，导致蹄发生形态的变化甚至蹄壳出现脱落的情况，重度跛行；母猪受胎率下降、死胎增加、成活的新生仔猪个数降低等繁殖障碍综合征。其病理变化为肌萎缩，肝脏萎缩硬化，同时会出现胃肠炎、肾炎、关节面糜烂、蹄壳变性掉落、毛发掉落等。③绵羊慢性硒中毒主要表现症状：食欲下降，精神不振。对因为慢性硒中毒死亡的羔羊进行进一步解剖会发现其肝脏充血肿大，胆囊充盈，充满胆汁，大量红色斑点和斑块在肺浆膜下显现出来，进行解剖时有大量红色液体从切面上流出，大量白色或淡红色泡沫状液体存在于气管和支气管内壁上，肠系膜血管内有明显的充血情况。④马慢性硒中毒主要症状：马鬃和马尾上的长毛有掉落的现象，背毛变得粗糙杂乱，反应不灵敏，没有活力，长期缺少食欲引起体重下降，末梢血液循环不通畅，存在障碍；在寒冷季节，气温下降容易将蹄和四肢下部及尾部冻伤，出现环状龟裂的蹄冠，严重时可产生深龟裂的蹄冠，旧的赘生物和新的赘生物可以被分隔开来。

导致中毒的硒剂量因禽畜种类的不同和个体不同而不同。现在通常将亚硒酸盐作为硒源研究硒对动物的毒性情况。不同动物亚硒酸钠中毒剂量不同。

猪：猪内服亚硒酸钠可以导致死亡的最小剂量为 17 mg/kg；注射超过 1.0 mg/kg 就会有轻微中毒的现象；口服中毒剂量为 13.2 ～ 17.6 mg/kg；半数致死量（LD_{50}）为 2.0 mg/kg，致死量为 1.2 ～ 3.5 mg/kg。

牛：牛的中毒剂量往往与牛的年龄有关，乳牛最小致死量为 10 mg/kg，犊牛的 LD_{50} 为 1 ～ 2 mg/kg，成年牛最大耐受量为 0.55 mg/kg，中毒剂量为 9.9 ～ 11 mg/kg。

羊：羔羊口服 1.9 mg/kg 亚硒酸钠的 LD_{50} 在皮下肌内注射的量为 0.455 mg/kg，通过口服的方式达 6.4 mg/kg，通过肌内注射的量达 5 mg/kg，可以导致羔羊中毒死亡。通过皮下肌内注射，轻度中毒的量为 1.5 mg/kg，注射达 1.7 ～ 2.2 mg/kg 可导致羔羊死亡。口服亚硒酸钠后的成年绵羊，2 周时间里机体内的 LD_{50} 为 1.9 mg/kg，皮下注射 0.8 mg/kg 的亚硒酸钠可导致机体出现轻度中毒现象，注射 1.8 mg/kg 的量可致死。当肌内注射亚硒酸钠 192 小时之后，体内的 LD_{50} 为 0.7 mg/kg。

1.5 ～ 3.0 mg/kg 亚硒酸钠是其他动物如兔、猫、大鼠的急性致死量。在鸡的胸肌注射 0.15 mg/kg 的亚硒酸钠会导致轻度中毒。

1.12　微量元素硒缺乏的应对策略

临床观察发现，硒缺乏导致患病比硒摄入量过高造成的硒中毒症状常见得多。硒缺乏的关键应对策略是补硒，可将补硒作为预防措施。相关文献显示，以下四个途径可以提高人体对硒的摄入量。[171]

（1）增加食物的多样性。我国居民主要的食物是谷物，蔬菜和肉类为副食，导致人体不能摄入足量的硒。故而，应该多吃含硒量高的食物如水产类、蛋乳类食物，摄取足量的硒，提高人体的硒含量。

（2）工业硒营养强化。向一般食品中适量添加硒的营养强化剂可以使食品具有特定的营养价值。如今我国境内允许添加的硒营养强化剂仅限于含乳饮料的富硒酵母、硒化卡拉胶以及硒酸钠、亚硒酸钠、硒蛋白、富硒食用菌粉、L-硒-甲基硒代半胱氨酸等。

（3）硒膳食补充剂摄入。膳食补充剂又称营养素补充剂，这类产品通过补充维生素、矿物质等营养物质达到保健目的。其作用是当食物没有提供足够的营养时可以及时补充，还可以预防营养缺乏，降低某些慢性退行性疾病的发生风险。如何便捷高效提高硒的含量，硒膳食补充剂就是一种有效的方法，且可以参照一定剂量，但其硒源却具有一定安全隐患。在美国，亚硒酸钠和硒酵母作为膳食补充剂中的硒源。在中国，硒源的唯一指定来源是亚硒酸钠，但亚硒酸钠对人体的健康具有一定的风险。当前并没有对膳食补充剂中防腐剂的副作用有肯定的说明，并且膳食补充剂的价格高，限制了其向普通人群推广。

（4）硒生物营养强化。在农艺、生物技术或育种技术方面采取措施，增加农作物可食部分、畜牧动物或可以食用的微生物的硒含量。总而言之，加强对各种富硒产品的研究与开发是目前最能解决硒缺乏问题的策略。

1.13 富硒产品的开发现状

随着人们对硒的生理功能，硒与心血管疾病、免疫调节的关系，硒的防癌机制等各方面认识的逐步加深，以及人们对自身保健越来越重视，有机硒被添加到产品中成为富硒产品，且品质和安全性高，在动物生产中具有很大的意义，人们越来越离不开各种富硒产品。如今有很多富硒产品被开发出来，中国健康产品网（庶正健康）产品数据库资料表明，在已批准的国产保健食品中有114个功效成分含有"硒"的产品，这些产品中大概有一半的产品具有明显的补充硒功能。通过药品补充硒的产品很少，亚硒酸钠和依布硒啉是其主要成分。富硒食品种类繁多，大部分是保健食品，如菌类硒、麦芽硒等。此外，还有各种富硒普通食品，如富硒蔬菜、富硒矿泉水、富硒茶、富硒酱油、富硒大米等。补硒日用品大部分是通过在生产过程中添加硒元素的厨房用品和茶具等，之后在日常使用时逐渐释放出硒元素，被释放出来的硒进入人体被吸收，补硒日用品有富硒杯、富硒锅。[288]天然富硒食品，尤其是利用富硒区硒资源开发生产的天然有机硒保健食品，是目前我国重点的富硒保健食品开发项目。富硒保健食品由天然富硒的植物经过科学加工制成，食品中包含的硒大部分为有机硒，没有食用危险且颇具地方特色。预计未来相当长的一段时期富硒保健食品市场将会迅速发展，一大批具有中国特色的硒资源保健食品将脱颖而出，给我国保健食品行业注入生机与活力，前景十分可观。

1.13.1　富硒食品的研究意义

我国在微量元素硒研究方面一直领先于世界，在补硒防病治病领域取得的研究成果举世闻名。药物补硒的价格太高，不适用于普通消费人群，所以科学补硒还是一个需要解决的世界性难题。人体不容易吸收无机硒，而且无机硒还可能引起硒中毒。生物源补硒是一种安全、方便、经济实惠的方式。使用富硒农产品补充硒元素可以将普通的药补转变为食补。故而，要想直接有效地解决科学补硒难题，培育出富硒农产品是关键所在。

富硒食品的开发可促进"隐性饥饿"的解决。现阶段人们普遍追求"吃得安全""吃得健康"的生活模式。与缺乏蛋白质、脂肪、糖类等主营养所表现的饥饿相比，缺乏矿物质和微量元素（包括硒元素等）所表现的"隐性饥饿"更难被发现。作为人体必需的微量元素，硒与人体内各种代谢活动息息相关。此外，富硒食品的开发能引领我国农业供给侧改革，实现提质增效。因此，今后中国在营养食品和保健品研究及应用领域上，富硒食品的开发势必成为主要研究对象。[289]

1.13.2　富硒食品的研究开发现状及发展趋势

富硒食品是指富含微量元素硒的食品。我国富硒食品产业起步比较晚，如今处于硒的初级生物资源开发向人工富集有机硒食品的开发转变阶段。结合我国缺硒情况所呈现的严重地区性差异，富硒食品的开发和利用日益迫切，缺硒地区对富硒食品有长期性的需求。随着现代科学技术的发展，富硒食品（主要是农产品）的种类越来越多。[290] 富硒茶叶、富硒大米、富硒鸡蛋、富硒禽肉、富硒食用菌和富硒蔬菜瓜果（甘薯、玉米、杨梅、苹果等）等得到开发利用。在生产实践中积极应用并推广种类多样的富硒农产品，不仅有益于广大消费者的健康，还能提高农民的收入，因为富硒产品的价格高于普通产品价格，这也让很多人有了参与的动力。补硒的厨房用品和茶具等日用品在制作过程中增加硒元素，然后在日常使用中逐渐释放出硒元素，被释放出来的硒进入人体被吸收从而补充硒元素，如富硒杯、富硒锅等。[291] 此外，越来越多的食品添加强化硒。添加强化硒的富硒食品指的是硒含量增加的食品，在食品中添加硒化合物，增加食品中的硒含量。在生活中的各个领域，这类产品几乎都会有涉及，如食盐、矿泉水、维生素制剂、饼干、谷物及其制品、豆奶、乳制品、口服液、酒、花茶和乳饮料等各类食品。[290]

我国目前对富硒功能性食品的研究开发尚处于初级阶段，仅仅采用简单的富集方法生产出的产品达不到人们对富硒产品的需求，产品中的硒含量不高。故而，今后富硒产品生产的主要发展方向是进行深加工和通过高新技术生产富硒食品。

1.13.3 富硒食品产业发展研究

如今的富硒食品产业发展研究还没有真正发展起来，国内外对此还没有很深入的研究，只有少量的研究成果。从研究内容上看，研究成果主要集中在产业发展定位、产业开发路径、区域品牌建设、产业链建设和集群发展等方面，其中基于"问题导向型"的研究占大部分，只有少数进行理论式的系统研究。从研究思路与方法上看，展开研究是通过区域经济和产业经济分析的一般原理和方法，可能与富硒食品产业发展开始于富硒农产品有关，其中大部分涉及农业经济，很少发掘"硒与产业发展"特殊性和规律性的研究。研究的空间对象主要聚集在湖北恩施、陕西安康等富硒地带。硒资源技术和产品研究开发越来越深入，学术界对富硒食品产业发展的理论研究相应增加，呈现出健康、快速和持续的良好发展势头。第一，我国西部富集硒资源，但西部地区不发达，学术界应该采用多视角联合进行研究，从扶贫地区、限制开发区、循环经济和特色资源转化等视角上看，在研究成果直接针对问题上有促进作用；第二，在发展富硒区富硒产业的过程中，由于生产富硒产品的技术和产品质量没有一定的标准，在宏观调控上国家缺少政策依据，所以学术界应该加快全国富硒食品产业发展规划和区域协同发展方面的研究；第三，学术界应不断深入研究富硒食品产业发展，丰富产业组织、产业布局、产业结构和产业政策等方面的研究成果，逐渐提高富硒食品产业发展理论研究的系统性。[292]

1.13.4 富硒农业产业化发展研究

富硒农业是特色农业，产品品质高，经济效益好。在生产方式、生产资料投入方面，天然富硒农产品与普通农产品没有什么不同，但天然富硒农产品具有更高的经济价值。富硒产品种类繁多，可以对产业链进行拉长，能够充分带动产业，形成种植业、养殖业、加工业、物流业、旅游业等各产业联合的格局。

我国富硒农业发展起步较晚，以粗加工为主，规模小且产业化水平低。安康学院经济管理系陈绪敖指出，安康富硒食品特色农业如今还存在一些问题，在农业生产中技术水平不高、缺乏研发创新，许多农业科研方面的成果没有成功转化或没有及时获取和学习农业新技术和知识。出现的这些问题直接导致安康富硒特色农产品的比较优势在转为经济优势时没有完全转化。例如，富硒食品生产的规模产量很高，但缺乏名特优质的产品；进行初级加工和粗糙加工的产品量多而进行精细深入加工的量少；大都通过传统工艺和落后设备进行生产而很少采用高级的新技术和先进设备；没有一定的产品品牌，质量没有一定的标准，只有很少的产品具有高标准、高质量；等等。[293] 向全社会人民进行富硒知识的宣传和学习，使人们对富硒资源的价值具有一定的认识，还需进一步形成发展富硒农产品产业的理念、文化、氛围。[294]

1.14 微量元素硒在畜牧业中的研究与应用

动物体对硒的需求量较低，但硒有十分重要的营养生理作用，是畜禽的必需微量元素之一。缺硒往往能引发畜禽的许多疾病，如鸡的渗出性素质病、猪的肝坏死、犊牛的"大肚病"、羊的肌营养不良症和白肌病等。随着硒生物功能特性研究的不断深入，硒元素在家畜、家禽、反刍动物及水产养殖生产中得到广泛应用。大量的研究实验证实，补硒不仅能促进禽畜的生长发育，提高繁殖性能，还能有效提高动物机体吞噬细胞产生抗体的能力，增强细胞免疫功能，减少疾病的发生。在畜牧生产中，无机硒酸盐、亚硒酸盐及有机硒都属于常用硒。扩散的无机硒通过肠壁吸收后进入肝脏，在肝脏内被转为生物硒并被机体利用，而通过主动运输的有机硒通过肠壁时直接被机体吸收和利用。在利用率方面上，有机硒高于无机硒。另外，无机硒（亚硒酸钠）是一种污染源，能随着畜禽排泄物排出，会对环境造成严重的污染，因此不应该继续使用无机硒。目前，市场上只有一些含有硒酸钠、硒蛋氨酸、硒酵母等的单一的富硒饲料，且生产规模小，并没有解决畜禽缺硒的问题，故而在畜牧业的生产中应对有机硒产品的规模进行进一步扩大，提高有机硒的质量，增加高质量有机硒的产量。有机硒饲料产品的市场管理需要加强和规范，有机硒产品能充分补充畜禽对硒的需求，让畜牧业健康快速发展。

1.14.1 微量元素硒在动物中的研究与应用概述

硒是动物必需的微量元素之一，可以增强机体的抗氧化能力、生产性能和改善肉的品质。有机硒和无机硒都可以被用于动物生产中，亚硒酸钠和硒酸钠就是常见的无机硒，酵母硒等是主要的有机硒。因为代谢途径的不同等，有机硒相对于无机硒更有优势，一般认为有机硒在动物胃肠道的吸收率和利用率更高，因为无机硒以扩散形式通过肠壁进入肝脏转化成生物硒（硒化物）后才可利用，而有机硒是主动吸收。在大多数动物饲料中硒元素以有机硒的形式代替甲硫氨酸、高硒酵母、硒酸酯多糖和硒代赖氨酸而存在。[295] 研究表明，硒提高动物机体免疫力可通过液体免疫和细胞免疫两种途径。一方面，硒被加入接种疫苗，对血清抗体效价有一定增强作用；另一方面，硒对杀伤性 T 细胞及 NK 细胞活性有明显的促进作用。除此之外，硒还可以提高吞噬细胞的吞噬功能和杀菌能力，增强非特异性免疫力。[296] 硒还能提高动物的繁殖性能，对雄性动物而言，缺硒使受精率下降，精子尾部的线粒体在缺硒的情况下不能得到很好的发育，精子运动能力出现了下降，精子活力下降，降低了精子与卵子结合的能力。[297] 补硒能改善精液质量，硒通过 GSH-Px 的抗氧化作用保护精子细胞膜不受伤害，从而提高繁殖能力。[298] 此外，硒可以对动物的生长发育产生促进作用。动物体内的硒参与脂肪、蛋白质及糖等的代谢，参与辅酶 A、辅酶 Q 的合成过程，对动物体内生长激素和蛋白质的合成和分泌有一定促进作用，从而在一定程度上促进动物体生长发育。[299] 硒可以在一定程度上改善动物肉质，因为它是动物体内一种重要的抗氧化剂，可以在一定程度上抑制不饱和脂肪酸的氧化。[300]

1.14.2　微量元素硒在家禽生产中的研究与应用

如今，家禽生产中对硒的研究已经从简单的生物学功能研究逐渐深入到硒对动物机体内各项生化指标影响的研究。在家禽养殖中，硒的使用对家禽的疾病有预防作用，对动物生长发育有促进作用，并且可提高产蛋率。研究表明，出现小鸡脑软化、火鸡肌胃变性的情况时，采用维生素 E 与硒结合可以产生十分显著的作用。将外源酵母硒或硒酵母菌投入养殖可促进家禽的早期免疫器官的发育，提高蛋雏鸡的胸腺、脾脏及法氏囊指数，其对家禽的生长发育有着极其显著的效果。[299] 研究发现，硒可以促进促黄体生成激素（LH）的释放，使蛋鸡卵巢的排卵增加，从而提高蛋鸡的产蛋率。同时，与无机硒亚硒酸钠相比，酵母硒更能够提高鸡蛋中的硒含量。[296] Combs 等 [301] 对雏鸡饲喂不同水平的硒，结果发现，增加硒的饲喂量可明显提高血浆中生育酚的浓度，从而影响鸡肉质。Edens 等 [302] 的研究表明，用酵母硒饲喂肉鸡可显著降低鸡肉的水损失，改善鸡肉的嫩度。肉鸭硒缺乏时主要表现为食欲缺乏，精神沉郁，行走困难且喜卧懒动，羽毛蓬松，排出白色稀粪，强行驱赶时步态不稳，左右肢交叉行走，容易跌倒，常靠喙和翅膀支撑身体。病临后期病鸭呈瘫痪状，卧地不起，两肢做划水状，有的翼下和腿部皮下出现局部水肿，腹部膨大，严重的可致死。对病鸭进行及时补硒、供给高蛋白质的日粮是治疗的关键。

1.14.3　微量元素硒在养猪生产中的研究与应用

饲料中硒的添加形式经历了从无机硒（主要指亚硒酸钠）到有机硒（主要指酵母硒）的发展。[6] 现阶段养猪生产中应用有机硒可以提高胎盘硒的转移，增加泌乳硒的转移，且其毒性小，易于动物吸收，对环境污染小，有较高的实用价值。欧美很多国家已经广泛推广有机硒，瑞典要求必须将有机硒加入乳猪饲料中，日本已规定不能将无机硒加入猪饲料中。研究表明，[303]与添加无机硒相比，添加0.3 mg/kg的酵母有机硒的断奶仔猪饲料可以增强仔猪血清谷胱甘肽过氧化物酶的活性，且日进食量、饲料转化率及仔猪平均日增重有明显增加，说明有机酵母硒可以提高营养物质在体内的转化，增强蛋白的合成代谢，进而促进仔猪的生长发育。将有机酵母硒加入母猪饲料中可以提高血清、初乳和常乳中的硒含量，仔猪断奶前的死亡率比未加入有机酵母硒的仔猪死亡率低2.2%。另外，有机酵母硒可明显提高胚胎的平均重量与长度，增强母猪怀孕早期甲状腺激素的活性，有利于硒从子宫传递给胚胎，促进早期胚胎的发育。在饲料中添加0.5 mg/kg有机硒可以显著增强精子的活力，减少畸形胚胎的产生，所以硒对公猪的生殖能力具有很大的作用。饲料中每天添加有机硒可以有效提高种公猪精液的质量。有机硒在实际运用生产中还存在一些需要解决的问题：①需要对有机硒在动物体内的作用机制进行深入研究，找到最合适的有机硒源；②有机硒不是对任何动物机体都有一样的效果，所以还要不断地进行试验验证，才能将其进行广泛应用；③硒的添加剂量不在适宜的添加水平会对动物机体产生不利影响，所以需对有机硒的适宜添加水平进行研究。[7]另外，有机硒产品价格高昂，限制了它在动物生产中的广泛应用。因此，下一步的重要研究方向可能是采用酵母富集无机硒以寻求价格低廉的有机硒。

1.14.4　微量元素硒在反刍动物生产中的研究与应用

小肠是吸收食物中硒的主要场所，具体的吸收机制目前尚不清楚。一般认为，不同形式的硒在小肠中的吸收机制各不相同，如小肠以主动吸收的方式摄入食物中的有机硒，以被动运输的方式吸收无机硒。而反刍动物特有的瘤胃微生物可以通过置换反应将含硫氨基酸中的硫置换为硒，合成硒蛋白，用于维持微生物的生长繁殖。同时，部分亚硒酸盐在反刍动物肠道中生成不溶性化合物，无法被动物吸收利用，这很有可能就是反刍动物在生产中更容易出现硒缺乏症状的原因。研究表明，补充适量的硒可以促进瘤胃微生物的生长繁殖，增加其数量，减少氧化损伤，同时提高瘤胃微生物的生物活性，从而影响瘤胃的发酵功能以及对饲料的消化率。[287]为了增强反刍动物的免疫力、抗氧化和繁殖性能，我们可以在饲喂反刍动物的日粮中添加纳米硒。朱松波[304]等研究发现，纳米硒可以较大程度提高乳和血液中超氧化物歧化酶和谷胱甘肽过氧化物酶的活性，增强奶牛的抗氧化性能。

SHI L G[305] 等研究发现，在雄性波尔山羊日粮中，与只添加了 0.06 mg/kg 硒的对照组相比，添加 0.3 mg/kg 纳米硒日粮组的波尔山羊精液中 GSH-Px 和 ATP 酶的活性都有很大程度的提高。与添加蛋氨酸硒相比，添加纳米硒到种公羊日粮中更易于硒的吸收和沉积，使谷胱甘肽过氧化物酶活性有了很大的提高[306]，这表明动物种类、饲养阶段和添加量等多种因素都可以影响纳米硒的作用效果。

纳米硒在反刍动物生产中有很多作用，但如今纳米硒的全面推广和应用受到了一定程度的限制。此外，很少有关纳米硒对反刍动物硒蛋白影响研究的报道，纳米硒在细胞和分子水平上的活动机制也没有完全搞清楚，弄清其表达机制可为反刍动物疾病的预防和治疗提供理论依据。基于纳米硒的特性，未来纳米硒可在富硒畜产品的开发、免疫增强剂的开发、无机硒和有机硒替代品的开发等方面发挥重要的作用，使硒能更好地应用于反刍动物的研究和生产实践。[307]

1.14.5　微量元素硒在渔业生产中的研究与应用

海洋中存在着丰富的硒资源，但目前人类对海洋硒资源的研究开发和利用依旧很少。随着渔业的发展及经济利益的驱动，集约化养殖业迅速崛起，随之带来的是生态环境日益恶化问题，由此引起的鱼类肝病和代谢性疾病至今仍未发现有效的治疗方法。Lee 等研究发现，37 种海洋生物的肝脏中的硒含量比其他组织高，鲔鱼肝脏中的硒含量比肌肉中硒含量高 5 ～ 18 倍，鲍鱼、蝾螺贝肝脏中的硒含量是肌肉中的 2 ～ 10 倍。Kal Norihisa 等[308] 对黄尾鱼肝内 GSH-Px 的研究中指出，肝中 GSH-Px 明显比其他组织中高。因此，硒化合物是一个前景广阔的研究领域，特别是在防治肝病及调节肝脏代谢方面可起到重要作用。硒及其化合物刚开始投入水产界使用，由于硒及其化合物的测定步骤较烦琐，一般单位难以提供测定所需的仪器，更重要的一点是人们还没有认识到硒及其化合物对水产动物潜在的营养功能，尤其是在防病抗病方面的效能。一旦这方面的应用被人们认识，配合其他添加剂药物的研究将会有很广阔的前景。但是，由于硒浓度不好控制，极易产生毒副作用，目前仅有少数畜牧工作人员将硒化合物应用在猪、牛的营养，抗病以及免疫等方面，并且仅限于一般应用。[309] 此外，有学者对纳米硒在水产动物营养方面做了进一步研究，发现饲料中硒含量为 0.5 mg/kg 时，亚硒酸钠、蛋氨酸硒及纳米硒对尼罗罗非鱼的生长发育都有促进作用，3 种不同形式的硒在促进尼罗罗非鱼的生长发育方面具有相似的效果。在饲料中硒含量为 3 mg/kg 时，亚硒酸钠和蛋氨酸硒对尼罗罗非鱼没有促进生长的作用，但纳米硒对尼罗罗非鱼的生长有极其明显的促进效果。研究结果表明，纳米硒相较于普通硒更容易被动物吸收，且能提高动物生长性能，比普通硒化合物的安全性高，前景十分可观。纳米硒作为一种新型的硒源，在水产动物中的详细作用机制还不完全清楚。在鱼类养殖方面，虽有研究表明纳米硒可提高鱼类的生长性能和起保健功能，但对纳米硒在影响鱼类抗氧化功能、免疫功能和生长性能方面的研究还不够深入。因此，纳米硒在水产动物中所表现的作用机制还有待进一步深入研究。[310]

第 2 章　微量元素硒对 DNA 病毒的拮抗作用

　　硒是自然界中的微量元素，人们生活中几乎所有的食物中都含有硒。自从1817 年硒被 Berzelius 发现后，之后的 100 年里硒化合物几乎没有什么研究进展，主要原因是硒中的无机硒含有剧毒，并带有恶臭，所以人们认为它没有研究价值。但实际上，硒是人体 14 种必需的微量元素之一，硒在植物和其他有机食品中以有机硒酸盐或无机亚硒酸的形式存在，且在自然界中硒的分布极不均匀。硒参与人体内多种含硒酶和含硒蛋白的合成，对细胞生长、繁殖和生理功能起着重要的作用，并且具有保护肝功能、增强机体免疫力的作用，同时对结肠癌、乳腺癌、宫颈癌、肝癌、胃癌、食管癌、前列腺癌等癌症均有抑制作用。此外，对其他疾病的治疗具有协同作用。

　　硒作为动物体中的必需微量元素受到相当大的重视。这不仅因为硒的生物学作用广泛，是一种有效的抗氧化剂，对免疫系统的调节以及多种途径抗氧化作用具有重大意义，还因为硒能帮助动物机体抵抗病毒感染，如能够影响乙型肝炎病毒（HBV）、猪细小病毒（PPV）、单纯疱疹病毒（HSV）、猪圆环病毒 2 型（PCV2）等病毒的感染与复制。缺乏硒会改变病毒基因组，使正常的良性或者轻度的致病性基因变得具有高度毒性甚至发生病毒突变，从而使机体受损。目前，硒被应用于各种疾病的治疗中，与其他用于治疗 DNA 病毒病的药物关系相当密切。硒能被制作成各种含硒化合物，如硒盐、富硒酵母等。含硒化合物进入人体后，硒主要以硒半胱氨酸的形式参与硒蛋白组成，通过后者发挥其生物学功能，但对很多硒蛋白来说，其具体的生物学功能还有待进一步研究、认识。

　　自然界中病毒的种类很多，其中 DNA 病毒类型多种多样，包括杆状 DNA 病毒、多分 DNA 病毒等。研究发现，造成乙肝的元凶是乙型肝炎病毒，导致宫颈癌的元凶可能是单纯疱疹病毒，这些病毒严重影响人类的生命健康。猪圆环病毒 2 型、猪细小病毒是引起母猪繁殖障碍的重要致病因素，这几种病毒还能在猪体内共同感染，给治疗病猪造成了一定的困难。目前，DNA 病毒在人类生活中的危害极大，如乙型肝炎病毒病，全世界有 60% 的肝癌与乙型肝炎病毒有关，硒对 DNA 病毒引发的一些疾病具有非常有效的防控以及临床作用。硒在某些 DNA 病毒复制中所呈现的抑制作用以及某些尚未被人类发现的作用等方面尚未清楚，值得进一步研究及探讨。本章主要阐述乙型肝炎病毒、猪细小病毒、单纯疱疹病毒、猪圆环病毒、传染性软疣病毒和马立克氏病毒 6 种 DNA 病毒的危害，以及微量元素硒在上述 6 种 DNA 病毒引发的疾病中发挥的作用和地位，尤其是微量元素硒对它们的拮抗作用及机制。

2.1　硒与乙型肝炎病毒

2.1.1　乙型肝炎病毒概述

在医学上，肝炎病毒分为甲、乙、丙、丁、戊、己、庚七种类型，病毒性肝炎是目前世界上广为流行的传染病之一，全世界估计有 5 亿～ 6 亿个肝炎病毒携带者，每年大概会新增 5 000 多万患者，其中呈全球性感染的乙型肝炎病毒感染者最多。

1968 年，国外学者在乙型肝炎病毒（HBV）抗原阳性的血清中发现了与 HBV 有关的球形颗粒，平均直径为 22 nm。接着，研究发现了单式颗粒，它具有较复杂的双层结构，外壳厚度为 7 nm，直径为 42 nm，颗粒核心为 28 nm。作为乙型肝炎的病原体，乙型肝炎病毒属于嗜肝 DNA 病毒科，嗜肝 DNA 病毒科包括两个属，一个是正嗜肝 DNA 病毒属，一个是禽嗜肝 DNA 病毒属。乙型肝炎病毒属于正嗜肝 DNA 病毒属。此外，土拨鼠肝炎病毒、树松鼠肝炎病毒也属于此属。禽嗜肝 DNA 病毒属代表种为鸭乙型肝炎病毒，苍鹭乙型肝炎病毒也属于此属。HBV 内部核衣壳呈十二面体结构对称，是一种反转录小分子球形 DNA 包膜病毒，其基因组全长 3.2 kb，为目前已知的感染人类最小的 DNA 病毒之一。其中，HBV 具有四个开放读码框用来编码蛋白，这四个读码框分别是 S、C、P、X 区。S 区用于编码包膜蛋白，包括前 S1 区和前 S2 区以及 S 区基因；C 区用于编码核壳蛋白，包括前 C 区和 C 区基因；P 区用于编码聚合酶蛋白；X 区用于编码 X 蛋白。HBV 具有双层衣壳且核内有传染性核心抗原（HBcAg），并且在核心抗原的肽链上嵌有传染性 E 抗原（HBeAg）。病毒外膜为脂蛋白结构，其表面有无传染性的表面抗原（HBsAg），具有抗原性。同时，乙型肝炎抗原抗体表达系统主要有三种，分别为表面抗原 – 抗体系统、核心抗原 – 抗体系统、E 抗原 – 抗体系统。检测 HBV 的技术类型较多，如免疫荧光检测技术（IFA）。目前，对不同的病患，其体内的病毒感染情况不同，如血清病毒颗粒数量就相差较大。世界上曾有 20 亿人感染过乙型肝炎病毒，近 4 亿人为慢性感染，每年约有 600 万人死于这种疾病。我国是乙型肝炎病毒感染人数较多的国家，从 1992 年的 1.2 亿人下降到 2006 年的 9 300 多万人，直到 2014 年，乙型肝炎病例报告已有 90 多万例。据粗略计算，全国有 3 000 多万乙型肝炎患者，甚至许多 5 岁以下儿童也患上乙肝。该病传播方式多样，降低了人们的生活质量，给中国人民健康带来严重的危害。研究表明，肝损伤、肝衰竭与乙型肝炎病毒密切相关，HBV 也是造成急性肝炎、慢性肝炎、肝硬化和肝癌的主要原因。目前，美国以及日本都是采用酵母表达系统生产表面抗原制成疫苗，以色列等国采用仓鼠细胞生产疫苗，我国采用以上两种表达系统生产疫苗。乙肝疫苗在医疗中的应用降低了 HBV 感染的发生率。但是，对已经被乙型肝炎病毒感染的人们仍旧缺乏有效的治疗措施，且乙型肝炎病毒携带者数量多，情况复杂，所以研究抗乙型肝炎病毒的治疗方法具有重要意义。

2.1.2 硒拮抗乙型肝炎病毒机制

大量的硒抗肿瘤流行病学研究发现硒具有抗肝癌作用，早在 1943 年就已经在硒抗肿瘤动物的实验中发现硒能够有效抑制小鼠肝癌细胞增殖。1988 年，我国消化内科专家刘为纹在探讨肝病与硒的关系中发现，健康组的含硒量明显高于患者，事实证明缺硒可能会造成肝病。[311] 硒具有良好的应用前景以及抑制肿瘤的作用，近年来的研究发现有机硒毒性低，利于肝病的治疗。同时，我国对肝炎病毒的研究较早，数十年来我国使用硒治疗肝病的研究十分普遍，其中原发性肝癌作为常见的恶性肿瘤，是严重危害人类生命健康的一类疾病，临床上常采用亚硒酸钠、硒酵母片、硒盐、硒卡拉胶、硒力口服液、奥硒康、硒宝康片等作为肝癌的化疗药物，目前已经取得了一定的研究进展。

HBV 感染慢性化的机制十分复杂，白介素 –2（IL–2）及其受体（IL–2R）系统异常是主要原因之一。和水祥等 [312] 在研究硒对慢性乙肝病毒患者 PBMC 功能的影响中发现，慢性乙型肝炎患者的 PBMC 经体外刺激后，其 IL–2 分泌及 IL–2R 表达能力降低，而 MDA 水平明显增高。加硒后上述指标发生了相反的变化，说明加硒组 PBMC 功能的改善可能与脂质过氧化反应受抑制有关，从而推测抗氧化可能是硒影响慢性乙型肝炎患者 PBMC 功能的机制之一，得出硒的抗氧化作用对慢性乙型肝炎有影响的结论。

李文广等 [313] 在研究 HBsAg 携带者补硒后对乙型肝炎病毒病转归影响的实验中，将 2 065 例 HBsAg 携带者随机分为补硒组和对照组，连续服药观察 3 年。分别从对照组与补硒组中随机抽检 500 例乙型肝炎病毒五项指标，实验结果显示服药前补硒组与对照组无显著差异，服药后 1 年，数据显示两组开始出现显著差异，补硒组 HBsAg 转阴率高于对照组，抗 –HBs 检测率亦显著高于对照组。最后，实验证明补硒对降低乙型肝炎病毒感染、促使 HBsAg 转阴与抗 –HBs 的产生、预防肝癌的发生具有十分重要的临床意义。硒的许多生物学功能都有利于乙肝的治疗。

柴连飞等 [314] 对乙型肝炎患者、肝硬化患者的血清硒含量及 GSH-Px 活力进行测定，对两者之间的变化规律进行观察，对血清硒和 GSH-Px 与肝脏疾病发展进程的关系进行更加深入的探讨研究，最后得出结论：血清硒及 GSH-Px 水平的显著下降与肝细胞损伤、病变发展、癌症发生关系密切。

目前还没有研究能进一步说明低硒可以促进癌症的发生发展或者低硒是癌症发生发展的必然结果。早期给肝脏疾病患者补充硒可以改善病情和预防肝硬化发生，是一条新的肝脏疾病防治方法。张劲松 [315] 在对硒抗乙肝病毒的研究中发现，肝炎患者普遍缺硒，病情越严重的患者，缺硒情况越严重，补硒能够明显改善患者的症状，硒之所以能够抑制动物肝损伤、肝炎等主要是通过硒的抗氧化功能实现的。此实验也阐述了硒对肝癌的预防作用以及补硒对低硒地区疾病的防御作用。张金环 [316] 在研究硒以及镁、锌等微量元素对乙型肝炎病毒的影响时发现，HBsAg 携带者组和 HBV 患者组血清中元素镁、锌及硒均低于健康对照组，说明镁、锌、硒这三种元素是病毒性乙型肝炎的主要影响因素。体内硒减少会降低谷胱甘肽过氧化物酶的活性，降低其抗氧化能力，导致体内过氧化脂质不断蓄积，肝细胞的负担加重，造成肝损害。

符寒等 [317] 在研究硒预防肝病的过程中发现，硒与肝脏疾病的发生、发展以及预防密切相关，硒对肝癌具有抑制作用，其中硒的抗癌机制有：①抗氧化；②抗致突变；③阻断癌细胞分离增殖信息的传递；④诱导细胞凋亡；⑤阻止某些化学致癌物的代谢活化；⑥硒对肿瘤的生长或活力具有明显抑制作用；⑦硒能强化机体免疫系统，对机体进行保护。此外，他们还探究了不同硒对肝病的作用，发现硒蛋白以及硒多糖能显著增强小鼠 GSH-Px 的活性（$P<0.01$），硒酸脂多糖对肝炎也具有拮抗作用。硒蛋白可以从食物中获取，如鸡蛋和马铃薯中就含有较多的硒蛋白。在自然界各种含硒物质中，海产品硒含量较为丰富，在大部分海产品中都具有大量的硒成分，如虾、牡蛎、鲍鱼、黄花鱼等。

于硕等 [318] 研究海产品中硒的健康价值时发现，硒能保护大脑避免过氧化损伤，在人类的神经系统中含有硒酶，并且摄入一定量的硒能替换甲基汞螯合，维持含硒酶的活性，从而防止脑组织过氧化损伤以及减轻甲基汞中毒带来的严重后果，在妇女怀孕期间食用海洋鱼类应得到提倡。

以上事实证明硒对肝脏具有保护作用，硒能预防病毒性肝炎以及肝癌的发生，但是对其具体机理需要进一步探讨研究，力求为日后疾病的防治提供依据。

2013 年，陈显兵等[319] 在研究湖北恩施地区硒水平对乙型肝炎病患肝功能的影响时发现，高硒区、富硒区、低硒区健康对照组血硒水平均高于同地区的乙肝病例组，慢性乙肝患者的血硒含量明显偏少。可见血硒水平与外环境硒水平密切相关。在硒的安全范围内，外环境的硒水平越高，血硒的含量也会越高，对肝的损害就会越小，说明外、内环境的硒水平与肝损害程度之间存在一定的联系。

2014 年，葛乃建[320] 在研究补硒对肝炎患者的影响时发现，硒能有效清除自由基，保护肝细胞，抑制肝纤维化等，从而有效预防肝病。同年，赵娟等[321] 以北京佑安医院的 74 名肝病患者为研究对象，包括 23 例慢性肝炎、27 例肝硬化、24 例慢加急性肝衰竭，此外还有 16 例健康正常人做对照组，采用电感耦合等离子体原子发射光谱法（ICP-AES）检测血清硒含量。结果发现，与健康对照组相比，其他病患组机体内的血清硒水平明显较低。肝纤维化的严重程度与硒的含量有关，血清硒含量越低，肝纤维化越严重。

2017 年，张荣强等[322] 采用 meta 分析方法统计乙型肝炎、丙型肝炎患者机体内血清硒水平时发现，乙型肝炎患者以及丙型肝炎患者身体内血清硒均低于健康人的正常水平，还提出硒是一种抗肝坏死保护因子，对肝炎病毒有抑制作用。同年，周小寒[323] 在探讨硒对乙肝的作用的文章中表明，补硒能增强人体免疫防御功能，增强护肝药物治疗效果，减轻症状等，在肝纤维化动物模型上证明了硒能使转氨酶下降，血蛋白上升，阻断肝纤维化。文中还指出缺硒是导致肝癌的重要原因之一，补硒能预防癌症。

综上，硒的许多生理作用如抗氧化、增强机体免疫力等对乙型肝炎病毒有拮抗作用。

1. 亚硒酸钠拮抗乙型肝炎病毒

亚硒酸钠是一种溶于水，不溶于乙醇的含硒营养强化剂，以亚硒酸以及氢氧化钠为原料制作而成，外观为白色或微显红色的结晶粉末。亚硒酸钠是一种硒的营养补充剂，硒的营养补充剂还有硒化卡拉胶、硒代半胱氨酸、富硒酵母、硒酸钠、硒代甲硫氨酸等，在保健食品中以亚硒酸钠的应用最多。李文广等[324] 在为启东雏鸭补硒的实验中，以亚硒酸钠为实验材料，将雏鸭分成 4 组，其中设置 89 只鸭子为实验对照组，饲料中不加亚硒酸钠，而实验组的饲料中则掺入硒。实验结果显示：对照组鸭肝明显肿大，加硒组鸭肝则在正常范围内；实验组的炎症反应检出率、HBV-DNA 阳性率、肝癌前病变发生率均比对照组低，表明硒可预防乙肝病毒感染，抑制肝脏炎症。硒可对抗肝炎有一定的理论依据，但相关机理尚未阐明，很多报道表明硒具有增强体液免疫及细胞免疫功能的作用。提高硒的摄入量可使 IgM、IgG 含量增加。此外，谷胱甘肽过氧化物酶可以增加免疫细胞毒作用，使嗜中性细胞和巨噬细胞完成吞噬细胞食物的过程。李曾欣等 [325] 曾用亚硒酸钠治疗乙型肝炎病患，他们将患者随机分为慢性乙肝治疗组和慢性乙肝对照组，两组同时服用保肝药并进行对症治疗，治疗组加服亚硒酸钠。经过为期 9 周的治疗后，治疗组的肝区痛、肝大等诸多症状有明显改善，ALT 和 ALB 复常率也优于对照组。这说明，在治疗慢性乙型肝炎的过程中，补硒可以起到改善临床症状、降酶、升高血清白蛋白的作用。

Tu 等 [326] 建立了肝 HBx 基因表达模型，对 HBx 基因表达引起的肝脏疾病进行研究，将基因组分为两组：自来水组和加入亚硒酸钠组。研究发现在自来水组，HBx 基因在转基因小鼠肝脏中的持续稳定表达导致了小鼠肝脏疾病的发生，包括轻度肝炎、严重肝炎伴有肿瘤增生等。在加入亚硒酸钠组中，虽然 HBx 基因表达模式与自来水组相同，但是转基因小鼠的肝脏无肝炎及肿瘤增生。这些结果说明 HBx 基因的持续表达导致了转基因小鼠的肝脏疾病，同时证明硒对肝癌的发生具有预防作用。倪正平等 [327] 对慢性乙肝患者补硒后 HBV 血清标志物的动态变化进行了 10 年跟踪，通过检测补硒组和对照组慢性乙肝患者在服硒前、3 年服硒期间和服硒 7 年后各阶段的血清 HBV 5 项标志物发现，慢性乙肝患者服用亚硒酸钠片剂后，在一定时期内 HBsAg 转阴率提高了，并在一定程度上增强了机体清除 HBV 的能力，但是补硒必须长期坚持，这样才能显示良好的疗效。

杨爱玲等 [328] 利用具有抗氧化和免疫调节作用的人体微量元素硒和苦参素治疗慢性乙型肝炎。苦参素是一种能促进白细胞增长，无臭味、苦的白色粉末，易溶于水、乙醇等，但是难溶于乙醚，适用于慢性乙型病毒性肝炎的治疗。实验将 85 例慢性乙型肝炎患者随机分为 45 例联合治疗组病患和 40 例苦参素组病患，联合治疗组每日肌肉注射一次 400 mg 苦参素液，并口服一次亚硒酸钠，而对照组则每日注射与联合治疗组同样剂量的苦参素液，两组都服用常规的维生素 B_1 以及维生素 C。在随后的疗效观察中发现，联合治疗组中伴有乏力、肝区胀痛不适、肝脾肿大症状的病例数量下降幅度较大，治疗前后具有显著差异（P<0.01），而对照组下降幅度较小，无明显差异（P>0.05），并且在试验过程中两组病患并无不良反应。结果表明，亚硒酸钠作为免疫调节剂，可以增强免疫力，与苦参素联合，互为补充，联合治疗疗效优，短期复发率低，证明了人体微量元素硒和苦参素的联合使用对乙肝病毒具有抑制作用。值得一提的是，肾功能不全的患者、肝功能衰竭的患者、注射部位具有刺激疼痛感以及发红的患者以及孕妇应慎重使用苦参素。

2016 年，Cheng 等 [262] 发现亚硒酸钠抑制 HBV 复制的强度随着浓度或处理时间的增加而增强。2008 年，陈显兵等 [329] 研究亚硒酸钠在体外抑制 HBV 病毒的效果时，将不同浓度亚硒酸钠作用于 HepG2.2.12 细胞，发现随着亚硒酸钠浓度的增加 D 值下降，HepG2.2.12 细胞的存活率下降。2 mol/L 的亚硒酸钠作用于细胞 72 小时后，S 期、G2/M 期的细胞数量较对照组增加，G0/G1 期的细胞数量减少；4 mol/L 的亚硒酸钠作用于细胞 72 小时后，S 期、G2/M 期的细胞数量较对照组减少，G0/G1 期的细胞数量增加，还出现了凋亡峰，并且随着亚硒酸钠浓度的增加，其对 HBsAg、HBeAg、HBcAg、HBV DNA 的抑制率增加。细胞浆中 p53 蛋白增加，证明亚硒酸钠对乙型肝炎病毒具有抑制作用，它有可能通过上调 p53 蛋白的表达抑制 HBx 蛋白的活性、阻断钙离子信号传导，从而抑制 HBV 的复制。

2. 硒酵母片拮抗乙型肝炎病毒

如前所述，我国是乙肝高发区，有许多乙肝携带者已经慢慢演变成慢性乙肝病以及肝硬化等疾病患者，乙肝预防工作变得日益重要，各种乙肝快速免疫方法正陆续推出，其中有乙肝暴露后预防注射、乙肝母婴感染预防以及乙肝疫苗递加接种等。乙肝暴露后预防注射与其他方法相比更经济、有效。此外，乙肝疫苗的应用前景也非常广阔。江锦琦在探究乙肝疫苗与肝癌的关系时发现，乙肝疫苗是预防乙肝最有效的方法。[330] 适量的硒能抑制癌细胞的增殖，促进癌细胞分化以及降低恶化程度，使其向正常细胞逆转，由此证明硒对机体免疫具有增强作用。连续 5 年的湖南湘潭上万新生儿接种乙肝疫苗的数据显示，这些幼儿乙肝表面抗原阳性率已大大降低，乙肝疫苗已经成为一种防癌疫苗。与此同时，挑选 226 名乙肝表面抗原阳性者，分为实验组以及对照组，实验组服用 200 μg 硒酵母片，而对照组不服用硒。结果显示，实验组没有出现癌变患者，而对照组却出现了 7 例癌变患者，该实验结果证明硒与肝癌的发生有一定关系。同时，有研究对肝癌高发地区的人们进行血硒测定，发现硒与乙型肝炎病毒密切相关。硒的作用多样，人们应适当服用含硒食物，如鱼、虾、大豆、洋葱、花生及核桃等。目前，我国早已实现了新生儿以及学龄前儿童的乙肝疫苗的全面接种。同时，为了加强乙肝的预防工作，含硒食物的研究已全面开展，如含硒鸡蛋、含硒荔枝、含硒水稻、含硒金针菇、含硒食用菌、含硒海藻、含硒小麦、含硒啤酒、含硒口服液及含硒饮料等。含硒药物的研发也有了一定的进展，比如硒酵母片的研制。硒酵母片是一种天然安全的生物制剂，能高效吸收硒并与酵母蛋白结合，易于人体吸收和利用；其营养高且均衡，酵母硒富含蛋白质以及多种微量元素。诸葛传德等 [331] 进行了肝炎灵、聚肌胞联合硒治疗难治性慢性肝炎的研究。难治性患者指经临床治疗后病情不易改善的患者。针对此类患者，研究者采用了肝炎灵、聚肌胞及硒联合治疗方法。首先检测患者体内血清硒，发现患者体内的血清硒水平低于正常水平（P<0.001），将 24 例经过多种药物治疗不见效果并且肝功能连续下降至少两个月的难治患者作为研究对象，经诊断标记后进行治疗。选用 50 μg 含硒的硒酵母片，加上肝炎灵针剂以及聚细胞共同治疗，硒酵母片口服治疗一个月，前半个月两日 1 片，后半个月一日 3 片，肝炎灵针剂每天肌肉注射两支，用量 2 ml，聚肌胞每天肌肉注射一支，用量 2 mg。一个月后，患者的血清硒水平有所增高，乏力症状有所改善，食欲有所增加。该治疗方法取得了良好疗效，同时证明了硒酵母片与肝炎灵、聚肌胞联合治疗难治性慢性肝炎具有很好的治疗效果。硒酵母片与肝炎灵、聚肌胞联合治疗，能减少 H_2O_2、自由基和过氧化脂质的积累，减轻肝细胞的损伤，防止免疫功能紊乱、炎症反应、免疫复合物的产生，从而改善和恢复了肝功能。

汪俊之[332]利用硒酵母片治疗 138 例肝病患者，发现硒酵母片除对肝癌、肝硬化的治疗效果不明显外，对其他肝病疗效显著，如各种肝肿大、肝炎。硒具有抗肝病作用，但是硒酵母片却对肝硬化、肝癌等严重肝病的治疗效果不明显，表明硒对肝病的治疗效果具有一定的局限性，但其在治疗中并无副作用。姚桂树等[333]在乙型肝炎病毒临床研究中探讨了硒酵母片对慢性乙型肝炎的疗效，他们选择 2005—2008 年 80 例住院治疗的慢性乙型肝炎患者，将其随机分为治疗组 40 例、对照组 40 例，观察硒酵母片在慢性乙型肝炎治疗过程中的作用，其中治疗组口服 3 个月的硒酵母片，每日 2 次，对照组与实验组都会在肝功能异常时给予 200 ml 5% 的葡萄糖，其中加入还原型谷胱甘肽 1.2 g，每日 1 次静脉滴注，当肝功能正常时停药，最后观察患者治疗前后各项指标并得出结论。实验结果表明，治疗后两组患者的症状都有不同程度好转，并且治疗组优于对照组，这证明了硒酵母片能很好的改善乙肝患者症状。

部分被乙型肝炎病毒感染的患者要经历慢性肝炎到肝硬化再到肝癌的病情发展过程，而肝纤维化是慢性肝病发展为肝硬化的必经阶段，在肝纤维化阶段通过控制炎症、抗病毒、抗纤维化等综合治疗能使病情发生逆转甚至彻底消失，从而延缓肝硬化的进展，避免肝癌的发生。徐晓磊等[334]曾研究硒酵母片联合恩替卡韦片治疗慢性乙型肝炎的效果，其中恩替卡韦片是一种治疗慢性成人乙型肝炎的白色薄膜衣片，适用于病毒复制活跃、血清丙氨酸转移酶（ALT）持续升高、肝脏组织学显示有活动性病变等病情。在实验中随机抽取 2012—2014 年间接受治疗的 60 例 HBV 患者，并将其随机分为两组，治疗组和对照组各含 30 例。其中，对照组只服用恩替卡韦片，治疗组同时服用硒酵母片与恩替卡韦片，两组同时给予一样的保肝药物。结果发现，治疗 48 周后的实验组患者的生物化学、病毒学、肝脏纤维化等各项指标均低于对照组，说明硒酵母片联合恩替卡韦片治疗慢性乙型肝炎具有更明显的疗效。恩替卡韦片具有显著的抗 HBV 作用，它通过与 HBV–DNA 多聚酶结合，抑制启动、逆转录和所依赖的 DNA 合成，减少 HBV–DNA 的复制，减轻乙肝病毒引起的免疫炎症损伤，进而减轻肝脏纤维化程度。硒酵母片与恩替卡韦片两者共同作用可以增强治疗效果，缓解肝纤维化，从而减少肝癌的发生。

3. 硒盐拮抗乙型肝炎病毒

硒盐主要用于预防因缺硒而引发的地方病，如克山病。王美霞等[335]研究发现，河南乙型肝炎病患体内处于低硒水平（p<0.01），服用清热解毒、益气补虚的中药和硒蛋（盐）后患者体内的血硒、发硒水平有所增高，乙型肝炎病毒被抑制，患者自身感觉症状有所好转。食用硒盐能改善患者自身状况主要是由于硒能有效补充谷胱甘肽过氧化物酶，清除自由基等。利用食物补硒，更为廉价、方便、有效，且日常含硒食物无毒害，健康绿色，营养价值高，能预防乙肝、克山病等疾病，值得大力推广，其研究开发前景非常可观。李文广等研究者在乙肝高感染和原发性肝癌（PLC）高发区的启东市开展了为期 4 年的动物实验研究（在鸭为实验对象），在实验中先确认观察指标，然后核实实验真实情况并记录，接着随机检测补硒组以及对照组的肝功能等。结果表明，食用硒可减少 77.2% 的乙型肝炎病毒感染和 75.8% 的鸭肝癌前病变。长达 8 年的随机抽查数据显示，食用硒化食盐使 PLC 发生率降低了 35.1%，停止补硒后，对乙型肝炎病毒的抑制效应还可持续三年，进一步说明食用硒化食盐能有效预防原发性肝癌，硒能抑制肝癌病毒的复制。

4. 硒化卡拉胶拮抗乙型肝炎病毒

20 世纪 50 年代，美国营养学家施瓦茨发现护肝因子，并称之为硒化卡拉胶。硒化卡拉胶有类似于硒盐的作用。硒化卡拉胶是肝黄金的主要成分，是体内内源性氧化保卫系统的重要组成成分，具有抗肝纤维化的效用。1996 年，北京某医院进行了为肝硬化患者补充硒化卡拉胶的实验，分别设置了补硒的卡拉胶组和不补硒的卡拉胶对照组。结果发现，补硒的卡拉胶组患者的疲劳症状得到改善。硒化卡拉胶能为肝脏构建一个强大的防御网，起到保肝护肝的作用：①防止肝病反复发作，对肿瘤细胞具有杀伤作用，阻断肿瘤血管的形成，使肝癌细胞核固缩、破裂或消失等；②预防肝纤维化；③阻断病毒的突变，进而达到加速病体康复的作用；④解毒除害，保护肝脏细胞，降低化疗药物的毒副作用，改善化疗引起的白细胞下降情况；⑤清洁人体内的重金属，具有抗氧化作用；⑥具有免疫调节作用，可以刺激非特异性体液免疫以及细胞免疫，减少肿瘤的发生以及发展；⑦降低癌细胞对化疗药物的耐药性，使癌细胞对化疗药物保持敏感状态。硒化卡拉胶与其他抗癌药物协同治疗病人，效果明显高于单独用药。这种低毒性协同治疗，对目前的抗肝癌临床治疗具有重要意义，但是其协同机制以及途径都需要深入研究。高书荣等[336]的研究中也提及了硒能清除自由基，保护细胞膜不受损害，防止脂质过氧化，调整人体免疫功能。在利用硒化卡拉胶治疗慢性乙型肝炎病人的研究中，设置了治疗组和对照组，各含 32 例病人，治疗组每次服用两丸硒化卡拉胶（每丸含有 50 μg 有机硒），每日两次。经过一个月的治疗后，观察发现患者症状明显改善，病患体力增加，睡眠改善，肝胀减轻，验证了补充硒能有效补充 GSH-Px 的活力，硒化卡拉胶有增强人体免疫力的功能。此外，实验也证实了硒化卡拉胶对乙型肝炎病毒具有一定的抑制作用，其功能是抑制乙型肝炎病毒的复制，适量补硒对乙型肝炎的临床治疗有一定协同作用。张夏华[337]等曾进行硒化卡拉胶治疗病毒性肝炎的研究，他们选择治疗组 49 例，对照组 42 例，其中治疗组每天服用硒化卡拉胶两次，对照组与治疗组同时静脉滴注强力宁，治疗一个月后检测相关指标。实验结果显示，治疗组中有 46 例被治愈，而对照组中有 32 例被治愈，两组对照 P<0.05。在实验中，硒化卡拉胶使患者症状、体征、ALT、SB 都有所改善，表明加服硒化卡拉胶有利于加速肝功能改善，缩短病程，提高病毒性肝炎治愈率。硒之所以对肝有保护作用，很大一部分原因在于硒是 GSH-Px 的必需成分，能间接地增强酶活性。目前，对 HBV 核心蛋白的研究也具有广阔的前景，或许可通过硒作用于 HBV 核心蛋白进而研制出乙肝疾病疫苗。肖帮荣等[338]在研究用硒化卡拉胶治疗乙型肝炎病毒的过程中，选择了 49 例慢性乙型肝炎患者，设置治疗组以及对照组，两组患者都使用强力宁、维生素等保肝药物，对症治疗，两组的区别在于治疗组同时口服硒化卡拉胶，治疗两个月，记录慢性乙肝患者体征、临床症状及血液生化指标等数据，以此进行结果判断。实验结束后将治疗组与对照组对比，显示硒化卡拉胶能缓解乙型肝炎病患的乏力等症状，血硒水平与肝脏损害程度密切相关。对此实验进行讨论，可得出硒能保护肝脏以及改善病患临床症状，同时具有有降酶、抑制病毒复制等作用。总体来看，硒化卡拉胶对乙肝具有一定的预防作用。

5. 硒力口服液、奥硒康拮抗乙型肝炎病毒

如今，随着富硒产品越来越多，市场需求量越来越大，硒有望像碘一样受到重视。由于硒能抑制癌细胞的分化等原因，硒类药物越来越多，如硒力口服液、奥硒康等。卢庆玉等[339]阐述了硒力口服液能作用于过氧化物，对其杀灭并防止其再次产生，对乳腺癌等疾病有显著疗效。临床实验证明，硒力口服液还具有改善

老年人体力衰退、失眠、健忘、精神抑郁、大脑工作能力降低、反应迟缓等症状的作用。此外，奥硒康也是一种以有机硒为功效成分的生物制剂，主要由硒酸脂多糖、95%的茶多酚、硬脂酸镁等组成，具有抗肿瘤、补硒、抗突变、护心等作用，同样具有抗癌作用，安全，可长期服用，能治疗慢性肝病、肝硬化以及肝腹水等。罗欣拉等[340]在探究奥硒康与乙肝1号联合治疗慢性乙型肝炎疗效的过程中发现，乙肝1号联合奥硒康治疗慢性乙型肝炎有良好的效果，经过一个疗程后治疗组病人的临床症状以及体征等均有所好转。乙肝1号具有抗病毒、保肝以及促进肝脏微循环等作用。奥硒康的主要成分硒酸脂多糖，有助于清除体内对肝脏有害的代谢产物，保护肝细胞膜，增强人体免疫力和抗病毒感染的能力。

6. 硒宝康片拮抗乙型肝炎病毒

邵祥稳[341]在补硒治疗乙肝的研究中共选择了68例患者，治疗组和对照组各占一半，即34例一组，并且两组在年龄、性别、临床特征上没有明显区别，具有可比性。治疗方法为治疗组患者口服硒宝康片，两组患者均口服葡醛内酯、维生素C、肌苷片，同时进行能量合剂静脉滴注，在制定研究的判定标准后进行指标检测并记录，记录结果如表2-1所示。

表2-1 两组临床症状体征改善情况

症状体征	治疗组		对照组	
	异常	正常	异常	正常
纳差	26	24	25	13
乏力	23	19	24	12
腹胀	19	17	20	9
肝区不适	17	14	15	8

结果显示，与对照组相比，治疗组的治疗效果明显，说明硒宝康片对肝病患者的症状改善有一定的作用，可以起到一定的治疗乙型肝炎的效果。硒宝康片可以提高血硒水平，稳定肝细胞膜，提高抗氧化能力，对病毒和其他因子的攻击产生一定的防御作用，能使血清胆红素含量下降，具有消除临床症状、护肝等作用，同时可提高肝脏合成蛋白的能力，从而增强免疫力。

7.硒纳米颗粒拮抗乙型肝炎病毒

纳米硒由我国的张劲松和高学云发明，在高倍显微镜下观察，它是红色的单质硒，而不是硒化合物。对比纳米硒、有机硒以及无机硒后发现，纳米硒是最安全的硒产品，并且纳米硒已经获得了国家发明专利。硒纳米颗粒为一种利用纳米技术制备的新型的低毒性的还原硒，不同于零价硒，零价硒没有生理学功能，进入人体后也不会被吸收利用，但是纳米还原硒却能被人体吸收利用，并且能抗氧化，进行免疫调节等，是纳米科技带来的产物。Mahdavi等[342]将实验鼠分为四组，第一组为疫苗（乙型肝炎病毒表面抗原）接种组，第二组以及第三组每天喂食不同剂量的硒纳米颗粒（SeNPs）（100 g和200 g，利用强饲法），第四组为对照组，每天仅仅给予磷酸盐缓冲盐水（PBS）。实验结果显示，第二组、第三组与第一疫苗接种组、第四对照组对比，第二、第三组实验鼠总抗体以及细胞因子水平更高，也就是说SeNPs对病毒有抑制作用，证明口服SeNPs能诱导Th1细胞产生更好的免疫应答，增强机体免疫力，对预防乙型肝炎病毒具有积极意义。

8.其他补硒方式拮抗乙型肝炎病毒

其他一些小鼠实验表明，补硒能对抗小鼠肝坏死，对抗小鼠肝癌、肝肿瘤等。硒作为一种食材或者药物广泛应用于人与动物的肝炎临床治疗中，在一些肝癌高发地区，常被用作预防材料。李文广等[343]曾连续4年跟踪226例肝癌高危人群HBsAg携带者，发现阳性携带者补硒组113人未患肝癌，而剩下的对照组累计肝癌发生率为1 573.03/100 000，肝癌高发家族一级亲属肝癌发病率补硒组为219.37/100 000，可见HBsAg携带者补硒可有效预防肝癌。乙型肝炎病毒本身无细胞杀伤能力，机体的免疫应答是造成肝细胞损坏的主导因素，硒对肝细胞有保护作用。[344]王红等[345]在分析50例乙型肝炎患者的血硒水平时发现，正常人的血清硒明显高于乙型肝炎病患，而先前的研究表明硒缺乏会导致肝功能紊乱，抗氧化能力降低，对过氧化物清除力下降，身体免疫机能随之下降，因此血硒水平低是乙肝发病原因之一，补硒能抵制乙肝病毒。因此，可以通过补硒预防乙肝疾病，不同地区自然环境中的硒含量水平不同，需要补硒的量自然也就不同，硒的主要来源是食物，如动物内脏、鱼、谷类等，人们主要通过食用含硒食物来补硒。

2.1.3 小结与展望

慢性乙型肝炎是感染人口基数较大的一种疾病，是慢性肝炎、肝硬化及肝癌发生的主要病原，每年有几十万人死于这种疾病，携带者上亿。目前，全球约有

2.4 亿慢性乙型肝炎患者，每年预计有 650 000 例患者死于慢性乙型肝炎。同时，该病的传播方式多种多样，具有家庭聚集现象，还包含母婴传播，长期的日常生活接触也可传播。目前，已有 HBV 疾病防治手段，虽然大部分人都已进行了乙型肝炎病毒疫苗的接种，但是在日常生活中接触家庭中的乙型肝炎患者时仍需提高警惕。可通过以下几个方面预防乙型肝炎：①广泛推行乙肝疫苗接种；②面对乙型肝炎保持乐观积极的态度，乙型肝炎是可以治愈的；③了解关于乙型肝炎的知识，养成良好的生活习惯，不熬夜，不暴饮暴食；④合理调配饮食，不吸烟少喝酒；⑤注意个人卫生以及根据气温增减衣物；⑥一旦发现感染乙型肝炎需要积极配合医生治疗，定期复查等。研究发现，硒对乙肝病毒具有防御作用，硒酵母片、亚硒酸钠、硒化卡拉胶、食用硒化食盐及硒盐等是当前比较有效的含硒治疗药物。虽然这些药物对治疗乙肝都有很好的效果，但是都不能彻底清除患者体内 HBV 病毒，因此需要加强新药物的研发，加强检测，制定对应的预防措施以及治疗策略，以求全方位控制乙型肝炎病毒感染。

2.2 硒与猪细小病毒

2.2.1 猪细小病毒概述

自 20 世纪 60 年代中期以来，亚洲、美洲的许多国家都分离出猪细小病毒（PPV）或检测出其抗体。1968 年，Mayr 等 [346] 从一头 3 周龄猪的肾细胞中首次分离出此病毒。紧接着，1969 年又被 Cartwright 等 [347] 分离出来，同时证明了该病毒的致病作用。在国内，1982 年，潘雪珠等首次分离出该病毒，此后在全国不同省份都出现了分离出猪细小病毒的报道。猪细小病毒属于猪细小病毒科，其病毒粒子无囊膜，直径为 23 nm 左右，基因组大小为 5 000 bp 左右，分子质量为 5.3×10^3 ku，是目前动物病毒中最小的一类单链线状 DNA 病毒，其主要感染途径是消化道黏膜感染。猪细小病毒有多种类型，包含猪细小病毒属、香港病毒属、博卡病毒属等。猪细小病毒 1 型（PPV1）属于猪细小病毒属，猪细小病毒 2 型（PPV2）与猪细小病毒 3 型（PPV3）属于香港病毒属，而猪细小病毒 4 型（PPV4）和猪博卡病毒（PBoV）则属于博卡病毒属。其中，PPV1 主要编码两个开放阅读框（ORF），ORF1 编码非结构蛋白 NS1、NS2、NS3，ORF2 则编码结构蛋白 VP1、VP2 和 VP3。研究发现，VP 在诱发病毒突变中发挥重要作用。目前，猪细小病毒科中仍然有许多其他类型的病毒，使猪产生多种猪病。猪细小病毒是一类具有极强致病性的单股负链 DNA 病毒，在 40 ℃下极为稳定，对酸碱有较强的抵抗力，在 pH 为 3.0～9.0 之间的环境中稳定存在，对乙醚、氯仿等脂溶性溶剂不敏感。有研究表明，PPV 是一种流行范围广、危害严重的病毒，它不会对公猪的性欲以及精子产生影响，但是能导致母猪繁殖障碍、断奶仔猪多系统衰弱综合征等多种疾病，也能引起怀孕中的母猪流产、新生仔猪死亡以及产死胎等。此外，该病毒还有可能使猪产生肠炎性腹泻，患上关节炎，给养殖业带来巨大经济损失，因此防治 PPV 对养猪业至关重要。在我国南部地区猪群就曾出现过不同程度的猪细小病毒感染，给养猪业造成了经济损失。

近年来，猪细小病毒感染在我国呈上升趋势，目前还没有非常有效的治疗药物。有研究表明，猪细小病毒可以在病猪的心脏、脾脏以及性腺中进行复制，以至于破坏肺脏等呼吸器官和脾脏等免疫器官，破坏脾脏和性腺等的生理功能，而且会引起非化脓性心肌炎、肠炎及病毒血症等。由于猪细小病毒的流行范围较广，感染发生率较高，且猪细小病毒病类型多，情况较复杂，目前对其发病机理尚未完全清楚，对受感染的病猪仍旧缺乏有效的治疗方法，所以对 PPV 疫苗的研制以及抗病毒治疗的研究具有重要意义。

2.2.2　硒拮抗猪细小病毒的机理

猪细小病毒病常发生于春夏两季，在猪交配及母猪分娩时最为明显，其在病猪中进行横向感染，经胎盘进行垂直感染。虽然目前国内外有大量关于猪细小病毒的报道，但对猪细小病毒的致病机理和防治的研究依旧很少。在猪细小病毒病的防治方面，通过对硒与 PPV 的关系展开研究，发现对 PPV 起抑制作用的含硒化合物主要有硒蛋氨酸、亚硒酸钠、海藻硒多糖。硒蛋氨酸又称甲硒丁氨酸、DL-硒代蛋氨酸、DL-硒代甲硫氨酸，其与海藻硒多糖均属于有机硒源。海藻硒多糖是从海藻中提取出来的一种水溶性多糖，是由 1,3-苷键键合的 α-D-吡喃半乳糖残基交替连接而形成的线性硫酸酯多糖。目前有大量对其在抗衰老、抗癌和心血管疾病防治方面的研究，但是关于其具有抑制病毒复制作用的报道很少。亚硒酸钠是另一种形式的硒化合物，属于无机硒源。Wei 等 [348] 通过 MTT 比色法测定不同硒化物对 PK15 细胞中 PPV 的抑制强度及其对细胞的毒性，结果发现硒蛋氨酸、亚硒酸钠、海藻硒多糖在同等浓度下对 PPV 复制的抑制作用依次增强，硒蛋氨酸所呈现的抑制效果最好，亚硒酸钠次之，而海藻硒多糖抑制效果最弱，抑制强度与浓度均呈正相关。同时，实验也证实硒蛋氨酸在较低浓度时对细胞不产生毒性作用，高浓度时才对细胞生长产生影响。亚硒酸钠作为一种无机硒，其毒性比有机硒大，在高浓度时对细胞的毒性作用比硒蛋氨酸强，故认为亚硒酸钠抑制病毒复制在一定程度上依赖于其对宿主细胞本身生长的损害。该实验证明了硒化合物（以硒蛋氨酸为主）对病毒复制的抑制作用，为硒与病毒关系的研究积累了基础资料，同时为猪细小病毒的致病机理的阐明和防治研究提供了实验依据。

硒蛋氨酸常与其他药物联合抑制 PPV 感染。甘露醇是山梨糖醇的同分异构体，易溶于水，为一种白色透明固体。其制备方法主要有两种，一种是以海带为原料，在生产海藻酸盐时，从提取碘后的海带浸泡液中分离出来；另一种方法是以蔗糖以及葡萄糖为原料，通过水解等步骤，最后加氢获得。目前，在我国利用海带提取甘露醇的历史较为悠久，发展较好，在医药上主要用于利尿剂、脱水药、肾药、抗癌药、抗菌药、抗组织胺药等药物制作。甘露醇注射液是一种较好的渗透压药，是临床抢救的常用药，可用于防治早期的急性肾功能不全等。崔保安等 [349] 研究了不同浓度的硒蛋氨酸对 PPV 体外复制的抑制作用，发现在一定浓度内硒蛋氨酸对细胞生长并无影响，但是对猪细小病毒体外复制具有抑制作用，并且随着硒蛋氨酸浓度的增强，抑制作用也有所提高。在低浓度硒蛋氨酸中添加甘露醇或还原型谷胱甘肽，均能增强硒蛋氨酸对 PPV 复制的抑制作用。甘露醇是一种较强的自由基清除剂，能减少对细胞的损害，而还原型谷胱甘肽作为一种广泛存在于生物体内的活性肽，可有效保护细胞免受氧化应激损伤，两者同时添加可使病毒抑制作用达到最强。但是，在高浓度的硒蛋氨酸里添加甘露醇或还原型谷胱甘肽，抗病毒作用却不明显，原因可能在于硒蛋氨酸本身具有清除体内过氧化氢、脂及磷脂自由基的功能，高浓度下可产生足够强的抗氧化能力来清除自由基。实验结果证实，硒对抗 PPV 的机制很有可能是这样的：清除体内或细胞的氧自由基，切断氧化链反应，进一步抑制脂质过氧化作用，使机体或者细胞免遭氧化损伤，从而对 PPV 复制产生抑制作用。[350]

2.2.3　小结与展望

猪细小病毒广泛流行于世界各地猪群，95%的猪场检测为病毒阳性，同样广泛流行于我国猪场，其主要原因是猪细小病毒生长繁殖力强，能在许多原代细胞、次代猪肾细胞、传代细胞、ST 细胞中生长繁殖，如牛肾原代细胞以及人的 KB 等传代细胞。目前，猪细小病毒病尚无有效的药物治疗方法，病毒生长繁殖能力强，使该疾病的防治变得更加困难。以前普遍认为引起母猪繁殖障碍的主要原因是 PPV，但后来由于 PCV2 等病毒的出现，PPV 逐渐被遗忘了。事实上，PPV 依旧是引起母猪繁殖障碍以及仔猪死亡的主要原因，所以 PPV 的研究工作不可忽视，应当加强预防措施以及猪场环境管理。

20 世纪 80 年代，国外就已经研制出了 PPV 疫苗，而在国内，潘雪珠首先成功研制出 PPV 灭活病毒疫苗。目前，猪细小病毒的防治可以通过注射疫苗，产生免疫力来实现。虽然有 PPV 灭活病毒疫苗，但是效果并不是非常理想。所以，研制一种安全、高效的新型 PPV 疫苗对猪细小病毒病的防治至关重要。在猪细小病毒病的临床治疗中，通过硒蛋氨酸、硒化物等可以有效抑制 PPV 病毒复制。虽然这些含硒药物抗猪细小病毒都取得了较好的效果，但是都不能完全治愈病猪，彻底清除病猪体内的病毒，因而仍会给养殖户造成一定的经济损失。因此，今后仍然需要加强新药物的研发，加强技术创新，深入研究猪细小病毒病的治疗方法，以及寻求更加有效的预防手段。

2.3　硒与单纯疱疹病毒

2.3.1　单纯疱疹病毒概述

作为严重危害人类健康、全球性感染的单纯疱疹病毒（HSV），具有高传染性以及高危险性，能引起皮肤病以及性病，严重时可威胁患者生命。在美国，每年有 70 多万名孕妇为避免感染单纯疱疹病毒而选择剖宫产分娩。单纯疱疹病毒还可引起罕见的系统性并发症，如急性肝功能衰竭、泌尿系统功能障碍等。作为单纯疱疹病毒病的病原体，单纯疱疹病毒属于疱疹病毒科，疱疹病毒科又可分为 α 疱疹病毒亚科、β 疱疹病毒亚科、γ 疱疹病毒亚科三种。目前，经鉴定有 100 多种类型的疱疹病毒，而单纯疱疹病毒属于 α 疱疹病毒亚科。根据其抗原性的差别又可分为单纯疱疹病毒 1 型（HSV-1）和单纯疱疹病毒 2 型（HSV-2）两种类型，1 型主要从口唇病灶中获得，2 型可以从生殖器病灶中分离得到。这两种病毒与水痘带状疱疹病毒，巨细胞病毒，人类疱疹病毒 4、6、7、8 型是同一家族。其中，HSV-1 型病毒主要引起面部感染和疱疹性脑炎，也包括咽炎与唇疱疹等感染程度不一的疾病，而 HSV-2 型病毒则主要引起生殖器感染。单纯疱疹病毒致病范围广，感染方式主要是人与人之间的接触。被感染人数可达到人口总数的 50%～90%，是最容易侵犯人的病毒之一。单纯疱疹病毒 2 型主要通过性传播，全球范围内，在 15 岁～49 岁之间的人群中约有 4 亿人感染单纯疱疹病毒 2 型，而 4 亿感染者中每年约有 1 900 万人发病，其感染人数仅次于艾滋病，给人类健康带来严重危害，同时也引起了社会的广泛关注。就单纯疱疹病毒本身来说，它结构复杂，呈线性，是由囊膜、皮层、核衣壳及基因组 DNA 组成的球形病毒，是一种反转录小分子 DNA 双链病毒，双链 DNA 基因组包裹在由蛋白组成的病毒壳内，病毒核心 DNA 约 150 kb，病毒质粒为 180 nm，为一种感染人类的常见 DNA 病毒。有研究表明，单纯疱疹病毒具有潜伏性，并且终身潜伏在患者体内，对人体危害极大，也会对携带者的生活质量和生命安全产生不利影响。因此，研制安全、高效、低廉的疫苗以及药物是当前迫切需要做的事情。此外，研究单纯疱疹病毒潜伏和复发的机制对其治疗和防控也具有重要意义。

2.3.2 硒拮抗单纯疱疹病毒的机理

单纯疱疹病毒是被人类发现的第一种病毒，同时也是被研究最多的病毒，其中硒拮抗 HSV 的机理也得到进一步的研究。人类对 HSV 的复制及基因表达、致病机理及调节机制、影响宿主细胞及对宿主免疫系统侵袭方等进行了大量研究。当机体受 HSV 感染后，HSV 能在感染者体内存留较长时间，这主要与规避寄主的抵抗机制有关，HSV 规避寄主免疫主要体现为 HSV 能在细胞间传播，不需要到细胞外环境中传播。在机体神经节细胞中，HSV 通过潜伏性感染，可以有效地逃避寄主自身的防御系统对 HSV 的抵抗，如自然杀伤细胞，巨噬细胞和干扰素等的消灭功能。接下来，我们将从以下几个方面对临床上常使用的抗疱疹病毒药物的作用机理进行说明，如硒酸脂多糖胶囊、锌硒宝、硒酵母片、二苯二硒醚以及其他含硒药物。

1.奥硒康拮抗单纯疱疹病毒

近年来，研究发现了一种含硒药物，它能在拮抗单纯疱疹病毒中发挥一定的作用。该含硒药物为奥硒康，又名硒酸脂多糖胶囊，为有机硒化物，具有微量元素硒的多种功能，如保护细胞膜。谷胱甘肽过氧化物酶是一种含硒酶，是机体内重要的抗氧化酶，它通过非特异性地催化过氧化氢和体内一系列有机过氧化物还原，能保持细胞膜的完整性，从而保护细胞及其组织不受外界的损害，进而维持细胞的正常功能。同时，此药物中含有多糖成分，因此又具有多糖的功效，如抗肿瘤。多糖能改变细胞膜的成分，降低膜的流动性，诱导细胞凋亡，降低癌症的浸润能力。此外，在癌症的辅助治疗中，多糖还可以改变肿瘤细胞的血液供应，使用多糖具有细胞毒性小、有效调节免疫能力的优点。黄捷等 [351] 使用硒酸脂多糖治疗单纯疱疹病毒，治疗组口服硒酸脂多糖胶囊，对照组则服用无环鸟苷。无环鸟苷为合成的嘌呤核苷类似物，对 DNA 的合成具有抑制作用，主要用于单纯疱疹病毒所引发的各种感染，是一种抗病毒常用药物。经实验分析可知，两组结痂效果均较好且均未出现副作用，由此可知硒酸脂多糖胶囊对快速治愈患者具有积极意义。实验也证明硒酸脂多糖具有抗病毒的作用，能有效提高机体的免疫能力。同时，此药物能减少化疗药物所致的微核形成，因而在减轻病患的痛感方面具有一定的效果。经研究发现，硒酸脂多糖与其他抗癌药联合使用时，可以减轻机体的免疫抑制作用。

2. 锌硒宝拮抗单纯疱疹病毒

锌硒宝是新一代高活性的补锌补硒产品，具有锌和硒的双重功效。锌是人体内 SOD 的重要组成部分，SOD 可有效地防御超氧离子。同时，锌直接影响着核酸及蛋白质的合成，参与机体内多种代谢过程，增强机体 SOD 的活性，促进 T 细胞以及 B 细胞的增殖，增强人体免疫功能，可以更好地保护机体，对免疫功能具有营养和调节作用。曹严勇等[352]用锌硒宝治疗疱疹性咽峡炎，实验选择咽峡疱疹病患 14 例，咽峡溃疡病患 48 例。在实验中，全部病患给予炎琥宁，此种药物能抑制早期毛细血管通透性增高与炎性渗出，具有灭活多种病毒的作用。在其他药物给量一致的情况下，再单独让治疗组中的患者每人每次口服锌硒宝两片，每日三次。实验结果显示，治疗组患者退热以及溃疡愈合速度均比对照组快。实验证明，当单纯疱疹病毒感染机体导致炎症出现时，锌硒宝能促进抗体形成，缩短热程，同时增强 SOD 活性，形成 GSH-Px，清除人体内有害的氧自由基，进而促进伤口愈合，消除机体炎症。

3. 硒酵母片拮抗单纯疱疹病毒

据报道，临床上硒酵母片主要用于治疗肿瘤、心脑血管病或其他低硒引起的疾病。2015 年，温丽英等[353]曾利用硒酵母片联合膦甲酸钠氯化钠注射液治疗感染带状疱疹病毒的患者。带状疱疹病毒为单纯疱疹病毒中的一种，其易在人体免疫功能下降时发病。膦甲酸钠氯化钠是一种抗病毒药物，能直接抑制病毒特异的 DNA 多聚酶和逆转录酶，主要用于治疗艾滋病患者巨细胞病毒性视网膜炎以及免疫功能损害患者单纯疱疹病毒性皮肤黏膜感染等。在实验中，选用 84 例带状疱疹病患为研究对象，将其随机分为治疗组和对照组。治疗组用硒酵母片联合膦甲酸钠氯化钠注射液治疗，对照组则仅注射膦甲酸钠氯化钠，最后将两组疗效进行对比。分析结果可知，治疗组的病患总有效率比对照组高，且不良反应发生情况较少，实验证明硒酵母片具有对抗单纯疱疹病毒的作用，同时证实硒酵母片联合膦甲酸钠氯化钠注射液治疗带状疱疹病毒的临床疗效更加显著，如表 2-2 所示。

表2-2　两组患者临床疗效比较

组　别	例　数	痊　愈	显　效	有　效	无　效	总有效率
治疗组	42	32（76.2）	9（21.4）	1（2.4）	0	41（97.6）*
对照组	42	28（66.7）	10（23.8）	4（9.5）	0	38（90.5）

注：与对照组比较，*$P < 0.05$。

研究发现，硒酵母片能清除有害自由基，增强抗氧化能力，提高机体免疫力，从而有效拮抗单纯疱疹病毒。治疗带状疱疹时加用硒酵母片可提高患者机体免疫功能，促进患者康复。膦甲酸钠氯化钠注射液中起作用的主要是膦甲酸钠，其可以抑制1型单纯疱疹病毒以及2型单纯疱疹病毒。膦甲酸钠可以选择性抑制病毒特异性 DNA 聚合酶的焦磷酸盐结合位点的产生，具有抗病毒活性作用。此外，膦甲酸钠可非竞争性地阻断病毒 DNA 多聚酶的磷酸盐结合位点，使焦磷酸盐稳定地存在于三膦酸去氧核苷中并防止病毒 DNA 链的延长，利用此作用机理治疗疱疹病毒引发的多种疾病均取得了较好的效果。当然，使用膦甲酸钠氯化钠可能会产生多种不良反应，如肾功能损害、代谢及营养失调等。患者同时使用膦甲酸钠氯化钠和硒酵母片时需谨遵医嘱。

4. 二苯二硒醚拮抗单纯疱疹病毒

2016年，Sartori 等[354]研究了二苯二硒醚（PhSe）2抗单纯疱疹病毒2型（HSV-2）感染和病毒杀灭作用。此药物是一种有机硒化合物，具有很强的生物活性，是有机硒反应中的重要中间体，具有抗氧化和消炎作用。在实验中，让实验动物服用二苯二硒醚，5 mg/（kg·d），治疗5天后，第6天至第10天对实验动物进行病变评估。第11天对实验动物进行组织学评估以及测定病毒载量，并对活性物质谷胱甘肽过氧化物酶（GPx）和谷胱甘肽还原酶（GR）等进行活性检测。实验中对感染单纯疱疹病毒的小鼠进行研究发现，该药物可有效地抑制肝脏中氧化应激反应。该实验表明，二苯二硒醚具有杀菌和抗病毒的作用，能在一定程度上减少机体组织损伤，降低由于感染单纯疱疹病毒引起的 RS、MDA、NOx 水平，同时能增强 GR 活性，进而增强机体免疫调节能力，发挥其抗氧化和抗炎功能的特性，这也是二苯二硒醚拮抗单纯疱疹病毒的机理。

5. 其他补硒方式拮抗单纯疱疹病毒

随着对现代医学技术的深入研究，除了以上几种含硒化合物拮抗单纯疱疹病毒外，研究者还发现了一些新型含硒药物，因其具有多种生物学功能而被应用于疾病治疗中。Wójtowicz 等 [355] 在抗菌和抗病毒药物的研究中设计了一类新型含硒抗菌剂，进行体外抗病毒试验，结果发现某些含硒化合物是 HSV-1 的强抑制剂，如化合物 2a、b、f、h、3a-j 等。这些含硒化合物均表现出很强的活性，其中化合物 2a、h、3a-j 对治疗 HSV-1 引起的感染较有效。实验证明，含硒抗菌剂能抑制 HSV-1 的活性，对病毒具有拮抗作用。此外，研究发现这些新型含硒药物也是脑心肌炎病毒的强抑制剂。2012 年，王安平等 [356] 的实验表明，硒凭借清除自由基的能力，可以保护膜系统的结构完整和功能稳定，阻止并破坏过氧化脂质的形成，且通过阻止细胞病变和促进细胞凋亡来抑制 HSV-1 的活性。

6. 硒拮抗单纯疱疹病毒引起的宫颈癌

单纯疱疹病毒与其他多种病毒共同作用能引起宫颈癌，鉴于硒在一定程度上能有效治疗 HSV，可以得出，用硒治疗宫颈癌具有一定的作用。在多种引起宫颈癌的病毒中，HSV-2 是最早被认为在宫颈癌病因中起重要作用的一种病毒。郑曙民等 [357] 在探讨宫颈癌与多种病毒的相关性研究中，利用 PCR 方法检测宫颈癌组织中 HSV 的感染，用 ELISA 法检测血清中细胞因子的含量，使用荧光光度技术检测血清中硒元素的含量。实验中，实验组宫颈癌患者的癌组织标本有 195 份，其中 HSV-2 感染的有 60 份（约 30.8%），HSV-1 感染的有 4 份（约 2.1%）；对照组中正常宫颈组织有 75 份，其中 HSV-2 感染的有 5 份（约 6.7%）。结果表明，山西宫颈癌的发病与多种病原微生物的感染有关，其中 HSV-2 感染率较高，说明该地区宫颈癌的高发病率与 HSV-2 感染有关。将宫颈癌患者与对照组比较可以发现，血清中硒含量降低，这证明了硒对抗 HSV 具有潜在作用。HSV-2 诱发宫颈癌的机制是 HSV 的 DNA 可整合到机体正常组织的 DNA 中，使整合部位即宫颈处的正常细胞转化为肿瘤细胞，逐步恶化而导致宫颈癌细胞演变为不典型增生、原位癌或发展为宫颈浸润癌。杨美平等 [358] 在探讨硒和病原微生物感染与宫颈癌发病的相关性研究中，采用酶联免疫法对血清中肿瘤坏死因子和白细胞介素 -2R 的含量进行了检测。实验组中宫颈癌患者的癌组织标本有 180 份，其中病原微生物阳性感染有 153 份（阳性感染率为 85.0%）；对照组中非宫颈癌患者正常宫颈组织有 80 份，其中病原微生物阳性感染有 16 份（阳性感染率为 20.0%）。结果显示，实验组中患者体内的硒含量低于对照组，此差异具有统计学意义。此前有研究证实健康人群血清中硒含量明显比宫颈癌患者高，因而可认为病原微生物感染与宫颈癌的发病密切相关，同时血清中会出现肿瘤坏死因子、白介素 -2R 水平上升及硒含量降低。该实验同样证明了硒在对抗 HSV 中存在潜在作用。综合郑曙民和杨美平等人的研究成果可知，宫颈癌的发生与 HSV 密切相关，硒在一定程度上能有效治疗 HSV，从而说明用硒治疗由 HSV 引起的宫颈癌具有一定的作用。随着现代社会医学技术的不断发展，使用硒治疗由 HSV 引起的宫颈癌研究也取得了成效。

近年来，宫颈癌发病率在我国明显增高，而且越来越年轻化，对宫颈癌的研究也受到越来越多的关注，其中利用硒拮抗宫颈癌方面的研究较为突出。在硒拮抗宫颈癌的初步研究中，研究者通过对宫颈癌患者的血清、组织硒与细胞因子相关性的研究发现，宫颈癌患者的血清、组织硒与血 IL-2R 呈负相关，组织硒与 TNF-α 呈负相关。研究证明，硒是调节免疫应答的物质，能促使免疫细胞增殖，进而控制肿瘤细胞的生长恶化。该研究表明适当补硒有助于治疗宫颈癌，其作用机理为硒可以激活特异性免疫中的 T 细胞、NK 细胞以及非特异性免疫中的 LAK 细胞，最终影响患者体内活性免疫介质，调节各种免疫活性细胞的功能，从而增加机体免疫监视机能，提高对癌细胞的杀伤效应，进而在抗癌过程中发挥重要作用。

当前，越来越多的研究证实，与健康人群血清中的硒含量相比，宫颈癌患者血清中的硒含量明显低于健康人群。研究认为，硒含量低是导致宫颈癌发生的主要因素之一，其原因是硒与宫颈癌患者血清中的 GPx 活性有关，宫颈癌组织中硒结合蛋白1的表达与抗氧化酶的活性有关。硒结合蛋白 1 是一种新型的含硒蛋白，研究表明，硒结合蛋白 1 出现在机体内多个重要的生化进程中，如在细胞内参与高尔基体蛋白转运，其具有的抑癌功能通过与多种其他蛋白的相互作用对细胞内的信号传导产生影响，并能抑制细胞增殖，因此是一种新型的抗癌物质。随后，有学者在研究硒结合蛋白 1 的抗癌作用机制时发现，硒结合蛋白 1 表达减少后会导致肝癌转移以及侵袭、肝癌复发率升高、患者生存期缩短；增加硒结合蛋白 1 的表达后，肝癌的化疗敏感性得到增强。因此，研究认为，癌症的发生、发展、增殖、凋亡、转移、化疗敏感性和预后等方面均与硒结合蛋白 1 有关，其作用机理可能为硒结合蛋白 1 通过影响细胞内的信号传导通路发挥其抑癌功能，但人们对其在机体内影响肝癌的生物学作用机制仍不十分清楚，其是否通过上游调控因子进行调控等一系列问题还需要人们进一步研究。近年来，科学家深入地研究硒结合蛋白 1 的生物学功能，了解其结构将有利于挖掘硒结合蛋白 1 抑制肿瘤分子新机制，硒结合蛋白 1 将有望成为宫颈癌、肝癌等癌症治疗的新靶点，这对治疗宫颈癌等多种癌症具有重要意义。

目前，科学家对治疗宫颈癌等癌症的药物也有不少研究，各类含硒药物被广泛应用于临床上治疗癌症。硒酵母是一种新型的含硒营养剂，因其具有毒性低、利用率高、作用时间长等优点而受到关注。有学者研究不同浓度的硒酵母对肿瘤细胞的抑制作用，实验中在体外培养宫颈癌细胞，用不同浓度的硒酵母处理细胞，通过 MTT 法测定硒酵母对肿瘤细胞的抑制作用。实验结果显示，适宜浓度的硒在一定程度上能够拮抗肿瘤细胞。在实验中为小鼠体内接种腹水型肝癌细胞，分析实验结果可知，硒对小鼠腹水型肝癌细胞具有抑制作用，能够减少小鼠腹水的产生，抑制荷瘤小鼠体重的增长。经多方研究证实，硒酵母抗癌作用机理是通过提高 CD4$^+$T 的含量、升高 CD4$^+$/CD8$^+$ 的比值、改善细胞免疫能力、抑瘤、调节机体免疫功能等途径起到防癌、抗癌作用的。

目前，对于主要由 HSV 引起的宫颈癌，部分含硒化合物因具有显著的抗病原微生物作用而被用于治疗该类宫颈癌中。当机体免疫力下降时，病原微生物趁机侵入机体，含硒化合物通过抑制细菌表面生物膜的形成，发挥其抗病原微生物的作用，因而具有较强的抑制作用。在抗病原微生物药物中，中药治糜灵栓呈现出较显著的抑制效果。该中药包含多种成分，如儿茶、冰片、枯矾、苦参等，在抑菌、增加血液循环等方面具有重要作用。治糜灵栓与锌硒宝联合作用时具有抑制慢性宫颈炎的作用，同时具有预防宫颈癌的作用。有研究表明，当硒代胱氨酸与顺铂联合作用于子宫颈癌时，对子宫颈癌细胞生长具有抑制作用。实验还发现，经硒代胱氨酸预处理后的子宫颈癌细胞可显著增强顺铂的抑制效果，其作用机理主要是通过线粒体介导的凋亡实现对癌细胞的生长抑制。此外，单纯疱疹病毒感染会造成生殖器疱疹，研究表明硒代胱氨酸预处理后能够预防以及治疗生殖器疱疹。综上所述，含硒抗癌药物的研究开发已取得了较大进展，除上述药物外，多种含硒抗癌药物均已在临床上得到应用，另外，多种药物联用治疗值得进一步探讨。

众多学者对多种硒多糖在治疗癌症中的作用进行了研究，如硒化麒麟菜多糖、硒化枸杞多糖硫酸酯、硒化红薯叶多糖等。硒多糖能将对生物体有毒的无机硒转化为毒性较低的有机硒，使其更易被机体吸收和利用。硒多糖兼具硒与多糖二者的活性，又更优于二者，因而其具有硒与多糖的双重功能，如抗病毒、抗氧化、抗肿瘤、抗金属中毒等。在研究硒化麒麟菜多糖对肿瘤细胞的影响中，发现 G1 期细胞减少，S 期细胞和 G2/M 期细胞明显增多。该实验结果表明，硒化麒麟菜多糖发挥作用的机理是通过阻滞宫颈癌 Hela 细胞的生长，使其生长停留在 S 和 G2/M 期，同时促进 Fas 表达，进而诱导 Hela 细胞凋亡，最终抑制宫颈癌细胞的生长增殖。硒化枸杞多糖硫酸酯具有明显的抗氧化性，对宫颈癌 Hela 细胞的生长具有显著的抑制作用。此外，化学修饰枸杞多糖硫酸酯对进一步提高该多糖的生物活性以及开发新的药物具有重要的理论意义和实用价值，并且为宫颈癌药物的研制提供了理论基础。目前，由于硒多糖的结构较复杂，人们对硒多糖具体的化学结构及其在机体内诱导肿瘤细胞凋亡的作用机制尚不完全清楚，仍有待进一步研究。

Sahu 等[359]以硒嘌呤核苷作为抗病毒药物进行研究，基于氧与硒的生物均衡原理合成了一系列无环硒嘌呤核苷 3a-f 和 4a-g，并对其抗病毒活性进行了评价。在检测的化合物中，3a-f 和 4a-g 均检测出对多种疱疹病毒具有抗病毒活性，其中 seleno-acyclovir（4a）表现出较强的抗 HSV-1 和 HSV-2 的活性，seleno-ganciclovir（4e）抗人巨细胞病毒（HCMV）活性最强。该实验证明无环硒嘌呤核苷具有抗疱疹病毒活性，对 HSV 具有一定的抑制作用。目前已有伐昔洛韦、复方虎杖散等中西医结合药物提升 HSV 患者的细胞免疫功能，抑制机体内炎症因子的释放，减少不良反应的发生，降低 HSV 阳性率，从而提升总体治疗效果。因此，硒结合中西医药用于治疗 HSV 极具应用前景，值得进一步研究。

2.3.3 小结与展望

单纯疱疹病毒作为口唇疱疹、生殖器疱疹、宫颈癌与脑炎的主要病原体，可长期潜伏于神经系统，还有协同或继发感染艾滋病病毒的风险。单纯疱疹病毒有多种感染方式，其中主要的传播方式是性传播。世界上有上千万的单纯疱疹病毒病患，加之携带者上亿，因此，单纯疱疹病毒感染的预防与治疗显得极其重要，可以根据单纯疱疹病毒的基因结构以及病毒的复制等方面进行研究和探讨。目前，科研人员以硒酵母片联合膦甲酸钠氯化钠注射液、硒酸酯多糖、锌硒宝、二苯二硒醚（PhSe）2、硒嘌呤核苷等硒类药物或者直接补硒帮助解决单纯疱疹病毒病，其他抗病毒药物如阿昔洛韦也能有效控制单纯疱疹病毒病，但是这些抗病毒药物极易使基因产生耐药性。目前人们对单纯疱疹病毒1型复杂的感染和致病机制尚不完全清楚，至今还没有建立一种合适的疫苗以及有效的动物模型，而且对单纯疱疹病毒1型感染后机体的免疫机制不是非常清楚，有关疫苗的研究要从基础开始。对抗单纯疱疹病毒2型最有效的方法是接种疫苗，但是目前并没有非常有效的疫苗，也尚无干预手段能有效预防疱疹病毒原发感染以及控制疱疹病毒潜伏感染和复发性感染。虽然戴安全套等措施能预防单纯疱疹病毒2型感染，但是效果并不理想，需要尽快生产出更高效、经济、安全的疫苗，尤其在单纯疱疹病毒2型高度流行的地区，如撒哈拉以南的非洲地区。在这些地区控制单纯疱疹病毒2型的流行对于降低艾滋病病毒感染的发生率具有重要的作用。

2.4　硒与猪圆环病毒

2.4.1　猪圆环病毒概述

自 20 世纪 90 年代以来，加拿大、英国、美国等许多国家出现了猪圆环病毒病（PCVD）。有研究表明，早在 1962 年就已经有了关于 PCV 感染猪群的资料。[360] 1974 年，Tischer I 等 [361] 报道在 PK15 细胞系中发现了猪圆环病毒，其类似细小病毒（PPV）和乳多空病毒。1991 年，该病毒在加拿大西部以断奶仔猪多系统衰竭综合征（PMWS）的形式出现，影响甚为严重。随后，该病毒在全球的猪群中不断感染扩散，引发了一系列猪圆环病毒相关疾病（PCVAD）。[362] 在猪圆环病毒病的病原体中，猪圆环病毒 2 型（PCV2）是主要的病原体，它属于圆环病毒科，圆环病毒属，其中病毒粒子无囊膜，二十面体对称，共价闭合单股环状负链 DNA 病毒，粒子直径为 17 nm，基因组大小为 1.7 kb，是目前发现的最小的能够感染哺乳动物的病毒之一。它能够引起断奶仔猪多系统衰竭综合征、仔猪先天性震颤、猪皮炎与肾病综合征、猪呼吸道疾病综合征、坏死性淋巴腺炎等多种症候群，这些疾病会导致猪体质下降、呼吸困难、咳喘和黄疸等，死亡率严重时高达 40%，给世界养猪业带来巨大的经济损失。猪单独感染 PCV2 可能只会造成轻微的猪圆环病毒相关疾病的临床症状，只有当其与猪肺炎支原体、猪链球菌、猪细小病毒、猪瘟病毒等病毒及细菌中的一个或多个混合感染时，才有可能发生严重的猪圆环病毒相关疾病的临床症状。人们开始关注和重视猪圆环病毒，相关报道也越来越多。2000 年，郎洪武等 [363] 首次发现在我国各个省份的猪场都存在猪圆环病毒。目前，国内外已成功研制了多种类型的疫苗和先进的诊断方法，然而，在很多国家和地区，猪圆环病毒病依然是困扰养猪业的主要传染病之一，猪圆环病毒 2 型的致病机理仍然不清楚。

2.4.2　硒拮抗猪圆环病毒的机理

目前，国内外已经报道了许多有关猪圆环病毒的研究，有许多预防方法，如灭活病毒疫苗预防等，同时关于临床上的治疗也不断研制出新产品，如临床上常采用亚硒酸钠、亚硒酸甲酯、DL- 硒代乙硫氨酸、硒蛋氨酸、海藻硒多糖、富硒酵母、膳食硒以及其他的含硒药物等作为抗猪圆环病毒感染的药物，并且已经取得了一定的研究进展。

1. 亚硒酸钠拮抗猪圆环病毒

近年来，使用亚硒酸钠治疗各种疾病的研究较多，原因是硒对机体具有保护作用，可提升机体免疫力等。杨继锋[364]对浙江省桐乡市石门镇某养猪专业户的病猪进行研究发现，病猪脾脏以及淋巴结肿大，病猪在此前已经进行过猪瘟、蓝耳病、伪狂犬病等的免疫，也曾接受过对症治疗，但都未起到明显效果。经尸检发现，病猪肌肉丰满，但其肌肉颜色苍白，为明显的硒缺乏症状，后经快速检测发现，伪狂犬病、猪瘟、蓝耳病、弓形虫都呈阴性，猪圆环病毒为阳性，经此步骤便可以初步认定其为因缺硒而引起的猪圆环病毒病。根据实验结果进行对症下药，在猪饲料中加入定量亚硒酸钠 –VE，在水中加入定量酪酸菌肽以及连续三天进行头孢噻呋钠注射，对体温 40 ℃以上的猪进行降温，并且每天进行常规消毒。治疗一周后病猪康复。事实证明，缺硒会导致猪抗病力降低，而补硒能够有效提高机体免疫力，抵抗猪圆环病毒入侵，硒对动物体是不可或缺的。

2. 富硒酵母拮抗猪圆环病毒

为了使酵母形成有机硒，我们可在培养酵母时加入硒元素，酵母在生长时吸收了硒，酵母体内的硒与蛋白质以及多糖结合形成了有机生物硒，其能被人体安全、高效地吸收利用，除去了化学硒（如亚硒酸钠）对人体的毒副作用和对肠胃的刺激。富硒酵母也是迄今为止国内最高效、最安全、营养最均衡的补硒制剂。陈兴祥[365]的研究表明，猪圆环病毒病的发生还与氧化应激有关，在 3 次实验中逐步递进。试验 1 验证猪圆环病毒的感染和复制与宿主细胞氧化还原状态之间的相互关系，试验结果表明，猪圆环病毒 2 型通过影响宿主细胞的氧化还原状态而使宿主细胞产生氧化应激。相反地，PCV2 的复制也可以被宿主细胞氧化还原状态的改变所影响。在试验 2 中，细胞内的氧化还原状态对不同病毒在宿主细胞内的复制有不同的影响，猪圆环病毒 2 型会诱导宿主细胞产生 ROS，ROS 可通过信号调节猪圆环病毒 2 型的复制。在试验 3 中，经过实验 1 及实验 2 的铺垫，证明了硒能够提高 GPx1 的表达，阻断氧化应激对猪圆环病毒 2 型复制的促进作用，硒具有预防、控制 PCV2 感染的潜力。此外，实验还证明了富硒酵母优于亚硒酸钠，它使猪的淋巴细胞的增殖水平得到提高，使断奶仔猪的免疫机能得到有效提高。石俊[366]在研究酵母多糖抗 PCV2 作用及其机理时发现，酵母多糖浓度最大不超过 125 μg/mL，对 PK–15 细胞即为安全，而且酵母多糖可以通过抑制猪圆环病毒 2 型黏附细胞，直接杀伤猪圆环病毒 2 型。具体来说，首先进行摇瓶试验，从中得出富硒酵母生产的最佳发酵条件，然后使发酵罐处于最佳发酵条件，将酵母放进去，将其扩大规模培养。扩大规模培养的过程中，优化硒源和营养源的流加速度，可以用较低的成本生产出富硒酵母，并用其作为后续的实验原料探讨酵母多糖对猪圆环病毒2型的作用及其机理。利用MTT法得出酵母多糖对PK-15细胞的最大安全浓度，然后用酵母多糖处理PCV2感染的PK-15细胞，最后观察和检测相关指标并得出结论。其中，酵母多糖是酵母细胞壁的主要成分，约占细胞壁干重的80%，具有提高机体免疫力、抗肿瘤、抗病毒等作用，同时有吸附毒素、抵抗辐射等作用。和无机硒相比，有机硒存在于富硒酵母中，具有毒性低、易于机体吸收利用和对环境没有大的污染等优点。同时，富硒酵母还有许多酵母多糖，其作为饲料添加剂可以最大程度地保护动物健康。

3. 硒代蛋氨酸拮抗猪圆环病毒

Chen 等[367]在讨论感染应激、硒及猪圆环病毒感染三者关系中认为，H_2O_2处理诱导的氧化应激增加了猪圆环病毒DNA拷贝数以及感染的PK-15细胞数目，即氧化应激能够促进PCV2的复制。同时，高浓度的硒代蛋氨酸（Se-Met）可通过抑制氧化应激而抑制猪圆环病毒的复制，这是因为硒代蛋氨酸能够影响谷胱甘肽过氧化物酶（GPx1）的细胞活性，即会造成谷胱甘肽过氧化物酶的活性升高，高活性的GPx1可以通过降低体内的自由基（ROS）而降低氧化应激的程度，从而抵御猪圆环病毒的复制。研究表明，不同养猪场PMWS的发病率、严重程度与氧化应激变化有关，而硒在抵制猪圆环病毒2型感染中具有重要地位。Qian 等[368]研究了硒对赭曲霉毒素A（OTA）诱导PCV2复制的影响及其潜在机制，结果表明低剂量的OTA可以促进PCV2的复制，而Se-Met可以抑制OTA对PCV2复制的促进作用，这一结果被后续测量的PCV2病毒衣壳蛋白表达水平、病毒滴度、PCV2 DNA拷贝数等数据所证实。此外，Se-Met还可以减弱OTA诱导的细胞自噬和上调OTA诱导的p-AKT和p-mTOR表达抑制。因此，补充Se-Met是一种有效的预防PCV2感染的策略。

4. 膳食硒拮抗猪圆环病毒

在补硒方式中，膳食硒是最为普遍的一种，具有较好的市场应用前景。现有的含硒食物有富硒米、黑山药、黑芝麻、黑豆、黑花生、黑米、大蒜等。Liu 等[265]曾开展膳食硒对猪圆环病毒2型（PCV2）感染小鼠保护作用的研究。他们共选取48只昆明小鼠，随机分为对照组和硒酵母组，其中硒酵母组每天喂食0.3%硒加基础日粮，而对照组每天喂食简单的基础日粮。经过三天的适应性喂养以及15天的治疗后，进行穿插注射猪圆环病毒2型，接着定期测定血清中超氧化物歧化酶（SOD）活性、丙二醛（MDA）水平、肿瘤坏死因子 α（TNF-α）、C 反应蛋白（CRP）和白细胞介素 -1β（IL-1β）水平以及检测脾脏、肝脏、肺中的猪圆环病毒的载量等。结果显示，补充膳食硒酵母显著影响 SOD 的活性以及 MDA 的含量。与对照组相比，硒酵母组微观损伤分数明显下降。每日膳食补硒能显著降低脾脏、肝脏、肺病变的程度，这证明了硒酵母能够改变全身炎症，维持正常器官形态，从而减轻猪圆环病毒感染，也表明了硒酵母对猪圆环病毒具有拮抗作用。

5. 不同硒源拮抗猪圆环病毒

不同硒化合物含硒量不同，对机体的作用也不同，通常硒缺乏会造成病毒的增加，并增加传染病的严重程度。Pan 等 [369] 为了研究不同的硒来源对猪圆环病毒复制的影响，采用了三种硒源，分别是亚硒酸钠、亚硒酸甲酯和 DL- 硒代蛋氨酸，并分别按 2 mol/L、4 mol/L、8 mol/L 和 16 mol/L 的浓度梯度进行试验，之后采取定量 PCR 测定方法测定 PK-15 细胞中猪圆环病毒 2 型的病毒载量。结果证明，在 2 ～ 16 mol/L 浓度范围内，DL- 硒代蛋氨酸对猪圆环病毒在 PK-15 细胞中的复制具有显著的抑制作用，但对宿主细胞只有轻微的影响，并提示这种抑制作用有可能是硒通过提高谷胱甘肽过氧化物酶（GPx1）的活性而实现的。硒具有抗氧化能力，可以提升免疫功能，尤其是能除去自由基以及其他过氧化物，为进一步研究硒抑制猪圆环病毒的机制提供了参考依据。潘群兴 [370] 对猪圆环病毒 2 型基因工程疫苗以及不同硒源对 PCV2 体外复制的影响与机理进行了研究，主要内容是对PCV2、PPV（细小病毒）、PRV（伪狂犬病病毒）这三种病毒临床上出现的混合感染进行了鉴别诊断，建立了一种能够对 PCV2、PPV 及 PRV 这三种疫苗株与野毒株进行检测甄别的多重 PCR 方法，接着利用定量 PCR 技术扩增基因以及进行病毒载量检测，最后利用 ELISA 方法检测相关细胞因子的变化，并综合以上结果得出不同硒源对猪圆环病毒 2 型体外感染的影响。结果显示，亚硒酸钠、硒蛋氨酸和海藻硒多糖三种不同硒源可以在不同程度上抑制猪圆环病毒 2 型在 PK-15 细胞中的复制，抑制程度最明显的是硒蛋氨酸，且在 2 ～ 16 μmol/L 范围内，浓度越高，抑制作用越强，与剂量的关系是正相关；三种不同硒源都可以增强细胞内谷胱甘肽过氧化物酶的活力，其中增强程度最明显的是硒蛋氨酸，这表明硒主要是通过清除自由基和抗氧化作用阻止病毒复制的。

6. 其他补硒方式拮抗猪圆环病毒

鉴于目前非常理想的补硒药物尚未研制出来，需要发掘新型的含硒化合物。2016 年，Hu 等 [371] 研究发现，过表达猪硒蛋白 S 能通过抑制 PK-15 细胞中由赭曲霉毒素 A（OTA）诱导的氧化应激作用而抑制 PCV2 复制，这是因为硒蛋白 S 具有抗氧化能力，并且能够清除自由基。在实验中，他们用 pcDNA3.1-sel 质粒传染 PK-15 细胞，使其过表达，硒蛋白 S 超表达后增加了谷胱甘肽（GSH）等合成酶 mRNA 的水平，使活性氧水平降低，最终无论 OTA 治疗如何，都能降低 PCV2 感染 PK-15 细胞中的 PCV2 DNA 拷贝数和受感染的细胞数量，这表明猪硒蛋白 S 对 PCV2 病毒的复制具有抑制作用，对今后 PCV2 相关疾病的预防和治疗具有重要意义。2018 年，Liu 等[372] 的研究表明，亚硒酸钠、黄芪多糖（APS）、亚硒酸钠和 APS 的混合物以及硒化黄芪多糖（sAPS）均可以抑制过氧化氢诱导的 PCV2 复制，再次证明含硒化合物可以有效抑制 PCV2 的复制，且这种抑制机理与猪硒蛋白 S 的抑制机理类似，即硒化黄芪多糖可以通过激活 PI3K/AKT 而抑制细胞自噬，细胞自噬被抑制后，细胞内的活性氧等自由基数量减少，其结果是细胞的氧化应激状态减弱，此时 PCV2 的复制也就减少了，最终硒化黄芪多糖实现了对 PCV2 复制的抑制作用。

2.4.3 小结与展望

猪圆环病毒无地域差异，在世界各地猪群中广泛流行，使猪群病死率升高，是近年来的一种多发性猪传染病，传播方式多种多样。它的毒株能够不断地发生变异以及重组，而且该病毒能够混合感染，给疾病治疗以及诊断造成一定的困难。目前，猪圆环病毒病的治疗技术尚未完善，猪圆环病毒病是国际公认的对养猪业造成重大经济损失的疾病，因此 PCV2 的防控不可忽视，应当加强预防措施以及猪场环境管理，强化生物安全，提高相关工作人员的消毒防护意识，严格执行消毒规范，等等。目前，预防猪圆环病毒感染可以通过疫苗注射免疫，也可以通过亚硒酸钠、硒代蛋氨酸、卡巴－亚硒酸甲、DL－硒代蛋氨酸、硒蛋白 S、硒酵母、蛋氨酸硒、富硒酵母、膳食硒等硒化物有效预防和治疗猪圆环病毒感染。虽然这些含硒药物在抗猪圆环病毒 2 型感染的研究中取得了较好的效果，但有些技术尚未成熟，也尚未在临床应用上广泛推广，接下来仍然需要继续研发更高效、方便、安全、低廉的猪圆环病毒病的预防和治疗方法以及新型药物。

2.5　硒与传染性软疣病毒

2.5.1　传染性软疣病毒概述

传染性软疣病毒（MCV）是双链 DNA 病毒，属于痘病毒科软疣病毒属，基因组大小约 190 kb。[373] MCV 的结构类似于天花病毒，其衣壳呈完全对称，外包以囊膜。在电子显微镜下可观察到成熟的 MCV 呈砖形，而不成熟的 MCV 可表现为球形、椭圆形和微小形，大小约为 300 mm × 200 mm × 100 mm，其特性介于正水痘组和副水痘组，通常在普通显微镜下也可以看到该病毒。在不同形状的传染性软疣病毒表面含有很多密集分布的小突起，为锯齿状外观，有 1～2 个长索状物质在病毒颗粒表面，并且与 MCV 内部结构相连接。传染性软疣病毒在上皮细胞的细胞质内进行复制，特别适合生存在人表皮，但不能在组织或卵胚中生长，哪怕是移植至无胸腺的小鼠的皮肤里，传染性软疣病毒也不能进行复制增殖。研究证实，传染性软疣病毒是一种最大的纯人类病毒，仅在人类中传播。研究表明，传染性软疣病毒的形成与胞质存在紧密的联系，胞质基质开始浓缩，而且有嗜酸性颗粒出现，最后聚集形成大颗粒，称颗粒组合型病毒（初期型病毒），继而形成细颗粒型病毒（中期型病毒），最后形成一层砌样外壳和哑铃状 DNA 内核，整个胞质基质变成病毒包涵体，又称软疣小体。由于传染性软疣病毒不能通过脱膜阶段，在任何细胞中都难以生长，所以现阶段尚不清楚该病的发病机制。研究学者使用限制性核酸内切酶把传染性软疣病毒分为 3 个亚型，分别是 MCV–Ⅰ、MCV–Ⅱ、MCV–Ⅲ。目前，已知 MCV–Ⅰ 与 MCV–Ⅱ 型的 MC148 基因的同源性高达 89%，而蛋白的同源性则为 87%。数据证实，在 HIV 的感染个体中常有 MCV–Ⅱ 亚型的存在，但仅限于直肠—肛门区域，其中以 MCV–Ⅰ 最常见。目前，MCV–Ⅰ 完整的基因序列已被确定，190 kb 的基因序列可翻译成 163 个蛋白质密码，在发现的163 个蛋白质密码中有 103 个与天花病毒类似。[374] 现阶段，MCV–Ⅰ 和 MCV–Ⅱ 的限制性图谱已经出版，且研究发现人类传染性软疣病毒编码的硒蛋白可以阻断紫外线诱导的细胞凋亡。[257]

传染性软疣在民间俗称"水瘊子"，在中医古书中称为"鼠乳"[375]，是一种良性的、广泛分布的、较常见的皮肤病毒感染性疾病，具有传染性，也是性传播疾病之一。该病主要感染儿童、性活跃的人群及免疫力较低的个体，尤其在卫生条件差的山村地区可引起病毒的进一步传播，临床表现潜伏期为 2 周至半年，病症表现为直径 2 ～ 5 mm 半球状的丘疹，分布较为密集，表面蜡样光泽，早期质地坚韧，后逐渐变软，呈灰白色或珍珠色，中央为脐窝状，能挤出乳酪状软疣小体。[376] 传染性软疣病毒可影响皮肤的任何部位，常常有瘙痒，皮损因搔抓及自体接种而呈条状分布，虽然在足趾、掌和黏膜处很少见到，但该病毒通过诱导表皮增厚常发生于腋、胸壁、颈部或生殖器官及其周围。传染性软疣若没能得到有效治疗，新皮损会不断发生，若皮损小则愈后不留疤痕，若皮损大，不能及时进行有效的治疗，会损伤真皮层，导致表皮留有浅瘢痕。值得注意的是，传染性软疣病毒少见于 1 岁以内的婴儿，可能是由于婴儿从母体中获得了保护性抗体。在一些热带发展中国家，儿童的患病率可达 10%，这在很大程度上与这些国家的儿童穿衣服较少、不注意卫生、密切接触感染人员或污染物品有关系。另外，使用公共浴池、公共游泳池以及公用毛巾均有可能感染传染性软疣病毒。有文献报告称，日本游泳者患传染性软疣率为 75%，而非游泳者患病率仅为 3.6%。[377] 传染性软疣不仅在公共浴室和游泳池传播，还可以在中青年中通过性接触传播，故将其列入性传播的疾病之一。传染性软疣的传播方式有直接接触传播、自身接种传染、性接触传染以及间接传播，其中主要的传播方式是直接接触传播。近年来，传染性软疣在世界各地都出现过，其中在温热、潮湿地区出现的几率较高。

2.5.2　硒拮抗传染性软疣病毒的机理

目前，临床上对传染性软疣的治疗以药物和物理治疗为主，其中 CO_2 激光、液氮冷冻等物理治疗可以有效清除疣体，但会形成创面，引起局部疼痛，影响患者美观，部分患者甚至需借助基础麻醉完成治疗，因此物理治疗方法存在一定的局限性。[378] 有文献报道，使用 5% 咪喹莫特乳膏治疗传染性软疣也取得了确切的疗效，而且安全性比较高，只有少部分患者会出现瘙痒、肿胀以及红斑等不良反应。[379] 众多学者在研究中发现传统的中药药剂治疗传染性软疣疗效明显，其分为中药外洗和祛疣汤。中医认为，传染性软疣因肝火内炽、风邪毒气外犯、复感风热毒邪，导致气血凝滞淤积皮肤而成，治疗应清热解毒、凉血化瘀、祛风除湿。[380] 王晓丽等人采用了大青叶、桔梗等传统中药，加适量水，煮沸后文火煎煮 20 min，等水温没那么高时直接清洗患处，或用纱布外敷患处 30 min，一天两次，一剂药用两天，一个疗程用三剂药，接连使用两个疗程，传染性软疣会得到很大程度的治疗。此外，相较于常规的碘酊涂抹，中药外洗在预防传染性软疣上效果更好，值得应用和推广。[381] 康天瑞采用板蓝根、大青叶等中草药，水煎 30 min，将两次药液混合后分三次服，日服一剂，6 岁及以下儿童两日一剂。口服祛疣汤在一定程度上能根据病情和患者年龄消退 30% 以上，甚至痊愈，这是目前患者接受率较高的治疗方法之一，也适用于治疗早期的传染性软疣患者。[382]现代药理学研究发现，野菊花不仅有清热解毒的功能，还具有抗病毒的作用。热水单味冲泡野菊花口服，既可以对已感染病毒而未表现出症状的软疣起到预防作用，又可以止痒，防止患者抓痒可能造成的化脓性感染。此方法比较简单方便、价格低廉，患者接受度比较高，而且热水单味冲泡野菊花口服在防治传染性软疣复发方面也取得了较好的疗效，对医院的其他病人感染传染性软疣具有一定的预防效果，是一个值得深入推广的好疗法。[383]中草药大青叶、野菊花成分内均含有硒，硒拮抗传染性软疣病毒是因为硒可诱导人外周血单个核细胞生成干扰素、细胞白介素等淋巴因子，这些淋巴因子可以起到抑制传染性软疣病毒增殖、提高机体免疫应答水平的作用，增强对传染性软疣病毒的抗性，从而更好地保护机体，使其免受传染性软疣病毒的侵袭。

2.5.3　小结与展望

传染性软疣病毒在成年人中多数是通过性接触传染的，也存在母婴垂直传播的文献报道[384]，不在公共浴池洗澡、杜绝不良性生活及禁止婚外恋是预防传染性软疣发生的关键措施。此外，在日常生活中，人们要学会保护表皮角质层，以免这一天然屏障遭到破损，从而让传染性软疣病毒趁机侵入。现阶段，治疗传染性软疣时将内治和外治方法结合应用，大部分患者通过治疗可以痊愈。对于软疣体积较大的患者可用 CO_2 激光灼烧治疗，通常儿童因惧怕疼痛而不愿意接受这种治疗。[385]因此，针对儿童患者的主要治疗方法还是将碘酊敷于挤出疣体后的消毒皮肤，采用此种方法治疗未见有原处复发疣体患者，该方法操作简便、疗效确切，常被儿童患者接受。[386]另外，还可以采用液氮冷冻疗法刮出隆起物。传染性软疣导致的皮损可发生于身体任何部位，皮损后瘙痒抓挠可以导致自体接种。传染性软疣也可能同纤维组织细胞瘤、角化棘皮瘤和基底细胞瘤和皮肤隐球菌病相混淆。对于一些单个较大的皮损，特别是在免疫缺陷患者体内呈内陷性生长的损害，必须与角化棘皮瘤、基底细胞瘤等进行区分，因此对不典型的皮损应该进行活检，保持对传染性软疣病毒的警惕，在典型的传染性软疣皮损中曾出现骨质化生的报道。[387]传染性软疣还与表皮囊肿、皮脂腺增生、系统性红斑狼疮有关，其中，传染性软疣合并囊肿居多，但是其发生机制目前尚无明确的解释。表皮囊肿能较大概率地继发病毒感染，或者病毒更容易在表皮囊肿的微环境中进行复制，也有可能在毛囊漏斗部被传染性软疣病毒接种，通过刺激该处的上皮细胞增生，最终被阻塞并形成表皮囊肿。[388]现在表皮囊肿的发病机制尚不明确，需要在更多病例的基础上做更深入的研究，进而选择行之有效的治疗方法。

2.6 硒与马立克氏病毒

2.6.1 马立克氏病毒概述

马立克氏病是由马立克氏病毒（MDV）引起的，该病最先于 1907 年被匈牙利著名的兽医病理学家马立克发现。1961 年，英国科学家倡导使用该名称。马立克氏病毒是细胞结合性疱疹病毒，属于 γ 疱疹病毒亚科。[389] 马立克氏病毒的基因组为双股线性 DNA，浮密度为 1.706 g/ml，碱基组成 G+C 比率为 46%，长 $1.66 \times 10^5 \sim 1.84 \times 10^5$ bp，分子量为 $108 \times 10^6 \sim 120 \times 10^6$ Da，一个双链臂连接来自长单一序列和短单一序列的两个大小不同的单链环，双链臂由末端长、短反向重复序列与相应的内部长、短反向重复序列互补而成。马立克氏病毒的核衣壳是立体对称的二十面体，有 162 个柱状中空的壳粒，6 nm ×9 nm 左右大小。马立克氏病毒在鸡的羽毛囊上皮中形成带囊膜的完整病毒粒子，直径为 273 ～ 400 nm，直径为 85 ～ 100 nm 的六角形病毒颗粒或核衣壳常见于组织培养的感染细胞核，偶见于细胞浆，鲜见于细胞核膜或核空泡相连的有囊膜的病毒颗粒，直径为 150 ～ 160 nm。致弱的马立克氏病毒毒株基因组长独特区两端的反向重复区存在异源扩增区，该区具有多个 132 bp 串联重复序列，而强毒株具有很少几个 132 bp 的重复序列，这一串联重复区与致瘤性具有紧密的联系。目前，根据致病性和血清学反应不同，可将马立克氏病毒分为三个类型：MDV-Ⅰ型病毒包括引起高发性内脏或神经肿瘤的马立克氏病毒及其传代后失去致病性和致瘤性的弱毒变异株（致癌性）；MDV-Ⅱ型病毒包括天然非致瘤的毒株（非致癌性）；MDV-Ⅲ型为用于疫苗的火鸡疱疹病毒，亦无致病性。[390] 不同血清型的马立克氏病毒最初感染靶器官的淋巴细胞是不同的，致癌性的 MDV-Ⅰ型病毒感染的是 B 细胞，而非致癌性的 MDV-Ⅱ型病毒和 MDV-Ⅲ型病毒感染的既不是 B 细胞，也不是巨噬细胞。MDV-Ⅰ型病毒在肾细胞或鸡胚成纤维细胞上生长最好，但生长缓慢，会产生小蚀斑。MDV-Ⅱ型病毒在鸡胚成纤维细胞上生长最好，虽然其生长缓慢，但是可以产生大合胞体的中等蚀斑。MDV-Ⅲ型病毒在鸡胚成纤维细胞上生长最好，生长速度快，能够产生大蚀斑。火鸡疱疹病毒与马立克氏病毒存在一定的区别，火鸡疱疹病毒不但对鸡没有致病性，而且可以作为预防马立克氏病的有效疫苗。马立克氏病的传播难以得到有效控制的根本原因是，感染马立克氏病毒的鸡大部分为终生带毒，而且脱落的羽毛囊皮屑可排出有传染性的马立克氏病毒。在脱落的皮肤碎屑检测到羽毛囊上皮产生的有囊膜的马立克氏病毒，是因为病毒在羽毛囊上皮可以进行有囊膜的完整病毒的复制。马立克氏病毒对温度抵抗力不强，22～25 ℃、4天或60 ℃、10分钟即可被灭活。另外，各种常用化学消毒药对马立克氏病毒十分有效，病毒一般在10分钟内可被灭活。马立克氏病毒一般可以在常温存活4～8个月，4 ℃的环境中保存10年以上仍有活性，该病毒仍具有感染性。马立克氏病毒是鸡的一种传染性肿瘤病，该病毒经空气传播，传染力很强，不论在体内还是体外都具有感染性。在20世纪70年代有不少鸡群在接种免疫的疫苗之后明显降低了发病率，但是有一些鸡群仍然存在不同程度由马立克氏病造成的损失。缺乏母源抗体的鸡群在接种疫苗后，产生免疫力一般需要一周，而含有母源抗体的鸡群产生免疫力至少要在接种疫苗2周以上，并且增加4倍左右疫苗的剂量。一般来说，免疫接种不能百分百防止发病，与没有免疫的鸡群相比，疫苗的保护率为80%～85%。不同品种的鸡马立克氏病毒易感性不同，而且病毒的毒性高低不一，感染鸡可产生肿瘤或死亡，导致鸡的死亡率差别非常大，在经济上造成巨大的损失。禽类细胞免疫和体液免疫的中心器官是脾脏，脾脏的感染状态与马立克氏病的发病情况紧密联系。不同致病型的马立克氏病毒毒株在脾脏有着不一样的复制动力学。迄今为止，还没有马立克氏病毒垂直传播的相关报道。马立克氏病目前还是唯一可通过接种疫苗控制的肿瘤病，接种火鸡疱疹病毒（HVT）可预防该病。[391]

全基因组测序证实，三种血清型的马立克氏病毒基因组均是由线性的双股DNA组成的，且三种基因组之间相似，分别由末端长重复序列（TRL）、长独特区（UL）、内部长重复序列（IRL）、内部短重复序列（IRS）、短独特区（US）和末端短重复序列（TRS）组成，其中TRL、IRL、IRS、TRS为倒置重复序列。马立克氏病毒基因组结构模式为TRL-UL-IRL-IRS-US-TRS（图2-1）。2000年，Lee等首次绘制了Ⅰ型马立克氏病毒GA株的全基因组图谱，为今后马立克氏病毒全基因组分析奠定了一定的参考基础。通过比较超强毒毒株Md5与GA基因组，发现Ⅰ型马立克氏病毒结构差异不是很大，因为Md5基因组中的TRL和IRL区域内直接重复序列拷贝数的增加以及IRS和TRS区域长度的增加使GA的基因组稍微小于Md5。[392] 目前，通过对马立克氏病毒感染细胞的提取物进行免疫沉淀试验得到鉴定有46个马立克氏病毒特异性的多肽。其中，仅有为数不多的几个基因能够在一定程度上影响马立克氏病毒抗原和功能，按照在抗原和功能上的作用，可以将马立克氏病毒基因分为三大类。①与致肿瘤相关基因：meq、pp38/pp24、v-IL8和1.8Kb基因家族等；②糖蛋白基因：gB、gC、gD、gE、gM、gI、gK、gL；③其他基因。[393]

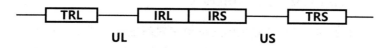

图 2-1 MDV 基因组结构 [392]

马立克氏病体内感染发病机理分为四个阶段：初期感染、潜伏感染、溶细胞性感染、淋巴样细胞非生产性感染。通过呼吸道进入机体内的马立克氏病毒被吞噬细胞吞噬，接着在脾脏、法氏囊和胸腺进行感染，形成了溶细胞性感染，在第 3 天至第 6 天内达到最高峰。马立克氏病毒的靶细胞为 B 细胞，B 细胞受到攻击后，会产生炎性反应。7 天左右会出现暂时的免疫抑制，法氏囊和胸腺出现萎缩，则进入潜伏感染阶段，这一阶段对转化中细胞介导免疫存在一定的影响。此后，感染发病的发展过程根据宿主遗传抵抗力的差异和马立克氏病毒毒性强弱不同，病理变化会有较大的差异。易感鸡在 2 ～ 3 周后进入第三个阶段，第二次溶细胞性感染，体内各种器官会被损害。马立克氏病引起的病理变化最常见的是神经变化，最易受侵害的是腹腔神经丛。大部分的病鸡可以通过检查腹腔和内脏神经等发现病变。马立克氏的症状被分为四个类型：神经型（古典型）、内脏型（急性型）、眼型和皮肤型，也时有出现各型混合发生。神经型症状在最初的表现是步态不稳、共济失调，一肢或两肢麻痹甚至瘫痪被认为是马立克氏的典型症状，这是由神经受到马立克氏病毒不同程度的侵害而引起的，尤其是一条腿伸向前方，而另一条腿伸向后方。麻痹的臂神经可以使翅膀下垂，麻痹的颈部神经造成低头歪颈。病鸡由于采食困难导致饥饿而脱水，最后死亡。发病期为数周到数月，死亡率在 10% ～ 15%。内脏型多为急性暴发马立克氏病的鸡群。大多数鸡最初表现为精神严重委顿，失去光泽的白色羽毛变为灰色羽毛。有些病鸡出现了厌食和昏迷的现象，最终衰竭死亡。病鸡在数周到数月内都可能急性死亡，一般死亡率为10% ～ 30%，最高可以达到 70%。病鸡或单眼或双眼发生瞳孔缩小，视力减退或消失，失去正常色素的虹膜变为同心环状或斑点状，虹膜从弥漫性青蓝色变为弥散性灰白色。瞳孔边缘不整齐，情况严重的，只剩一个孔，似针头大小，出现上述症状的病鸡大多数以死亡告终。皮肤型主要表现为毛囊肿大，皮肤增厚，形成大小不一的结节及瘤状物，这些症状多数发生在病鸡的颈部、背部、翅膀及尾部皮肤上。

2.6.2 硒拮抗马立克氏病毒的机理

在商业养殖的环境中，马立克氏病毒最主要的感染方式是自然感染。马立克氏病毒进行增殖的方式是，开始固定在肺脏的易感细胞上，经过短暂的复制后，随着易感细胞进入其他组织器官，再进行增殖。马立克氏病毒首先在上皮细胞中进行初始复制与增殖，鸡的呼吸道会被感染，半天左右即可在肺脏中检测到马立克氏病毒。随后马立克氏病毒在肺脏中进行溶细胞性感染和复制，病毒的载量和基因的转录量呈上升的趋势。肺部感染马立克氏病毒后，产生的免疫应答没有马上阻止马立克氏病毒的进一步复制与增殖，表明了肺部的免疫应答不能有效地保护宿主免受马立克氏病毒的侵害，这可能与马立克氏病毒的免疫逃避机制有关。马立克氏病毒是嗜淋巴细胞性毒性，对淋巴细胞具有很强的组织嗜性。若马立克氏病毒感染了宿主的淋巴细胞，淋巴细胞原本的生物学功能就会产生改变，免疫功能丧失，细胞也许会产生肿瘤性转化的情况等。在宿主自身免疫能力下降的同时，也易于被其他病原微生物攻击。马立克氏病毒随易感细胞进入外周淋巴器官后，感染其中的 B 淋巴细胞，之后感染 T 淋巴细胞，慢慢地使宿主细胞的免疫机制及遗传抗性等多方面机能受损甚至丧失。[393] 有研究表明，硒具有抗肿瘤作用，硒水平对癌基因和抑癌基因的表达有显著的影响，硒与肿瘤之间存在明显的负相关关系。[394] 相比于硫化合物的抗癌作用，相应的硒类化合物性能更高，如硒化钠、硒酸钠、硒半胱氨酸、硒蛋氨酸，更容易被人体吸收，在人体内维持的时间更长，但人和动物自身不能合成硒蛋氨酸[395]，在抗肿瘤的同时含硒化合物也可以作为保护剂对抗抗癌药物的副作用，如硒化钠和 ebselen 可以使大鼠、小鼠免受顺铂的肾毒性，而又不会影响其抗肿瘤的作用。在对癌症患者进行化疗的同时服用硒可以降低因顺铂引起的肾毒性和骨髓抑制，极有可能会提高肿瘤化疗的指数。[396] 考虑到马立克氏病毒的致肿瘤性，现阶段除了接种 CVI988 株疫苗、814 株疫苗或者火鸡疱疹病毒疫苗之外，还可以在饲料中添加适当矿物质元素硒。因为硒可以使鸡体内氧化与抗氧化作用倾向于平衡，降低蛋白酶分泌，减少产生中间产物，通过硒清除体内自由基，加快过氧化脂质的分解，以进一步增强鸡群抵抗肿瘤疾病的能力。[397] 总而言之，硒拮抗马立克氏病毒的机理主要是，加强免疫细胞的功能从而有效提高宿主免疫应答水平，提高机体对马立克氏病毒的抗性，包括增加激活型 T 细胞的增殖、NK 细胞的活性以及免疫球蛋白的合成，提高巨噬细胞侵袭吞噬能力，从而能够更好地防御马立克氏病毒，保护鸡群免受马立克氏病毒的侵袭。另外，硒和硒化合物可以维持机体免疫功能，研究表明，T 细胞的生存需要硒蛋白，这些都能在提高系统免疫方面起到关键作用。

2.6.3　小结与展望

作为养禽业的重要疾病，马立克氏病始终是预防兽医学的一个研究焦点。在进鸡之前要对鸡舍进行两次冲洗和熏蒸消毒，减少马立克氏病毒的含量；及时对鸡舍的粪便、羽毛进行清扫，对鸡舍及过道用火碱、过氧乙酸等定期进行消毒；在专门的地方对收集的粪便进行消毒和发酵处理；鸡舍要保持通风，维持空气干燥，改善鸡群的生活条件，提高鸡体抵抗力。坚持自繁自养，采用全进全出的饲养制度，尽量不要从外地购进鸡苗。鸡出雏后，立即进行马立克氏病疫苗接种，并在两周龄或三周龄时进行第 2 次加强免疫，以保证免疫质量，加强饲料营养管理，并定期在饲料中适当添加矿物质元素硒，以进一步增加鸡群抵抗肿瘤疾病的能力。定期进行检疫，一经发现病鸡，立即进行淘汰，逐步净化鸡场。[398] 目前，马立克氏病疫苗研究在应用中获得了许多研究成果，马立克氏病疫苗是第一个应用于抗肿瘤方面的疫苗，可以有效地控制疫病的发生，降低了养禽业的损失。随着新技术的发展及应用，特别是在出现实时定量 PCR 技术之后，对马立克氏病毒的定量研究产生了质的变化，具有了很高的准确度和可信度。[393] 因此，深入地研究马立克氏病毒复制机理，对提高防控马立克氏病的水平，研究出治疗马立克氏病的方法与药物起着关键的作用。

第3章 微量元素硒对 RNA 病毒的拮抗作用

硒最早是由瑞典化学家贝采利乌斯在黄铁炉的烟灰中发现的。1957 年，施瓦茨等人用硒治疗动物肝坏死成功后，人们开始意识到硒是动物体内不可缺少的微量元素之一。随着对硒的深入研究，科学家发现硒在动物机体内有着极其重要的功能和作用，因此硒被称为 "生命元素" "抗癌明星元素" 等。但是，人体硒含量过多会导致硒中毒，硒是公认的两功能元素。硒的生物功能不仅取决于摄入量的多少，而且与硒的存在形式息息相关。硒在环境和生物样品中主要的无机形态有单质硒、硒酸盐、亚硒酸盐和硒化氢；有机形态有硒代氨基酸、硒蛋白、硒多糖等。其中，在环境样品中主要有 $Se^{(+4, +6)}$、三甲基硒、二甲基二硒等形式，在生物样品中主要以硒代蛋氨酸、硒代胱氨酸、硒蛋白等有机形式存在。[399] 不同形态的硒化合物在人体中所起的作用不一样，硒以硒蛋白的形式在机体内可以抗氧化、抗病毒、促进生育或形成甲状腺激素等，硒化氢可以与某些金属形成稳定的配合物，硒化氢也是合成所有生物体内硒蛋白所必需的前体。[400] 研究表明，硒与许多病毒感染和病毒性疾病的发生和发展过程有很大的关系，很多入侵病毒的突变、复制和毒力都会受宿主细胞内的硒含量所影响。若机体处于缺硒的情况，寄主体内会改变柯萨奇病毒和流感病毒感染的进程，导致病毒发生突变，使其良性菌株突变为高致病性菌株。[401] 因为硒的缺失会引起一些 RNA 病毒基因组突变的积累，导致与病毒毒力相关的基因结构发生变化，但是否会在人体中重现目前还不确定。[402-403] 另有研究表明，小鼠在缺硒的状态下感染柯萨奇病毒病变检出率高于足硒的小鼠，且将主要的硒蛋白之一的谷胱甘肽过氧化物酶基因敲除后的大鼠感染柯萨奇病毒后发现，典型的克山病症状在超过一半的大鼠里出现，而野生型大鼠基本上看不到临床症状的产生，两者进行比较，表明硒参与的氧化还原和病毒的毒力之间存在紧密的联系。在感染流感病毒的小鼠中发现，硒的摄入量对小鼠的免疫细胞的分泌水平有提高作用，对病毒的基因变异有降低的效果，对肺部组织的损伤程度也有减轻 [404]，硒也可以在细胞感染流感病毒后抑制细胞凋亡。[249] 在艾滋病患者中足够的硒含量会降低患者死亡的风险 [401]，且在 HIV 感染中，硒可以通过增加抗氧化酶的活性调节 NF-κB 激活，以减少病毒的活化，而且硒也能预防 HIV 感染的细胞凋亡。埃博拉病毒是一种能引起出血热的 RNA 病毒，硒的凝血作用对埃博拉患者是有益的，且有学者推测埃博拉患者摄入适量的硒有助于保护和提高免疫系统的能力。

本章主要阐述了艾滋病病毒、流感病毒、埃博拉病毒、小鼠乳腺肿瘤病毒、传染性法氏囊病毒、腮腺炎病毒、肠道病毒和西尼罗河病毒等 8 种常见 RNA 病毒的危害以及微量元素硒在上述 8 种 RNA 病毒引发的疾病中发挥的作用和地位，尤其是微量元素硒对它们的拮抗作用及机理。

3.1 硒与艾滋病病毒

3.1.1 艾滋病病毒概述

艾滋病又称获得性免疫缺陷综合征（AIDS），是由人类免疫缺陷病毒（HIV）引起的一种严重传染病。人类免疫缺陷病毒（HIV）从非洲黑猩猩的猴免疫缺陷病毒（SIV）开始发展。科学家们推测在 1930 年，SIV 进入人群并产生 HIV 毒株，置信区间为 ±20 年，但艾滋病最早在人类中流行的时间是在 20 世纪 70 年代末至 80 年代初，有些地方是在 20 世纪 80 年代末和 90 年代初出现。艾滋病病毒（HIV）是单链 RNA 病毒，属于逆转录病毒科，慢病毒亚科。HIV 病毒可分为 HIV-1 型和 HIV-2 型，其中，按 WHO 和美国国立卫生研究所沿用的亚型分类标准，HIV-1 型被分为 A 至 H 及 O 共 9 个亚型，不同的亚型分布的地区也不一样，且涉及的地区极多。在我国，目前已发现 7 个亚型，其中 C 亚型、E 亚型、A 亚型和泰国 B 亚型于静脉注射毒品者中较为常见。HIV-1 型和 HIV-2 型分别发现于 1983 年和 1985 年，这两种 HIV 类型中有 40%～50% 核苷酸序列是相同的，核酸分子量分别为 9.2 kb 和 9.26 kb。HIV-2 型致病力比 HIV-1 型弱，且其传播速度也比 HIV-1 型慢。

HIV-1 病毒体呈圆形或椭圆形，直径在 90～140 nm 的范围，外层为类脂包膜，表面有钉状突起，包膜主要含有的糖蛋白是外膜蛋白 gp120 和透膜蛋白 gp41，在 HIV 进入宿主细胞的过程中 gp41 具有很大的影响。HIV-1 病毒由蛋白酶和结构蛋白、整合酶、逆转录酶、单股正链 RNA 等组成，病毒体内具有圆柱状核心，而核心蛋白包括 P21 核壳核心蛋白和 P18 基质核心蛋白等。HIV-1 病毒有 9 个基因，其中 gag 基因编码核心蛋白，pol 基因编码病毒的几种酶，env 基因编码糖蛋白，即上述 3 个基因编码 HIV-1 病毒的结构蛋白。此外，还有具有调控病毒复制功能的 3 个基因，如 tat 基因具有反式激活功能。由 HIV 长末端重复序列（LTR）启动的基因表达可以被 tat 基因产物反式激活，因此其余基因的表达能够被增加，在病毒高水平的复制时具有很大的影响；rev 基因能够提高 gag 和 env 基因的表达；nef 基因能够抑制所有 HIV 基因的表达。其余 vif、vpr、vpu 的功能尚不清楚。病毒 RNA 5' 和 3' 端的长末端重复序列对病毒基因的复制具有指导和调节的作用。HIV-2 型没有 vpu 基因，却存在 vpx 附加基因。HIV 不仅有嗜淋巴细胞性，还有嗜神经性。

HIV-1 的靶细胞是在细胞膜上的 CD4 分子（又称 HIV-1 受体）的细胞，病毒的外膜蛋白 gp120 与 CD4$^+$T 淋巴细胞有强大的亲和性，因而艾滋病病毒的主要受体是 CD4 分子，以致于患上艾滋病后在 HIV 直接或间接作用下使 CD4$^+$T 淋巴细胞功能受损并被大量破坏，最后造成人体出现细胞免疫缺陷，同时会对其他免疫细胞产生不同程度的损害，使各种严重的机会性感染和肿瘤有更大的概率发生。HIV 通过各种途径进入人体后，CD4$^+$T 淋巴细胞表面的 CD4 分子受体和病毒表面的外膜蛋白 gp120 发生相互结合，透膜蛋白 gp41 也进行协助，病毒包膜与该淋巴细胞的细胞膜最终形成相互融合，病毒脱去包膜进入宿主细胞。在细胞内，在逆转录酶的作用下，病毒的两条单股正链 RNA 被逆转录为两条负链 DNA，逆转录完成后被转运到细胞核中，在多聚酶的作用下，在细胞核内被复制为双股 DNA，在整合酶的作用下，与宿主基因组进行整合。前病毒即整合后的环状病毒 DNA 并不活跃，处于潜伏状态，若被激活而转录为 mRNA 需经过 2～10 年的潜伏期，并不断地进行复制，接着大量的新病毒被在细胞膜上装配，并以芽生方式释放入血，再次攻击其他的 CD4$^+$T 淋巴细胞。艾滋病患者免疫功能缺陷的主要原因是 HIV 大面积攻击 CD4$^+$T 淋巴细胞后，CD4$^+$T 淋巴细胞受到大量破坏或功能受到损伤，而在免疫应答中该类淋巴细胞具有重要的核心作用。当 CD4$^+$T 淋巴细胞发生明显的减少时，B 淋巴细胞、NK 细胞和单核巨噬细胞的功能也会受到明显的影响，并导致淋巴因子产生减少。最近，美国学者对 HIV 损害系统的机制研究有了新的进展，发现 HIV 使淋巴结的 T 细胞区严重纤维化，幼稚的 CD4$^+$T 淋巴细胞无法发育成熟是因为缺乏生长发育所需要的微环境，这一发现解释了为什么有 25% 的患者即使得到了有效的治疗，并且已经将体内 HIV 病毒进行了较好的抑制，T 淋巴细胞数量也没有得到很大的提高。[405-407]

自 1981 年第一例艾滋病病例在美国被发现以来，截至 1998 年已有 129 个国家和地区报告了艾滋病病例，而且 HIV 患病人数和因该病死亡的人数大幅度增加。

调查表明，患此病者的寿命大幅度下降，使家庭和社会承受沉重的经济负担和社会压力。艾滋病本身是传染病，且有不可治愈和死亡率高的特点，人们对此病充满恐惧。艾滋病感染人群在社会上受到了不同程度的歧视和谴责，一些患者因此患上了忧郁症，对社会产生恐惧、焦虑，出现自卑、自责及羞耻感等，更有甚者会做出极端行为。艾滋病具有一定的特殊性、隐匿性，另外，人们的健康防护意识淡薄则进一步加大了艾滋病的防控难度。[408-409]

艾滋病的主要传播途径有性传播、血液传播和母婴传播，经调查表明血液传播是重要的传播途径，大多是因为不规范输血造成的。由于艾滋病有很长的潜伏期，在艾滋病患者献血后，并不能很快地检测出血液中的艾滋病病毒，因此会使受血者在不知情的情况下染上艾滋病。近年来，随着社会的进步和人们防艾意识的增强，预防艾滋病的措施在全社会得到了极大关注。在医疗方面，现在受血者所接受的血都经过艾滋病病毒检测，检测合格的血液是不会含有艾滋病病毒的。共用针具也是传播艾滋病的重要途径，传染的主要原因是针具消毒处理不规范，正常人和艾滋病患者共用一套针具，艾滋病病毒通过静脉注射进入了正常人的体内。由此表明针具消毒是一项十分重要的工作，相关医护人员应该给予高度重视，不能疏忽。性传播是艾滋病的又一重要传播途径，虽然随着社会防艾意识的增强，艾滋病的传播得到了很大程度的控制，但是现代社会的性行为比较开放，艾滋病通过性传播的概率很高。两性恋者、男同性恋者、妓女、性传播疾病患者以及其他性行为放纵者属于主要的高危人群。全球各地区艾滋病的主要传播途径方式各不相同，HIV 在男同性恋者之间传播主要以美洲与欧洲为主，静脉吸毒则是东南亚地区 HIV 的主要传播途径。母婴传播是 HIV 常见的传播途径，主要是由于感染 HIV 的孕产妇在孕期、分娩、哺乳期将 HIV 传播给胎儿或婴儿，这种传播是通过胎盘、产道、母乳途径实现的。目前，有效预防因母婴传播途径而感染艾滋病的方法就是给艾滋病患者在怀孕期间服用抗艾药物，这样能有效地降低婴儿被感染的可能性，甚至完全隔离艾滋病病毒，达到不被感染的可能。另外，可以通过母乳替代品进行婴儿喂育，从而避免艾滋病的感染。[409-410]

艾滋病感染是通过检测病毒抗原或其抗体而进行诊断的。HIV 感染检测技术分为抗原检测技术和血清学检测技术两种，前者是通过检测艾滋病病毒本身（核酸序列或 p24 抗原），后者是通过检测 HIV 感染后机体免疫应答所产生的抗 HIV 抗体（非中和抗体）。具体包括：① PCR 检测技术。这是一种具有快速、高效、灵敏、方便和特异性强等特点的微量核酸检测的敏感技术。PCR 技术既可定性检测出样品中 HIV 病毒的 DNA 和 RNA，又可实现由定性到定量的转变，因为 PCR 技术能准确定量测定出 PBLCs 和血浆中的病毒 DNA 和 RNA 水平，对直接指导艾滋病的治疗有深刻的意义；② p24 抗原检测技术。血样中 p24 抗原的检测有助于 HIV 的早期诊断和预后判断，近年发展的检测技术有三种。其一，免疫复合物解离（ICD）p24 测定法。此方法是根据标准 p24 抗原检测方法改良而来，它的出现早于酶免疫测定（EIA）。其二，超敏感 EIA 方法，即双位点免疫复合物转移 EIA 法。此方法根据普通的 EIA 方法改良而来，检出血清样品中的抗原比普通 EIA 更具有灵敏性。其三，免疫吸附电镜法。此方法能够直接特异性地检测病毒颗粒或病毒可溶性抗原，具有非常高的灵敏度，能够测定出各种体液内的 p24 抗原，如血液、精液、唾液或脑脊液等；③抗体检测技术。酶联免疫吸附试验（ELISA）具有操作简单的特点，被广泛应用于血清中 HIV 的抗体检测。做筛选试验与确认试验的依据是检测方法敏感性和特异性的差别。目前，最常用于筛选 HIV 感染的方法是 ELISA 方法，最常用的确认方法是 Western Blot 法。[405]

关于艾滋病的治疗，迄今为止尚没有研究出特效药。目前，艾滋病疫苗的研究在全球范围内得到广泛关注，其研究方向主要有四方面：①将完全不含或者部分不含 HIV 遗传物质的病毒空壳免疫人类，以激发其特异性抗 HIV 免疫功能；②在①的基础上配以佐剂，以增加免疫应答；③疫苗病毒或腺病毒的基因链被嵌入 HIV 膜蛋白的基因，之后成为 HIV 替代物被装在无害的载体病毒内；④研制一种携带作为 HIV 受体的宿主靶细胞表面蛋白结构（CD4）的抗基因型的抗体，与宿主细胞的 CD4 共同竞争结合 HIV，且具有绝对的优势。当前，虽然已经有几种疫苗用于临床实验，但前景并不乐观。现有的疫苗包括：①抗独特型抗体疫苗。此疫苗优点是使用天然的抗原，缺点是被诱发的抗体只能够将同株 HIV 进行中和，进行生产时，有大规模感染的细胞需要处理和有大规模传染性的病毒需要分离，工作人员随时可能会感染 HIV，且产率低，价格昂贵，同时 gp120 与 $CD4^+T$ 细胞上的 CD4 受体结合，有可能会损害体内淋巴细胞；②亚单位巨分子颗粒化疫苗。此疫苗对小鼠、猴和黑猩猩的试验已经研究成功，优势是包膜的全部蛋白为 gp160，它可分为 gp120 和跨界膜蛋白 gp41，后者的氨基酸顺序较稳定地存在于不同的 HIV 分离物中，可以诱发可能对抗多株 HIV 的抗体；③基因重组疫苗。其优点是可以诱发抗体，可产生细胞免疫，缺点是只可以在同株 HIV 诱发抗体，在体内可能引起淋巴细胞融合的病变；④合成肽疫苗。其优点是不会与 $CD4^+T$ 细胞上的 CD4 受体结合，对 $CD4^+T$ 细胞没有毒性作用，缺点是免疫原性弱，需要与载体蛋白质或佐剂结合以提高其免疫原性；⑤核酸疫苗。其优点是以天然抗原形式被免疫系统识别，可激活全面持久的细胞免疫和体液免疫，易于构建且热稳定性好，不在体内复制，缺点是致癌性，有可能导致机体免疫功能紊乱。如今，随着医疗技术的进步，除了研制艾滋病疫苗外，对于艾滋病还有更多的疗法，如抗艾滋病药物，主要分为 CCR5 受体抑制剂、整合酶抑制剂、蛋白酶抑制剂和逆转录酶抑制剂（包括核苷类和非核苷类）等。单药治疗艾滋病易于发生药物不良反应且易于发生和传播耐药性，所以在临床上抗艾滋病治疗方案不再是单一药物治疗，而是采用联合药物治疗。目前临床上控制、治疗艾滋病最有效的方法是高效抗逆转录病毒疗法（HAART），由华裔学者何大一于 1996 年首先提出，即采用三种或三种以上的药物一起治疗，对患者体内的 HIV 病毒能够进行最大程度的抑制，患者的免疫功能也能重新建立，提高了患者的生活质量。[410-411]

3.1.2　硒拮抗艾滋病病毒的机理

硒是人体不可或缺的一种非金属微量元素，与很多疾病的发病机理有关，特别是与艾滋病病毒感染的激活、发生、发展密切相关，在人类免疫缺陷病毒 E 型（HIV2E）中可能存在编码硒蛋白的 UGA 密码子，而编码的含硒蛋白对 HIV 的表达具有抑制作用。在体外，硒对 HIV2E 的复制也具有一定的调节作用。HIV 致病性增加的移码发生突变是体内缺硒所引起的，在 HIV 感染早期可以适量补充硒和抗氧化维生素，这样对人体有保护作用。经研究和事例分析得知，补硒可以提高血硒水平，对 T 细胞免疫功能和谷胱甘肽过氧化物酶的抗氧化有提高的作用，因而对 AIDS 的发生、发展有减缓或阻止的作用。[412] Bella 等人通过对相关文献进行回顾总结认为，HIV 感染与血清中低硒浓度有关，在 HIV 感染者中，营养不良是一种常见的现象，引起此现象的主要原因是病毒诱导的氧化状态、吸收异常、代谢改变、肠道感染、肠道屏障功能改变、慢性 HIV 感染引起的高代谢状态。同时，也有人认为 HIV 阳性受试者缺乏硒的一种可能是 HIV-1 病毒利用硒产生自身的硒酶。Look 等人把晚期艾滋病患者和未感染者体内硒水平进行比较发现，前一组的硒水平明显较低，把无症状的 HIV 阳性受试者与未感染的受试者比较，血硒水平并没有明显差异。实验表明，硒并不是 HIV 感染的唯一影响因素，但硒影响的是疾病阶段。文献数据显示，与非艾滋病患者相比，艾滋病患者心肌组织水平较低，表明缺硒还影响 HIV 感染者的心功能。经合理补充硒后，可以提高 HIV 患者的存活率[239]，这是因为血清硒水平低极有可能增加了患扩张型心肌病的风险，有些人认为由 HIV 引起的心肌病其实是克山病。一些随机对照试验显示，HIV 致使机体免疫缺陷，极易破坏胃肠功能并伴随严重的厌食、腹泻、吸收障碍，使外源性的硒流失严重，硒补充剂能有效减轻腹泻。

众多学者对处于妊娠期的合格孕妇进行了调查和研究，结果发现无论是 HIV 阳性还是 HIV 阴性的女性，母体血清硒浓度与婴儿出生体重的关系均不显著。同时，将未感染艾滋病的孕妇与感染艾滋病的孕妇相比，发现 HIV 阳性孕妇与 HIV

阴性孕妇相比，体内的硒水平明显较低，这是因为艾滋病毒阳性孕妇与艾滋病毒阴性孕妇相比对硒的需求或利用增加所致。通过对不同地区关于艾滋病阳性孕妇体内硒水平的比较，发现患者体内的硒水平与饮食中硒摄入量的差异有关。有学者对 15 ～ 49 岁的女性艾滋病人开展了关于硒与不良妊娠关系的调查研究，发现缺硒的艾滋病阳性孕妇较正常硒水平的艾滋病阳性孕妇的早产率提高 8 倍，且更易生出低重量婴儿。[241]

潜伏在细胞里的 HIV 病毒在被激活的过程中，氧化应激具有重要的作用。有人认为淋巴细胞的凋亡与氧化机体的不平衡之间存在一定的关系，HIV 患者体内的 T 细胞对细胞凋亡敏感的原因是被 HIV 感染后的细胞内抗氧化剂减少。活性氧能激活处于潜伏期的 HIV 复制，主要激活的是 NF-κB。ROS 是一种激活因子，通过激活 NF-κB，激活 HIV 的复制，该因子对长末端重复序列（LTR）启动子的转录活性具有控制作用，刺激 HIV 的基因表达。在不受刺激的细胞中，胞浆里 p50 和 p65 组成 NF-κB 处于非活性异二聚体，并与抑制单位 IκB 结合成异三聚体，IκB 通过抑制 NF-κB 的 DNA 结合活性实现阻止作用，HIV 复制必须具有 NF-κB 的 DNA 结合活性。活性氧激活 NF-κB 的机制是通过氧化损伤引起 NF-κB–IκB 复合物解离，32 和 36 位丝氨酸残基是靶部位，IκB 蛋白的降解是因为被活化的蛋白激酶 C（PKC）催化磷酸化。NF-κB 的活化可由过氧化物类、TNF、紫外辐射、多种可诱导氧化应激的刺激物细胞因子等激活，氧化应激作为第二信使在 NF-κB 的激活过程中也具有一定的作用，许多事实支持这一假设。H_2O_2 导致的 NF-κB 的激活可以被硒所抑制，在不含硒的 Jurkat 和 EsbL T 淋巴细胞系中加硒，GSH-Px 的活力明显提高，TNF 激活的 NF-κB 与 DNA 结合的活性被抑制。NF-κB 控制 HIV-1 LTR 的基因表达与硒呈剂量依赖关系。硒对 NF-κB 有特异性作用，不会影响另一转录因子 AP-1 的活性，以上数据表明加硒可以对 NF-κB 靶基因和 HIV 的表达具有一定的调节作用。[413] 张劲松在《硒与病毒性疾病—关注艾滋病：事实与假说》一文中写道：硒可以提高 T 细胞抵抗病毒的能力，促进抗原和促细胞分裂剂诱导 T 细胞增殖，且 T 细胞在抵抗 HIV 病毒时需要硒蛋白，缺硒会导致免疫功能下降。硒是最关键的抗氧化成分之一，小分子硒化合物通过增强谷胱甘肽过氧化物酶活性从而抑制氧化应激激活 HIV-1 的复制。同时，充裕的硒可以增强脱碘酶活性，利于 T_4 向 T_3 转化，使治疗更有效。[414]

3.1.3　小结和展望

HIV 主要侵犯人类机体的免疫系统，造成免疫功能障碍，导致免疫缺陷，继发会感染而危及生命。目前还没有根治的药物或疫苗，导致人人谈艾色变，引起极大的恐惧和慌乱。[415] 硒是人类必需的微量元素，大量的研究和临床数据分析证实硒与艾滋病有极大的关系。人们发现在富含硒的地区，如塞内加尔，HIV-1病毒携带者发展成艾滋病患者的速度比硒贫瘠的地方慢。近年来，虽说还没有完全根治艾滋病的方法，但是科研成果不断地突破，特别是大型、随机对照临床试验结果将在治疗时机和方案上应用，有些患者的艾滋病已得到很好的控制，甚至完全治愈也成为可能。其中，高效抗逆转录病毒疗法（HAART）在艾滋病治疗方法上是里程碑性的事件，此方法可以将艾滋病患者体内的HIV-1载量控制至最低水平，从而使患者的免疫功能得以重建，降低了患者因艾滋病引起的相关疾病的发病率和死亡率，提高和改善了患者的生活质量。依据HAART在临床上广泛实施与应用的结果以及综合现今的众多研究表明，艾滋病已成为一种可以治疗但现今还不可以治愈的慢性疾病。[416] 随着对艾滋病致病机理认识的不断提高和治疗药物的不断更新，艾滋病治疗除以上提到的方法外还出现了新的方法。目前，还没有具体根治艾滋病的方法，抑制HIV的最佳方法是抗病毒治疗，研究表明，通过抑制HIV感染者的HIV病毒对性传播这一途径几乎可以完全阻断。使用简化治疗的方案主要有以下几种。

（1）双药治疗方案。①双核苷类逆转录酶抑制剂，此方法在三联疗法确立后基本被放弃了，三联疗法在抑制艾滋病病毒方面的效果更好；②蛋白酶抑制剂联合拉米夫定，降低抗病毒治疗的负担需要提升药物的效力、稳固的基因屏障、良好的药理特性和最小个体间与个体内的变异，因此，蛋白酶抑制剂可能是最理想的选择；③蛋白酶抑制剂联合整合酶抑制剂，其具有保留核苷类逆转录酶抑制剂的应用优势，两者进行联合，不会产生药物间的不良反应叠加。患者长期服用核苷类逆转录酶抑制剂可导致不良反应（如脂肪萎缩、疲劳和 / 或轻度肾功能不全），而蛋白酶抑制剂联合整合酶抑制剂的这一特点给患者提供了更好的选择；④蛋白酶抑制剂联合非核苷类逆转录酶抑制剂，其中有 ATV/r（300/100 mg）+EFV 和 ATV/r（400/100 mg）+EFV 两种方案，这两种方案的病毒学抑制率比较接近；⑤蛋白酶抑制剂联合马拉韦罗（MVC），有研究报道 DRV/r+MVC 方案，应用于患者发生病毒学大部分都会失败，尤其在病毒载量较高的患者不易成功，还有 16.7% 的患者在治疗 48 周后病毒没有得到抑制；⑥整合酶抑制剂联合拉米夫定，多替拉韦（DTG）是一种整合酶抑制剂，具有高效性，拥有高基因耐药屏障，有很好的耐受性，常用的核苷类逆转录酶抑制剂联合拉米夫定虽然只有少数研究数据支持这样的组合，但是这是一种可能性很大的组合；⑦整合酶抑制剂联合非核苷类逆转录酶抑制剂，具有核苷类逆转录酶抑制剂和蛋白酶抑制剂方案的优点，极少会产生不良反应事件，也不具有线粒体毒性，能够最小程度地影响骨骼和肾脏，老年患者或就医条件差的患者是不良反应发生的主要人群，第一代非核苷类逆转录酶抑制剂耐药患者首先使用拉替拉韦和依曲伟林（ETR），两种药物的组合不具有药物不良反应的叠加；⑧整合酶抑制剂联合马拉韦罗，目前对这个方案的研究不多，有研究表明应用此方案治疗患者失败，也有另一项研究表明经 RAL+MVC 治疗后，有患者达到了持续病毒学抑制。

（2）单药方案。由于存在耐药而增加了治疗失败的风险，目前不推荐使用单药治疗法，其主要包括两种方案：①蛋白酶抑制剂单一疗法，在出现核苷类逆转录酶抑制剂为骨干的抗病毒药物发生耐药、病毒反弹的情况下，蛋白酶抑制剂可以对病毒的抑制产生作用，并且对以后的治疗效果也不会产生影响；②多替拉韦单一疗法，多替拉韦与蛋白酶抑制剂均能够对抗病毒具有促进的作用，对病毒的抑制有很大的提高，具有较高耐药基因屏障，是一种常用的整合抑制剂。

（3）间歇疗法。这是一种用药时间短且可以达到持续的病毒抑制的方法。这些简化治疗法用药量少，治疗时间缩短，减轻了药物重叠使用带来的副作用，也可以减轻患者的经济负担，但是并不适合每一个艾滋病患者，即需要按实际情况来使用方案。对于简化治疗的疗效有待进一步观察和评估，需要人们在简化治疗上开辟艾滋病抗病毒治疗的新领域。[417]

3.2 硒与流感病毒

3.2.1 流感病毒概述

由流感病毒引起的呼吸道疾病称为流行性感冒，简称流感。流感病毒是导致人类感染呼吸道疾病的主要病原体[418]，流感具有流行面广、传染性强、发病率高等特点，在儿童、老人和高危人群中的死亡率较高，此病波及的范围、造成的经济损失相较于其他传染性疾病来说是最严重的。目前，流感作为一种古老的病毒性传染病，其宿主多种多样，其中野生水鸟被认为是自然界流感病毒的宿主，最近几年，流感病毒又在蝙蝠中被检测出来。流感病毒引起的疾病可以完全治愈且预防措施效果良好。但是，人类可能通过各种家禽、狗、猪、马和海洋哺乳动物等中间宿主感染禽流感病毒，且由于全球物种互相之间活动得更为频繁和区域加大，人、禽、猪和其他属间流感病毒基因重组的概率增加，病毒毒性随之增强。[419]流感病毒的亚型变异速度很快，疫苗的研究速度相对于病毒的变异速度较慢，虽然流感病毒疫苗对预防流感具有良好的效果，但是疫苗只有在与正在传播的流感亚型相匹配时才有效[420]，因此当流感病发时遭到的损失不容小觑。根据美国科学技术委员会的报告数据显示，流感已成为致死率极高的病毒性传染病，近年来每年美国有2～4万人因流感死亡，每年有超过1.2亿美元用于流感预防和治疗。[421]

流感病毒是一种负螺旋单链 RNA 病毒，属于正粘病毒科流感病毒属，根据其核蛋白（NP）和基质蛋白（MP）抗原决定簇的不同，将流感病毒分为甲（A）、乙（B）、丙（C）3 种类型，致病株主要是 A、B 型，C 型基本不致病。病毒表面凸出的蛋白质——血凝素（HA）和神经氨酸酶（NA）是一种表面糖蛋白，在每一个流感病毒粒子中约含有 100 个这种蘑菇状的表面糖蛋白，其中神经氨酸酶晶体由 4 个不同的亚基组成，每个糖蛋白亚基内部的袋状部分都含有酶且每一个神经氨酸酶蛋白袋中都存在 2 个负电性氨基酸分子。A 型病毒分为 H1N1，H1N2，H2N2 等多种亚型，目前有 16 种不同血凝素和 9 个神经氨酸酶从 A 型病毒中被分离和鉴定出来。与 A 型病毒相比较，B 型病毒相对比较简单，仅拥有一种血凝素和神经氨酸酶，不具有亚型。在流感病毒的生命循环中，流感病毒的入侵和传播都离不开血凝素和神经氨酸酶。其中，血凝素与细胞唾液酸的键合诱导细胞吞噬病毒，神经氨酸酶会将此键断开以确保病毒可以继续入侵其他细胞。因此，研究抗流感病毒的药物可以从血凝素和神经氨酸酶两个有效靶位着手。甲、乙、丙这三种类型的病毒粒子结构和外形并不相似，在电镜下呈球状或丝状的 A 型流感病毒，球状时直径达 100 nm，丝状时可长达 300 nm。A 型流感病毒粒子表面存在两种不同的形态，即 10～20 nm 的糖蛋白凸起——血凝素和神经氨酸酶，前者含量比后者多，两者均有抗原性。病毒粒子含有 M1 基质蛋白和 M2 离子通道蛋白。B 型流感病毒粒子的结构和 A 型相差不多，具有 4 种膜蛋白：HA、NA 和 NB、BM2。C 型流感病毒粒子在组分上与 A 型、B 型流感病毒相似，但是结构不同于 A 型和 B 型流感病毒，感染后在细胞表面能形成长有 500 μm 的索带状结构。[420, 422-424]

研究表明，流感病毒基因组 C 型病毒由 7 个分节段单股负链 RNA 构成，而 A、B 型则有 8 个（表 3-1），流感病毒编码至少 10 种多肽，每个片段有保守的 5' 端和 3' 端，其中 5' 端存在 13 个核苷酸，3' 端 12 个核苷酸，5' 端和 3' 端反向互补构成锅柄结构，在病毒 vRNA 的复制和 mRNA 的转录中，这些结构具有极其重要的作用，在 poly（A）化作用激活核酸内切酶活性、RNA 聚合酶结合活性及启动子活性中起着至关重要的作用，在流感病毒复制、转录、包装中起着重要的调控作用。一个开放阅读框架（ORF）至少存在于每个 RNA 节段，如 A 型流感病毒的各 RNA 节段均能编码 1～2 种蛋白。[425]PB2、PB1 和 PA 三种聚合酶分别由 RNA 1～3 所编码；RNA4 编码血凝素蛋白（HA），分为 15 个亚型；RNA 5 编码核壳蛋白（NP）；RNA6 编码神经氨酸酶（NA），分为 9 个亚型；RNA7 编码 M1 和 M2 两种膜蛋白，二者重叠；RNA8 编码两种非结构蛋白（NS1 和 NS2）。[426]

表3-1　A/Tiger/harBin/01/2002(H5N1)禽流感病毒的基因组与编码蛋白

片　段	核酸长度（包括非编码区）	编码蛋白	氨基酸长度	蛋白功能
1	2 341	PB-2	759	RNA 聚合酶亚基；识别 mRNA 帽子结构
2	2 341	PB-1 PB-1 F2	757 87	RNA 聚合酶亚基；RNA 延伸和诱导宿主细胞凋亡
3	2 233	PA	716	RNA 聚合酶亚基，蛋白酶活性；核酸内切酶活性
4	1 778	HA	550	表面糖蛋白；主要抗原；识别受体；促使病毒包膜与宿主细胞膜融合
5	1 565	NP	498	RNA 结合蛋白；在病毒成熟和包装中起作用
6	1 413	NA	454	表面糖蛋白；唾液酸酶活性，病毒释放
7	1 027	M1 M2	252 97	基质蛋白；与 vRNP 相互作用，调节 RNP 的核输出；病毒粒子的出芽离子通道；病毒脱壳和组装
8	890	NS1 NEP/NS2	230 121	抵抗干扰素作用；调节宿主基因表达；调控病毒 pre-mRNA 的拼接、释放和聚合酶活性，调节病毒 RNA 的核输出

　　冬季是流感的高峰季节，需要采取一定的预防措施。预防流感最有效的手段是疫苗接种，它可明显降低患流感和发生严重并发症的风险。免疫力相对较差的老年人、儿童、孕妇、慢性病患者和与流感直接接触的医护人员应该优先接种疫苗。接种疫苗预防比药物预防有更好的作用，因而药物预防如奥司他韦、扎那米韦等只能作为没有接种疫苗或接种疫苗后尚未获得免疫能力的流感重症高危人群的紧急临时预防措施。预防流感等呼吸道传染病的重要手段是保持良好的个人卫生习惯，主要措施包括通过运动提高自身的免疫力和体质，尽量不去接触流感患者，勤洗手，保持环境清洁和空气流通，不要去人群集中的场所，保持良好的呼吸道卫生习惯，在咳嗽或打喷嚏时用纸巾或毛巾等捂住口鼻并且之后要去洗手，在洗手时不要触摸眼睛、鼻或口。如果感染流感应该在家中休息，尽量减少外出次数且及早就医，保持充足睡眠，多吃新鲜水果、蔬菜，补充维生素 C。甲型

H1N1 流感曾在我国部分地区蔓延，造成的经济损失惨重。医院预防甲型 H1N1 的应对措施包括：①紧急应急预案。医院在接到应对甲型 HIN1 流感流行性传染病的任务后，应该立即启动应急预案，按照应急预案，相关部门体系迅速准备，尤其是急诊部的护士应做好充分的心理准备，结合护理实际情况进行处理，保证有效地进行护理工作，同时启动护理人员调动的应急预案，对各种病人进行相应的护理或进行相应的隔离准备；②紧急培训，提高针对突发情况的应变能力。护理人员需要参加针对性强的培训，对甲型 H1N1 流感的流行病学、特征、预防等知识进行了解，掌握甲型 H1N1 流感的防控措施，对护理人员还要进行专门预防的操作培训，要求护理人员严格按照接诊程序操作，患者须拥有专门的病房，并通过专门通道将隔离者接至专门病房，每人一间病房，戴一次性口罩，且教会病人进行自我预防。医护人员应在穿戴好隔离服、护目镜、手套、鞋套等预防用具之后进入隔离区为病人诊治、护理。护理操作做好之后，应严格按照程序脱除用具并及时洗手。病房区应严格按照要求进行消毒，人流和物流通道应该有所区分，严禁交叉逆行，室内应保持通风透气，保持空气流通，每天至少两次用紫外线对医院内的所有区域消毒；③强化隔离措施。具有专门的护理人员预检分诊以确保患者可以及时就诊和防止医源性传播，对患者分发一次性口罩，做到及时、准确分诊，在医院配置消毒装置、洗手液、一次性口罩等一次性用品。保证做到诊疗用品一律一人一处理，配置好专门放置垃圾的装置；④护理管理。保证护理工作的有序性，分配专门的护理人员进行巡视，隔离区严禁探视，患者所需药品应由专门医护人员送至转交，病人之间禁止流动，要求患者在规定区域进行活动，对患者进行相应的心理疏导，宣传流感可以治好，增加患者的治愈信心，尽量减少医护人员在病房中的走动次数，保证医疗器械和设备专人专用，避免交叉使用，每次使用前都应该进行消毒；⑤积极救治，严防交叉感染。医院的消毒工作应严格遵守规定进行操作，医护人员都应该严格执行消毒隔离措施，遵守各项工作流程，保证工作人员零感染。

3.2.2　硒拮抗流感病毒的机理

硒是一种在低分子硒化物和含硒蛋白质中显示其生物功能的重要的微量元素。含硒的蛋白被称为"硒蛋白"，硒蛋白作为抗氧化酶的一种，包括谷胱甘肽过氧化物酶和硫氧还蛋白还原酶（TrxRs）。有一些内源性产物与 DNA 损失、突变和致癌作用有关，而上述 GPxs 和 TrxRs 可以保护人体免受内源性细胞代谢产物的影响。H1N1 病毒是 A 型流感病毒的亚型，2009 年和 2010 年曾在人类中流行，这种病毒在猪身上表现出以下症状：发烧、嗜睡、打喷嚏、咳嗽、呼吸困难和食欲下降。

这种病毒从猪传染到人类身上，形成了新型的病毒"H1N1/09"并迅速在全球流行。此病株传染性强，可在季节性流感等人群之间传播，属于"急性呼吸窘迫综合征"，严重影响人类的生命安全。通过对土耳其 H1N1 流感感染和住院儿童病例分析发现，大多数儿童出现了呼吸并发症，包括气喘、肺炎、气胸、纵膈气肿和低氧血症，造成患者高死亡率的主要原因是严重的呼吸系统疾病和并发症，它们会使患者机体硒蛋白含量和血清硒含量显著降低，考虑到甲型 H1N1 流感感染人群中缺乏硒的概率极大，死亡率和发病率也很高，为此调查和研究了缺硒与感染此病的关系。综合试验结果表明，在 H1N1 流感中低硒状态与氧化剂 / 抗氧化失衡呈现一定的相关性，可能在 H1N1 流感病毒感染儿童的研究中起作用。人类和动物实验研究表明，摄入硒会影响病毒感染的进展，且硒状态可能与病毒应答有关。另有一些观察结果表明，宿主的营养状况和流感病毒之间存在关系。在缺硒状态下，支气管上皮细胞内的谷胱甘肽过氧化物酶 -1（GPx1）的活性明显降低，但支气管上皮细胞的纤毛水平并没有显著改变，支气管上皮细胞黏液的分泌量增加，流感病毒诱导的支气管上皮细胞凋亡数上升，说明硒缺乏对细胞结构的影响可能改变流感病毒感染的免疫反应。[251] 低硒状态对流感病毒基因组进化的影响可能是通过 GPx1 缺陷介导的，因为在一项针对 H3N2 感染小鼠的试验中发现，感染小鼠的肺的 GPx1 活性低于对照组。α– 肿瘤坏死因子是由活化的单核–巨噬细胞产生的能直接杀伤或抑制肿瘤的重要细胞因子。γ– 干扰素（IFN–γ）是由活化的 T 细胞和 NK 细胞产生的具有抗肿瘤、抗病毒及免疫调节功能的细胞因子。研究表明，TNF–α 和 IFN–γ 都具有显著抗流感病毒作用。程昱 [427] 曾探讨硒在感染流感病毒的小鼠体内的保护作用，研究通过检测小鼠血液中 TNF–α 和 IFN–γ 的含量水平，反映出硒对小鼠机体产生的免疫作用。在实验过程中发现，TNF–α 和 IFN–γ 在小鼠感染后的第三天，硒缺乏和硒补充组尚没有较大差异，而在感染后第五天发现，与硒缺乏组相比，硒补充组血液样本中的 TNF–α 和 IFN–γ 含量增加，说明硒是通过使血清中 TNF–α 和 IFN–γ 含量的增加对流感病毒感染起保护作用的。血清中硒水平的降低可导致对流感病毒感染的抵抗能力降低，使 TNF–α 和 IFN–γ 的产生减少，小鼠的生存率降低。补充硒可以提高血清中硒的浓度，也可提高对抗流感病毒的免疫反应。流感病毒感染并诱导体内外宿主细胞发生凋亡，凋亡细胞的死亡被认为是宿主防御反应的一部分，因为它可以在没有病毒复制的情况下关闭细胞诱导炎症反应，这说明宿主细胞凋亡对病毒有一定抵抗作用。Jaspers 等人研究的数据表明，缺乏硒会增强流感病毒诱导的细胞凋亡，死亡的大多是被感染的细胞，同时证明了在缺乏硒的细胞中，感染流感病毒会导致活化的 caspase–3 水平更高。尽管细胞凋亡对病毒复制或宿主细胞防御的影响在学术界一直备受质疑，但是大量研究的数据表明硒缺乏对人体气道上皮细胞的形态和流感病毒诱导宿主防御反应确实有显著的影响。[249]

3.2.3　小结和展望

　　流感病毒包括 A、B、C 三种类型，其中含有的亚型有很多，如 A 型流感病毒有 15 个亚型，NA 有 9 个亚型。流感病毒的基因组节段极易发生基因重配，即新的病毒粒子是由于不同来源的流感病毒基因节段包被在一起形成的。同时，流感病毒很容易发生基因突变，尤其 HA、NA 基因的点突变率很高，点突变后改变其编码的蛋白质氨基酸序列，以便对宿主的免疫系统的识别和清除起到逃避处理的作用。除此之外，HA 蛋白分子个别关键氨基酸位点发生突变，尤其是受体结合部位的氨基酸发生替换，就有可能造成毒粒致病性和改变传播能力的改变，流感病毒的宿主界限表现为不同宿主中流感病毒亚型的分布不同。流感病毒可以感染动物和人类且因传播速度快而在世界范围内流行，对动物和人类的健康和经济产生极其严重的影响。流感病毒的宿主广泛存在于自然界中，如鸟类中存在所有的 HA、NA 亚型；猪中存在 H1N1 和 H3N2 亚型及 C 型流感病毒；人群存在 H1～H3、N1～N2 的亚型组合以及 H5N1 与 B 型流感病毒。流感病毒的进化速率存在很大差异，因为不同宿主体内流感病毒所受的选择压力不同，与人流感病毒相比，鸟类流感病毒保守、进化慢，受到宿主免疫系统的选择压力的原因，尤其是控制糖蛋白的基因 HA、NA，其进化速度要快于其他基因。目前，感染人类的流感病毒类型主要有 H1N1、H2N2、H3N2、H5N1 亚型的 A 型流感病毒和 B 型流感病毒，对流感病的防控和防止流感病毒大肆传播的最主要且最有效的办法就是接种流感疫苗。流感疫苗的种类主要包括传统疫苗、新型疫苗、基于哺乳动物细胞生产的流感疫苗。

　　（1）传统疫苗。传统疫苗主要包括灭活疫苗和减毒活疫苗两种，其中灭活疫苗主要包括以下几种：①全病毒灭活疫苗，此疫苗最先在美国批准生产，具有完整的已灭活的流感病毒，病毒中的所有蛋白质、脂类核酸都包含在内，病毒中的血凝素、神经氨酸酶基因和病毒的内源性蛋白均能够引发免疫反应，故而产生各自相对应的抗体，具有很强的免疫原性，同时具有很强的副作用，只适用于成人。②裂解疫苗，此疫苗是通过选择适当的裂解剂和裂解条件裂解流感病毒，除去其中的核酸和大分子蛋白质，保留部分基质蛋白和核蛋白，抗原有效成分 HA、NA，最终制成疫苗，因为具有疫苗不含脂质、副作用小和免疫原性强的优点，适用于儿童和老年人。③亚单位疫苗，此疫苗是由裂解疫苗进一步裂解纯化制成的，从而得到更纯的 HA 和 NA，任何年龄段的人都可以用。同时，此疫苗与裂解疫苗相似，其安全性和免疫原性良好，且亚单位疫苗发热反应率低于裂解疫苗，该疫苗高效的免疫原性对同亚型流感病毒的攻击具有较好的保护作用。减毒活疫苗是指人工培育条件下使病毒最大限度地丧失致病性，但仍保留一定的免疫原性。接种这种疫苗后，人类体内会产生持久的黏膜免疫应答、体液免疫应答和细胞免疫应答。2003 年，美国 Medimmune 公司成功研发出第一支三价流感病毒活疫苗，并且已经投入市场使用，流感病毒减毒活疫苗十几年的临床应用证明此疫苗是安全的。

（2）新型疫苗。新型的疫苗种类：①类病毒颗粒疫苗，此疫苗类似于病毒样颗粒疫苗，即含有某种病毒一个或多个结构蛋白的空心颗粒，与病毒样颗粒疫苗相类似，具有病毒的免疫原性但没有病毒核酸，能够导致免疫应答的产生但不能进行自我复制，也不具有感染性，是一种很好的疫苗形式。流感类病毒颗粒疫苗在转入原核或真核中进行表达之前，应先将流感病毒结构蛋白基因插入表达载体中，其中的四价流感疫苗被批准用于 18 岁以上的成年人，并且在临床实验上显示了良好的安全性和免疫原性。②重组活载体疫苗，此疫苗可以选择的载体是不能复制或可以复制但不致病的病毒，可以通过基因工程的方法将流感抗原基因重组到病毒基因序列中，之后重组蛋白被建构出来，最终制成疫苗。该疫苗能够诱导机体产生针对抗原蛋白全面、有效、持久的免疫应答，是重组病毒通过模仿病原体自然感染的方式进入机体，进入机体后，病毒能不断地进行复制，流感抗原基因可以被高效表达。③病毒核酸疫苗，此疫苗包括 DNA 疫苗和 mRNA 疫苗两种，其中 DNA 疫苗能激活机体特异性的细胞和体液免疫反应，通过基因工程的方法把一个或多个抗原蛋白的编码基因克隆到真核表达载体上，将此重组质粒转入机体内，使编码基因借助宿主的转录和翻译机制的获得表达，进而通过抗原提呈细胞的方式将抗原提呈给免疫细胞，从而激活机体的细胞和体液免疫应答。mRNA 疫苗与 DNA 疫苗具有类似的作用机制，接种到机体后，mRNA 疫苗能够被直接翻译转录成蛋白质，所以抗原蛋白的表达量更高，此疫苗接种可以降低病毒核酸序列整合到宿主基因组的风险，但 mRNA 疫苗很容易被 RNA 酶降解。优化疫苗的 GC 含量和 UTR 序列并将其整合到核酸精蛋白上，使 mRNA 不被 RNase 的降解，增强了稳定性。④广谱疫苗，此疫苗可以产生交叉免疫保护，使机体不用再接种多种亚型流感病毒感染的疫苗。目前，广谱流感疫苗的研究主要针对的保守表位有 HA1、HA2、NP、M1、M2c、NA。

（3）基于哺乳动物细胞生产的流感疫苗。目前，批准可用于人用流感疫苗生产的细胞系主要有 Vero 细胞、MDCK 细胞和 PER.C6 细胞。虽然这些细胞系现已使用，但是使用细胞系生产出来的疫苗不能确定安全性，如目前基于 Vero 细胞生产疫苗的细胞系存在可能检测不出潜在感染性因子、残余宿主蛋白以及 DNA 可能具有致癌性的风险。

流感病毒是目前研究比较深入的病毒，但是流感病毒变异速度极快，极易产生抗药性，在变换出新类型病毒时，其毒性可能会随之增强。疫苗的有效性主要依赖疫苗和流行毒株的匹配程度，只有及时地更新疫苗株才能更好地发挥作用。由于上述疫苗的生产基质都是鸡胚，增加了其他污染的可能性，如潜在支原体污染等，这些不确定因素给流感疫苗的开发带来了严峻的考验。目前，随着对流感病毒研究的深入和技术的成熟，可能会研制出快速、致敏性低的新型流感疫苗，为预防流感带来新的曙光。[428–429]

3.3 硒与埃博拉病毒

3.3.1 埃博拉病毒概述

1976 年，在刚果金（扎伊尔）北部埃博拉河暴发了一种病毒，感染此病的百姓死亡率很高，埃博拉病毒（EBV）由此得名。埃博拉病毒是一种人畜共患传染病，病死率为 25%～90%。2014 年，埃博拉病毒在非洲 6 个国家流行，爆炸性的疾病过程、高死亡率、无特异治疗法和特异疫苗使用受到了世界卫生组织的高度重视。埃博拉病毒包含 5 种亚型：苏丹埃博拉病毒（SUDV）、扎伊尔埃博拉病毒（EBOV）、塔伊森林埃博拉病毒（TAFV）、本迪布焦埃博拉病毒（BDBV）和雷斯顿埃博拉病毒（RESTV）。在这五种亚型病毒中，前四种病毒均可以引起人类和动物患上严重的疾病，第五种病毒主要是感染某些动物，不会涉及人类。在非洲，埃博拉病毒流行的主要病原体为 EBOV 亚型和 SUDV 亚型。其中，埃博拉病毒引起的一种急性出血人畜共患传染病被世界卫生组织和美国疾病预防控制中心称为埃博拉病毒病，并被列为对人类危害最严重的病毒之一。埃博拉病毒可在多种培养液中繁殖，病毒在不同温度下的状态有所区别，在室温下较稳定，使其存活数日的条件是在 4 ℃，如需长期保存应在 –70 ℃；其被灭活的条件是 60 ℃加温 30 min 以上，对脂溶剂、紫外线、γ – 射线、甲醛和苯酚敏感，紫外线照射 2 min，而使其完全失去感染性则可以使用乙醚、去氧胆酸钠、β – 丙内酯、甲醛、次氯酸钠等消毒剂。

埃博拉病毒不仅可以引起人类的病毒性出血热，也极易感染灵长类和其他哺乳类动物，在埃博拉病毒大肆流行时，大猩猩、黑猩猩、黑背麂羚和果蝠中均曾检测出埃博拉病毒，且出现了与人类患者相似的症状。埃博拉病毒的主要自然宿主不明，目前大多数的观点认为埃博拉病毒的原宿主是果蝠。人感染此病毒后，平均潜伏期为 4～9 天，一般为 2～21 天。在潜伏期后，埃博拉病毒在人体内迅速扩散并大量繁殖，侵袭各种器官，然后出现非特异性症状，如急性发热、肌肉酸痛、头痛、呕吐等，一旦皮肤丘疹，胃肠道、呼吸道和器官淤血，则表明病毒已扩散到全身，这阶段埃博拉病毒的传染性很强。在恢复期间，全身症状开始消退，血液里的病毒也会消失不见，但是在一些免疫隔离部位仍然可以检测到病毒，如眼睛、睾丸等部位。可见，埃博拉病毒在患者恢复期仍可能有传染性。埃博拉病毒病原本只在非洲国家传播，2014 年波及全球，死亡人数极多，而传播途径主要是通过与患者或病毒携带者（或感染的动物）的血液、体液、呕吐物、分泌物（如尿、粪便）和器官组织等接触传播的，目前还没表明不会通过空气传播，已有研究表明灵长类动物间可以通过气溶胶传播。在埃博拉病毒暴发时，人与人之间的传播途径主要包含以下几种：①感染者家庭成员之间的传播，通过日常照料、接触传播。②在准备和举行葬礼的过程中接触死者的遗体而感染；③由于患者自急性期至死亡前血液中均可含有很高的病毒量，医院中医务人员防护不当极易被感染病毒，或是因为隔离不严格、操作不规范使其他患者被感染。人和动物之间传播主要是人类接触了感染埃博拉病毒的动物或尸体，因此可能感染埃博拉病毒而发病。在埃博拉病毒暴发时应该注意以下几点：①由于患者的血液、排泄物、呕吐物感染性最强，因此正常人不要与埃博拉病毒患者或疑似患者进行肢体、体液的直接或间接接触，如有接触后应立即洗手消毒，更换衣物，且对与病患接触的易感人群做好记录，严重者应进行隔离观察；②在体外的埃博拉病毒只能存活 5 天的时间，但是在尸体内存活的时间更久，因此患者尸体必须严格处理，不应对尸体进行搬运和转运，应给患者尸体进行消毒后用密封防漏物品包裹，及时将尸体及物品焚烧或就近掩埋；③埃博拉病毒患者在康复后仍具有感染性，相对而言，成年人感染此病的概率相对更高，其原因主要是成年人需要外出劳作，更容易接触埃博拉病毒宿主。

防止埃博拉病毒暴发的策略与措施如下：首先，由于埃博拉病毒是动物源性疾病，在疾病高发地区，应提高人民群众的相关防护意识，不要接触埃博拉病毒自然宿主，要加强监测已知自然宿主；其次，在暴发埃博拉病毒时，为了准确地检测病毒，识别、监护感染者并使患者得到充足的治疗，应投入充足的人力、物力，保证患者在患病的最初进行隔离治疗，防止疾病在社区内进一步传播，做好环境消毒，利用化学方法对患者排泄物和分泌物进行严格消毒，处理死亡患者的尸体时一定要确保安全；再次，医护人员必须配备自我保护设备，确保人身安全，同时要进行培训，使用焚烧或高压蒸汽消毒方法对具有传染性的医护用品进行消毒，以阻断病毒在医院的传播。

目前，针对引发的疫情开发的埃博拉病毒疫苗，主要包括复制缺陷型 EBOV 疫苗、灭活疫苗、可复制病毒载体疫苗、亚单位疫苗（如病毒颗粒样疫苗）、复制缺陷型病毒载体疫苗、DNA 疫苗。在众多埃博拉病毒疫苗类型中，重组水泡性口炎病毒载体疫苗 rVSV–ZEBOV 是最有效的疫苗，不仅可以用于预防埃博拉出血热，还可作为治疗性疫苗在接触埃博拉病毒后使用。[430–436]

埃博拉病毒为无节的、有包膜的、单股负链 RNA 病毒，属于丝状病毒科，呈形态多样的细长丝状，也可呈杆状、"6"形、"U"形或环状，像空心的管道，长度平均 1 000 nm，直径平均 80 nm，其中感染性最强的纯化病毒颗粒长 805 nm，相对分子质量为 4.2×10^6 Da，基因组长为 18.9 kb，编码 7 个结构蛋白和 1 个非结构蛋白，其基因排列顺序为 NP–VP35–VP40–GP–VP24–L，每一种产物有一种单独的 mRNA 编码。由包膜刺突糖蛋白（GP）、核蛋白（NP）、VP30、VP35、VP24、VP40 和 L（RNA 依赖性的 RNA 聚合酶）组成结构蛋白，病毒包膜与核衣壳之间具有基质蛋白 VP40 和 VP24。核衣壳主要由 NP 组成，核蛋白复合物主要负责病毒的复制与转录，其是由 NP、VP30、VP35 一起构建成的。它们与宿主感染的范围具有一定关系，并且参与了病毒体的装配与出芽过程。在基因转录过程中因为 GP 基因中具有剪接位点，所以可以加入碱基 A。GP（GP0）合成后，经过加工切割，形成 GP1 和 GP2，其中在病毒体表面突出的包膜糖蛋白是 GP1，而 GP2 先通过双硫键连接形成异二聚体，然后以三聚体棘突的形式覆盖在病毒体包膜的表面，是一种可锚定在细胞膜上的糖蛋白。GP1 与 GP2 是带有中和表位的糖蛋白，埃博拉病毒是通过 GP1 中的 17 肽与受体结合入侵内皮细胞及单核细胞的，该 17 肽在宿主细胞凋亡及免疫病理作用中发挥了重要的作用。埃博拉病毒 GP 基因的原始产物为非结构蛋白，即分泌型糖蛋白（sGP）。sGP 与 GP1 和 GP2 一样，拥有相同的中和表位，在疾病早期大量分泌 sGP 是病毒逃逸中和抗体作用的一种机制。埃博拉病毒一般通过黏膜表面、擦伤的皮肤或污染的针头进入人体，该病毒是一种泛嗜细胞性的病毒，可侵犯各系统器官，特别是对肝、脾的损害严重。[436–438]

3.3.2 硒拮抗埃博拉病毒的机理

埃博拉病毒起初流行于硒缺乏地区，硒可以通过改善免疫功能从而提高宿主的抵抗力。因反转录病毒含有编码硒蛋白的 UGA 密码子，在病毒复制过程中，所需要的硒会增加，所以会引起宿主体内缺少硒，同时产生的有氧自由基会毒害宿主细胞。硒缺乏会导致病毒基因组氧化性损害，诱导增加病毒致病性的突变，因此适当补硒可以调节疾病的病程。在研究 EBOV 与硒的关系时发现，由于硒的缺乏能够促进机体内的补体系统活化，而激活后的补体会导致患者出现出血性症状，因此现在认为硒缺乏与 EBOV 导致的出血性表现相关。[253] 硒是遗传密码子中不可缺少的微量元素，硒半胱氨酸是硒蛋白的组成部分，亚硒半胱氨酸被插入功能中枢亚硒蛋白的活性中心，具有一系列的多效性作用，在亚硒蛋白中，谷胱甘肽过氧化物酶（GSH-Px1 和 GSH-Px3）、硒蛋白 P 在保护细胞免受自由基诱导的氧化应激中发挥作用。入院的脓毒症患者中极大部分的血浆硒水平和 GSH-Px3 活性都很低，这与脓毒症的严重程度和死亡率成反比。Huang 等人招募 SIRS 或脓毒症患者对他们补充一定量的硒，观察、研究和记录患者体内的血浆硒水平，经过数据分析得出结论，对危重化脓性脓毒症患者应该考虑进行肠外补充硒。埃博拉出血热是一种急性出血性传染病，而硒有凝血作用已被证实，由此推测可知硒在埃博拉出血热的治疗中是有益的。埃博拉脓毒性休克的临床症状与出血热相似，注射亚硒酸盐是治疗前者的有效方法，也可降低后者各时期的死亡率。[439] 已有证据表明，ATIs 可能被某些 RNA 病毒利用，主要通过将宿主硒蛋白聚在一起，终止原来的 UGA 密码子并转换为硒半胱氨酸，使其能够表达病毒编码的硒蛋白模块。由于在艾滋病患者中血清硒水平与死亡率之间存在负相关关系已被证实，因此猜测硒在埃博拉病毒发病机制和治疗中会发挥同样的作用。对 mRNA 水平和蛋白质合成的调控在某些 RNA 物种中通常涉及 mRNA 的降解，或 RNA 没有被降解的情况下抑制蛋白质的翻译，以上结果的出现主要取决于两个 RNA 之间的互补性程度。对于具有天然反义转录本（NATs）的细胞基因，其蛋白质合成可以通过 NAT 与靶 mRNA 结合而下调或上调。在基因组大小受到高度限制的小型病毒中给予假设，假设病毒可以通过捕获半胱氨酸插入序列（SECIS）元素从而有可能获得额外的蛋白质编码，使可以适当定位的 UGA 终止密码子被"重新编码"并翻译为硒代半胱氨酸。由于 SECIS 在翻译中会起作用，UGA 在由单独的 mRNA 携带的情况下，有可能因栓系 mRNA 中存在的 SECIS 使栓系 mRNA 中的 UGA 被重新编码，因此在表达病毒编码的硒蛋白模块的能力的同时，一种亚硒蛋白的功能性病毒同源物谷胱甘肽过氧化物酶（GPx）在传染性软体动物基因组中被发现，证实了亚硒蛋白编码能力可以为病毒所用。编码抗氧化剂硒蛋白可以增强病毒对基于氧化剂的免疫攻击的反应和生存能力，从而提高病毒的适应度，且在 RNA 病毒中发现了与框架内 UGA 密码子 GPx 相关的序列，这些序列的 UGA 活性位点区域通常编码在另一种病毒蛋白的重叠阅读框中。基于上述病毒与硒的关系，提出且为证实某些 RNA 病毒可以通过反义抑制细胞含硒蛋白质的合成，或某些 RNA 病毒在 ATI 硒蛋白 mRNA 可以使病毒硒蛋白合成的前提下，直接竞争硒代半胱氨酸。Ethan 等人展开了相关调查研究，据分析数据和现象可知，增加硒有可能减少埃博拉病毒对宿主硒的竞争，有利于宿主硒蛋白的合成，减少免疫系统遭受的损害。[440]

3.3.3 小结和展望

埃博拉病毒是一种十分罕见的烈性传染病病毒，可引起人类和灵长类动物产生埃博拉出血热，该病致死率极高，目前还没有针对此病的治疗方案和特异性药物，临床上对此的治疗方法仍主要是对症疗法和支持疗法。针对埃博拉病毒治疗方案和药物的研究有很多，目前混合单克隆抗体鸡尾酒疗法认可度相对较高，它是通过使用重组优化的单克隆抗体和抗埃博拉病毒混合抗体，联合腺病毒载体干扰素 α 的复合抗体（ZMAb）组成的新药。ZMapp曾在非洲灵长类动物试验中表现良好，可有效治愈模型组实验动物，具有明显的保护作用。药物法匹拉韦是一种通过作用于RNA聚合酶而有效抑制病毒RNA合成的抗病毒药，虽然在针对治疗埃博拉出血热上已有成功的案例，但是目前还处于临床试验阶段。通常利用黑猩猩和非人灵长类动物研究埃博拉病毒疫苗，其主要疫苗种类有重组水泡性口炎病毒载体疫苗（rVSV-ZEBOV）和腺病毒载体疫苗（cAd3-ZEBOV），且实验结果显示动物在接种疫苗后机体可产生埃博拉病毒抗体或分化出抗病毒细胞，可以有效阻止埃博拉病毒感染。

虽然持续 3 年的埃博拉疫情已经宣告结束，但是该疫情给人类带来的恐慌和影响挥之不去。在 III 期保护效力实验中，r VSV-ZEBOV疫苗获得了新的研究成果，对防控埃博拉病毒爆发疫情具有很大的帮助，但是埃博拉疫苗还有许多问题没有解决，尤其是如果埃博拉疫苗使用在特殊人群中，其安全性没有完全得到保障。例如，在免疫缺陷病患者、免疫功能障碍者、孕妇、低龄儿童和老年人中使用埃博拉疫苗，不能完全保证疫苗的有效性和安全性。除此之外，需要对经长期保存的埃博拉疫苗的有效性、安全性进行观察，以防止疫苗的有效性随时间的推移而发生改变，且需要科研人员继续探索最优化的疫苗免疫程序。在发展中国家，开发多种生物相关病原体的综合性疫苗及多元性诊断试剂是值得深入研究及发展的方向。同时，人畜病交叉现象越来越多，应重视和发展人医、兽医、环境医学之间的沟通与合作，并对人畜共患病病原体及其宿主、免疫学和药物学开展更加深入的研究。现阶段应致力研究出更有效、更安全的疫苗和药物，用于对抗未来的未知数。总结之前的疫情，人们必须重点关注以下几点：①通过完善卫生体系预防、发现和应对埃博拉疫情；②需要警惕埃博拉流行株产生针对疫苗的免疫逃逸，加强检测埃博拉病毒流行株的变异情况，做好相应的准备，以便能够快速应对未来可能出现的埃博拉疫情；③不停地研究埃博拉疫苗，争取研制出安全、广谱、高效的疫苗。[441-442]

3.4　硒与小鼠乳腺肿瘤病毒

3.4.1　小鼠乳腺肿瘤病毒概述

　　小鼠乳腺癌的发生，90%以上与小鼠乳腺肿瘤病毒（MMTV）有关，且这一言论早已得到证实。1936 年，Bittner在小鼠乳汁中发现了小鼠乳腺肿瘤病毒，认为此病毒是通过在具有乳腺肿瘤遗传易感性的小鼠体内与雌激素之间的协同作用而产生致癌效应的。[443] 另有研究表明，极大部分的小鼠乳腺肿瘤致癌是因为此病毒。[444] 20 世纪 90 年代，明确了人乳腺癌组织中存在 MMTV 样 DNA 序列，它是通过 PCR检测 MMTV Env基因序列明确人乳腺癌组织中存在 MMTV 样 DNA 序列，有研究小组将这种从人类肿瘤细胞和组织中获得的 MMTV 样病毒命名为 HMTV。目前，HMTV 在人乳腺癌的发生中起着重要作用，这一观点受到众多研究结果的支持，另有研究显示人乳腺癌中分离出的病毒序列与内源性前病毒序列有所不同，但几乎与 MMTV 完全相同。在人与人之间，MMTV 样病毒的传播方式是通过母乳进行传播的，但是也有研究发现不仅在患乳腺癌的女性乳汁中可以找到 MMTV 样序列，MMTV 样序列还存在于健康女性的乳汁中。小鼠乳腺肿瘤病毒包括外源性（MMTV）和内源性（Mtv）两种形式，这两种形式具有相似的遗传结构，其中外源性 MMTV 主要通过哺乳期动物的乳汁传播，且可以在以后的生活中诱发乳腺肿瘤。MMTV 为研究病毒感染和人类乳腺癌提供了许多关键模型，除了水平传播的MMTV外，大多数自交小鼠的基因组中还包含永久整合的原病毒，这些原病毒是MMTV感染的残余，并垂直传播。目前，内源性 Mtv 已经鉴别出 30 多个，其在自交系实验室小鼠和野生小鼠基因组中均有体现，且随着细胞的分裂而不断扩增。虽然内源性 Mtv 在其前病毒基因中的突变或缺失致使大多数的内源性 Mtv 不形成感染性病毒，但是它可以和外源性 MMTV 整合或自身不断扩增而诱发乳腺癌。另有观点认为，内源性 Mtv 及其宿主的共同进化病毒有充足的时间发展各种免疫逃逸机制。虽然许多内源性的基因序列已经发生突变，导致它们是非功能性的，但是 Sag 表达仍然完整，表明对宿主有益处。最近的一些研究表明，这些优势超出了最初的观点，即 Mtv 在所有模型中的作用机制，特别是 Mtv 凹陷对免疫系统的影响可以提供潜在的好处，至少能证明利用逆转录病毒载体进行基因治疗的淋巴细胞修饰有用。MMTV 也可以通过乳汁、唾液、粪便等分泌物将病毒传播给人类，人们尚未真正弄清楚 MMTV 进入人体细胞的途径，但大多数研究支持的观点是 MMTV 借助 B 细胞表面的转铁蛋白受体 1（TfR1）进入细胞，而且在低 pH 环境（<5.2）下 MMTV 更易于生存，可能性最大的是 MMTV 与细胞表面结合后，再借助 TfR1 的作用被转运到晚期内体。含有 MMTV 的乳汁进入体内后，肠集合淋巴小结内的树突细胞会先被其感染，然后 T 细胞和 B 细胞也会被其感染，对其他淋巴结和淋巴器官也有很大影响。MMTV 利用一个多步骤过程的前病毒整合介导引起乳腺癌。有报道表明，MMTV 可以通过改变基因产物的编码区（如插入突变）诱发乳腺癌。有研究发现，小鼠乳腺肿瘤的 MMTV 插入位点有 Wnt、Fgf、Fgfr、Rspo 和 Pdgfr 基因家族，而且目前在人乳腺癌中也有 20 个类似 MMTV 常规插入位点，导致相关基因发生失调或突变。

　　MMTV 大概有 9 kb 的长度，其基因组的编码基因主要包括以下几种：①结构核心蛋白基因，主要作用是对病毒的前体蛋白进行编码，并经过剪切形成病毒的主要结构骨架蛋白；②多聚酶基因，即逆转录酶，主要作用是对依赖 RNA 的 DNA 多聚酶进行编码；③被膜基因，主要作用是对病毒颗粒的被膜表面糖蛋白进行编码。病毒复制需要的全部遗传信息包含在以上 3 个基因片段内。Env 蛋白是由被膜基因编码的，其进入细胞的方式是通过结合特异性细胞表面分子介导逆转录病毒。MMTV 的 Env 与其他逆转录病毒相同，均存在两条链，经过细胞弗林蛋白酶处理后，重 73 kDa 的蛋白前体生成 52 kDa 的细胞表面蛋白，进入受体后与膜融合结构域结合。MMTV Evn 蛋白含有酪氨酸激活基序（ITAM），可以在体内外引起正常小鼠和人类乳腺上皮细胞的形态结构改变，此基序经酪氨酸激酶 scy 和 src 磷酸化后可作为含有 SH2 信号蛋白的对接位点，将引导下游信号传导。

　　乳腺肿瘤的发生是人的肥胖和脂代谢的改变、年龄增长伴随的体内激素的变化、精神心理变化伴随的内分泌失调等多种危险因素的结果。容易使人患有癌症的原因还有生育问题和月经等生理异常变化、不适当地使用含激素药物及某些疾病的存在。遗传也是导致乳腺肿瘤的原因之一。表观遗传学失调可以诱导产生乳腺肿瘤，表观遗传学是指基因表达会发生改变，但基因序列没有发生任何变化。

　　乳腺癌有多种病理分型方法，目前国内多将乳腺癌分为非浸润性癌、早期浸润性癌、浸润性特殊癌、浸润性特殊癌、其他罕见癌。每一种癌症出现的概率都不一样，乳腺癌中最常见的类型是非浸润性非特殊癌，占 80%，且此型一般分化低，预后较差。目前，主要以手术治疗乳腺肿瘤，再通过化疗、内分泌治疗及放射疗法进行辅助治疗。近年来，在分子生物学领域中免疫细胞有了很大发展，免疫细胞学广泛应用于肿瘤治疗上。在临床中，运用免疫细胞过继治疗是最有价值的，人外周血或脐带血中的核细胞通过在体外利用多种细胞因子进行诱导，从而获得具有高效杀伤力的 CIK 细胞。在恶性肿瘤的治疗方面，利用 CIK 细胞联合抗原呈递能力最强的树突状细胞的方法取得良好效果。另一种新型治疗方法是基因疗法，先制备 DC 疫苗，该疫苗是通过在体外将负载自体肿瘤特异性抗原的 DC 扩增制成的。将 DC 疫苗与有效免疫佐剂共同接种到肿瘤宿主后，原初型 T 细胞被自体肿瘤抗原特异性所激活，对机体进行刺激，使机体产生对肿瘤细胞的主动免疫应答，免疫佐剂也在其中起着很重要的作用。此外，还可针对乳腺肿瘤极易对放疗和化疗产生耐受反应的缺点，通过服用药物的方法治疗。mTOR 抑制剂——西罗莫司可激活肿瘤细胞自身的自噬程序引起自噬性死亡，同时肿瘤的耐药性得到改善，而且抑制剂耐药阶段的肿瘤自噬可以增强肿瘤的敏感性，有利于提高放化疗疗效。从珍稀植物红豆杉中提取的紫杉醇成为继化学药物阿霉素和顺铂后最热门的抗癌新药，紫杉醇在治疗乳腺肿瘤、卵巢肿瘤、炎症、疾病及瘢痕修复等疾病中体现了良好的治疗效果。[445-451]

3.4.2　硒拮抗小鼠乳腺肿瘤病毒的机理

硒抗肿瘤存在比较复杂的作用机制，因为硒化合物有二重性的特点，适宜的硒化合物浓度对细胞具有积极的作用，但高浓度时会对细胞膜结构产生损伤甚至崩解，同时蛋白交联过度的情况非常容易出现，且能够造成硒依赖性酶失活。硒能够杀伤或杀死肿瘤细胞是因为直接对肿瘤细胞产生细胞毒作用。研究表明，硒是一种抗氧化剂，抗氧化能力极强。人们可以通过抗氧化使机体抵抗肿瘤的发生。机体在代谢过程中极易发生癌变是由于产生的自由基可以使膜的结构和功能遭到破坏。硒蛋白 P 不仅可以消除自由基，其抗氧化作用还减少了对 DNA 的损伤，可以达到预防肿瘤突变的效果。作为肿瘤抑制剂，硒化合物的有效性与硒的化学形式、硒的摄入量、硒所处的氧化还原状态和作用有关，且可经过多种方式和途径引起肿瘤细胞死亡，从而具有抗肿瘤的作用，如改变硒摄入量、蛋白修饰（信号分子和转录因子的激活或失活）、ROS 形成、细胞生长停滞、程序化细胞死亡的诱导、抗血管生成作用和错误折叠蛋白的蓄积等。硒介导肿瘤细胞死亡的机制也是多样的，可以由硒化合物 NaSeVO 进行诱导，并造成释放细胞内线粒体细胞色素 C、PARP 裂解，IkBα 降解减少以及 NF-κB 核转移。硒化合物是癌基因表达的调控因子。硒化合物可以造成 DNA 损伤，抑癌基因 p53 被其激活，对下游 p21 蛋白的表达具有一定的促进作用。p21 蛋白对细胞凋亡具有一定的促进作用，进而起到预防肿瘤的作用。硒还可以调控肿瘤细胞中 Bcl-2 基因和 Bax 基因的表达，激活凋亡信号引起氧化应激效应，从而产生诱导肿瘤细胞凋亡的过氧化物和超氧阴离子。硒化合物通过调控细胞循环蛋白及其激酶的表达，阻滞细胞周期 G1/S 的进一步分裂，使 DNA 合成减少，细胞生长停止。另外，硒化合物对肿瘤坏死因子受体超家族成员 Fas/FasL 的表达、调节细胞内多胺水平等方式具有一定的促进作用，可以通过启动致死性信号产生一系列特征性变化，使肿瘤细胞死亡。[450] 研究表明，硒的化学特性不仅取决于摄入量，还与硒蛋白的表达水平有关，提高硒蛋白的表达机制对肿瘤预防的有效性是很重要的。硒的缺乏可以增强致癌的可能性。实验证明，使用特定的转基因小鼠模型产生的硒缺乏可以增强结肠癌和前列腺癌的患病风险。甲基亚硒酸和亚硒酸盐这两种形式的硒对乳腺癌有很好的抑制作用，甲基亚硒酸是一种稳定的含硒有机化合物，是仅含有一个甲基，不含氨基酸的剥脱版硒。甲基硒酸主要是促进细胞凋亡，而亚硒酸只是促进细胞坏死，其中甲基亚硒酸可以通过改变表观遗传标记抑制肿瘤细胞的增长，从而诱导肿瘤细胞凋亡。[452] 刘玉竹将构建的 BALB/C 系乳腺癌细胞原位移植瘤模型小鼠经甲基硒酸饲喂处理，最后分析发现甲基硒酸对肿瘤的抑制作用显著。此结论主要通过下面的乳腺移植瘤组织解剖观察和数据分析得出（图 3-1）。

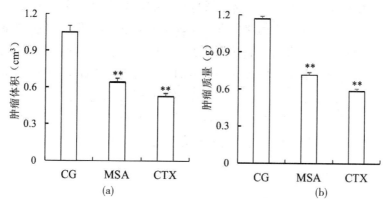

注：图中实验组为肿瘤组 (CG)、肿瘤高硒组 (MSA) 和肿瘤 CTX 组 (CTX)。

图 3-1　不同药物处理下的肿瘤体积和质量

由图 3-1（a）可知，阳性对照组与肿瘤组（阴性对照组）相比，阳性对照组注射环磷酰胺（CTX）的小鼠有最明显的抑制效果，肿瘤的质量减少了 45%，饲养甲基硒酸（MSA）的小鼠移植瘤的质量减少了 32%，均在药物治疗肿瘤的评定标准之内。由图 3-1（b）可知，在体积方面，阳性对照组的肿瘤和肿瘤高硒组的肿瘤均有显著减少的情况。根据肿瘤质量和体积的指标下降程度分析可以得出，MSA 对肿瘤的抑制效果显著。[450] JAK-STAT 信号通路传递的细胞信号范围很广，包括一系列与细胞表面特定受体结合的激素、生长因子和细胞因子等。JAK-STAT 信号通路主要由酪氨酸激酶相关受体、酪氨酸激酶 JAK 和转录因子 STAT 三个组分构成，与细胞凋亡密切相关，其持续激活可抑制或诱导细胞凋亡。基质金属蛋白酶 2（MMP2）和 MMP9 参与促进肿瘤细胞的生长、侵袭和转移。刘玉竹[450]研究发现，AG490 是一种 PTK 抑制物，可阻断 JAK-STAT3 信号通路。JAK-STAT3 信号通路与肿瘤的增殖、凋亡密切相关，而甲基硒酸对 JAK-STAT 通路细胞因子的调控与 JAK2 特异性抑制剂 AG490 相似。STAT3 可以促进自身进行转录、诱导细胞转化，因此被定性为癌基因，活化的 STAT3 在肿瘤形成的过程中起着极其关键的作用。由于 MMP2 和 MMP9 是 MMPs 家族的重要成员，因而可以通过抑制 JAK2 和 STAT3 的活化，直接催化基底膜和细胞外基质的降解，形成局部溶解区，构成肿瘤细胞移动的通道，促进肿瘤的进一步发展和转移，同时由于促进了肿瘤的血管生成和毛细血管的增生，加速了肿瘤生长。刘玉竹的试验通过检测细胞中的 MMPs 的转录及蛋白表达的变化情况证实在肿瘤细胞中 MMP9 和 MMP2 的转录和蛋白均呈高表达状态。如果进一步下调 MMP2 和 MMP9，上调 MMPs 的特异性抑制剂 TIMP2 和 TIMP1，可以导致细胞凋亡调控因子 Bax/Bcl-2 的蛋白比率上升，最终诱导移植瘤中细胞凋亡，发挥抗乳腺肿瘤病毒的作用。综上所述，甲基硒酸是通过阻断 JAK-STAT 信号通路促进小鼠乳腺肿瘤细胞的凋亡，发挥抑制肿瘤的作用的。动物实验研究和流行病学研究表明，硒极可能是一种非常有前景的癌症化学预防剂，但是对其化学呼吸活动产生的生物机制目前尚不清楚，也不清楚硒是通过元素的形式与有机化合物结合起作用的，还是通过硒蛋白起作用的。对于硒蛋白是否可以降低化学诱导性乳腺癌的风险，研究结果表明，硒蛋白对化学诱导乳腺癌具有保护作用，但不能作为一种完全的化学预防剂。[254]

3.4.3　小结和展望

乳腺癌是妇女最常见的恶性肿瘤之一，是 45 岁以下女性癌症死亡的主要原因。依据 2012 年 WHO 乳腺肿瘤组织学的新版分类，乳腺癌的类型主要包括上皮性肿瘤、间叶性肿瘤、纤维上皮性肿瘤、乳头部肿瘤、恶性淋巴瘤、男性乳腺肿瘤、转移性肿瘤、炎症性乳腺癌和双侧乳腺癌等。在我国，各种恶性肿瘤中乳腺癌的发病率占 7%～10%，仅次于子宫癌，呈逐年上升趋势，极可能跃居女性肿瘤首位。乳腺癌主要出现在女性身上，男性患乳腺癌并不多见。乳腺癌的发病率存在一定的种族差异和地区差异，如美国的白人比黑人发病率高，我国汉族发病率比少数民族高，西方欧美国家发病率高于亚非国家。造成上述现象的主要原因之一就是饮食习惯不一样。国内外学者对乳腺癌的研究虽然取得了不小的进步，但是目前对其病因还比较模糊。在探寻病毒与乳腺癌关系的研究中，有不少证据直接或间接地指出乳腺癌与一种小鼠乳腺肿瘤病毒（MMTV）有关系，因为它们具有相同的逆转录病毒，即小鼠乳腺肿瘤病毒的人类同源病毒（HHMMTV）。通过使用 PCR 技术检测 MMTV env 基因序列，了解到人乳腺癌组织中存在 DNA 序列，但研究发现不同地区的 MMTV 检出率各不相同。[448, 452] MMTV 感染人类细胞，将其基因信息随机整合到被感染的细胞中，这是逆转录病毒生命周期的关键步骤，并通过产生可感染的后代传播。在乳腺癌标本中，使用不同的检测方法的 MMTV 的检出率不一样，且不同部位检出率也不一样。在正常乳腺组织中，MMTV 样病毒序列检出率为 15.7%～33.0%。外源性 MMTV 序列在乳腺癌的进展早期极易被识别[453]。研究表明，正常组织中的 MMTV 样病毒序列主要是通过外源性途径感染的。在众多研究中都有检出 MMTV，但是仍不能证明乳腺癌就是小鼠乳腺肿瘤病毒直接导致的。最具争议性的就是检测乳腺癌中 MMTV 存在所用的 PCR 或巢式 PCR 技术都可检测病毒 DNA 的存在，且人体内的病毒量比小鼠的水平低。在生物学作用上，人乳腺癌可能与小鼠的不同或很大可能由于污染造成结果呈阳性，这些漏洞的存在导致不能直接判断 MMTV 与乳腺癌的关系。同时，有报道称人乳腺癌发病因素中理论上存在一种与 MMTV 类似或同源的外源病毒感染的可能，其在人体与动物实验中已被证实可以影响原癌基因的表达，促进细胞的增殖。目前的问题是应该如何证实 MMTV 对人的外源性感染，即使是外源性感染，其传播途径以及感染的组织特异性也需要阐明。更为重要的是，外源性感染是否通过母乳垂直传播，病毒是否会感染生殖细胞形成后代的内源性病毒，这些都缺乏大范围资料的证实。随着时代的进步，技术的逐渐成熟，通过人们的不断研究，一定可以提供更有利的证据证明 MMTV 在乳腺癌中的潜在意义。同时，对乳腺肿瘤的治疗方法应结合中西方医学研究，相较于化学药物开发昂贵、副作用大的缺点，药用植物有着天然的优势，且我国植物资源丰富，种类繁多，在研究上具有一定的有利条件。药用植物体内存在广泛抗癌的生物活性物质，近年来，用中药进行体内试验取得了良好效果。中药和其提取物因作用靶点多、高效低毒、可以逆转肿瘤耐药性特点，已被广泛应用于临床。经研究表明，中药及其提取物不局限于一种途径，而是通过多种途径达到抗癌的效果：①在细胞内死亡信号的激活过程中存在很重要的作用，肿瘤细胞的死亡可以通过级联反应启动凋亡程序；②改善机体对抗肿瘤异常的免疫功能状态，增加红细胞的数量和增强红细胞活性，提高红细胞免疫黏附肿瘤细胞的能力；③血管生成因子不能正常表达，减少肿瘤发展所需的血管生成；④在抗肿瘤的早期防治中具有重要的作用，使机体不能产生癌变的基因突变或发生染色体畸变。与之前相比，中药抗肿瘤作用的分子机制已经具有一定的发展，但还需要进行更深层次的研究，充分利用中药抗肿瘤的优点将抗肿瘤中药的开发研究与现代细胞分子生物学联合，为人类健康研究出更有意义的成果。[449-450]

3.5　传染性法氏囊病毒

3.5.1　传染性法氏囊病毒概述

传染性法氏囊病（IBD）最初在 1957 年美国特拉华州南部的岗博罗地区被发现，因此又称"岗博罗病"，其病原是传染性法氏囊病毒（BDV）。1979 年，邝荣禄等 [454] 在我国广州发现该病。传染性法氏囊病毒是一种无囊膜的 RNA 病毒，属于双 RNA 病毒科禽双 RNA 病毒属。[455] 传染性法氏囊病毒具有单层衣壳，呈二十面体立体对称，T–13 晶格分布，病毒粒子直径 50～60 nm。传染性法氏囊病毒对热（60 ℃，30 min）稳定，无论用乙醚处理还是用氯仿处理，其活性都能继续保持。该病毒在进行复制时，对细胞的 RNA 及蛋白质的合成无明显影响，而是继续在胞浆中组装。传染性法氏囊病毒的基因组由 A（3.2 kb）和 B（2.8 kb）两个双链片段组成，A 编码形成 VP2蛋白、VP3蛋白、VP4蛋白和 VP5蛋白，B 编码产生 VP1蛋白（一种 RNA聚合酶，位于衣壳内面）。其中，VP1、VP2、VP3 和 VP4 为结构蛋白，VP1 和 VP2 既是传染性法氏囊病毒的主要结构蛋白，又是保护性抗原成分，但只有 VP2 可以诱导哺乳动物细胞凋亡。有研究发现，VP1 的缺乏对传染性法氏囊病毒的形成没有影响，说明在传染性法氏囊病毒衣壳的组装中 VP1 是非必需的，但其对病毒基因组的复制是必不可少的。在传染性法氏囊病毒中，VP3 含有群特异性的抗原决定簇，具有一定的免疫保护功能，是一种比较重要的结构蛋白，但是其抗原决定簇诱导产生的抗体对病毒只有很小的中和能力。VP4 编码的结构蛋白的主要作用是加工多聚蛋白 N–VPX–VP4–VP3–C，释放出 VP2 和 VP3 这两个主要的结构蛋白，其在总蛋白中占有的比例很小。[456]

传染性法氏囊病毒在宿主体内主要分布在法氏囊、脾脏和肾脏，发生病毒血症期间血液和部分脏器组织中也有较多病毒，引起免疫机能障碍，进而影响各种疫苗的免疫应答，甚至导致免疫失败。传染性法氏囊病毒会使鸡的法氏囊出现病变，病变的法氏囊其重量和体积为正常值的 2～3 倍，而法氏囊本身的颜色会由原本的白色变成黄色，感染 5天后，法氏囊开始逐渐缩小，缩小至原本大小的 1/3。长期以来，家鸡是传染性法氏囊病毒的天然宿主，不论任何品种的家鸡都能感染 IBD，而且不同品种的家鸡感染程度也不一样。家鸡感染传染性法氏囊病毒后，出现的症状有厌食无神、眼窝凹陷等，最后衰弱而亡，整个病程为一周左右。少部分家鸡在病愈之后，会出现生长发育不良，机体免疫力严重下降的现象，从而使患病鸡增强了对其他病原的易感性，临床上经常引起其他疾病（主要是大肠杆菌病、球虫病、鸡新城疫、鸡马立克氏病等）的协同或继发感染，养鸡产业遭受的损失是巨大的，被称为"鸡的艾滋病"。研究表明，传染性法氏囊病毒也会感染其他禽类，主要传染源是病鸡或带毒鸡，该病毒的传播媒介主要是鸡的粪便、水源以及鸡舍工具。传染性法氏囊病毒发病主要集中在 5～7 月份，其传播途径主要有两种，即水平传播和垂直传播。鉴于传染性法氏囊病毒带来的危害广且该病毒存在超强毒株，我国把传染性法氏囊病定为家禽二类传染病。[457] 目前，IBD 已先后流行于中国、英国、美国等多个国家和地区，呈世界性流行分布。因此，该病受到多个国家和地区家禽业的高度关注，已成为养禽业研究的热点之一。

3.5.2　硒拮抗传染性法氏囊病毒的机理

传染性法氏囊病毒主要破坏鸡的中枢免疫，法氏囊是其主要的破坏器官。该病毒损伤鸡的法氏囊，从而导致鸡的免疫抑制，使患病鸡对其他病原更易感（如沙门氏菌、大肠杆菌等），甚至使鸡对已经接种过的疫苗出现免疫应答下降或丧失的现象。[458] 许多实验表明，硒或硒化物拮抗传染性法氏囊病毒，拮抗该病毒主要有两个方面，即硒蛋白的免疫作用和硒抗氧化作用。

（1）硒蛋白的免疫作用主要包括以下几方面：①硒蛋白参与细胞免疫过程，通过影响淋巴细胞的酶系，如 AKP 等酶的活性，进一步增强淋巴细胞的增殖、分化和分泌淋巴因子（如白介素、干扰素等）功能；②硒蛋白作用于硫基化合物有利于刺激各种组织和细胞的分裂的能力，从而调节免疫细胞的增殖和分化，提高免疫应答水平；③硒蛋白还能增强特异性体液免疫功能，提升体内抗体水平；[459] ④维生素 E-硒复合物对免疫系统的维持更是起着重要的作用，可以促进抗体（免疫球蛋白）的合成，提高系统的免疫反应，虽然维生素 E-硒在促进吞噬活性的作用已有报道，但是确切机理尚需进一步研究。[460]

（2）硒抗氧化作用：硒蛋白协同 SOD 通过抗氧化作用清除鸡体内的自由基，降低传染性法氏囊病毒对鸡的致死率。[256] 此外，硒-锌复合物可以作为一种预防措施，有效降低 IBD 的发病率和死亡率。鸡体内充足的硒蛋白能增加对病原感染的抵抗力，通过 Th1 和 Th2 细胞介导免疫应答的效应机制和白介素产生的调节机制增强对病原感染的抵抗力，从而保护细胞免受自由基的影响。[461] 众多学者对传统的中草药防治鸡传染性法氏囊病毒的机理进行了大量研究，研究数据表明，传统的中草药不仅可以杀灭病原微生物，还可以促进机体免疫器官的发育，增强机体的细胞免疫和体液免疫，促进细胞因子的产生，甚至有的中草药能促使抗体提早形成或者延长抗体在体内的存留时间。目前，研究传统中草药拮抗传染性法氏囊病毒已成为当今禽病研究的热点之一，尤其是对富硒中草药疗效进行的研究。

3.5.3　小结与展望

鸡传染性法氏囊病毒对外界环境有较强的抵抗力，且法氏囊病毒在体内的存活时间较长，因此做好预防管理和免疫程序才是减少养殖户经济损失的重中之重。无论养殖场还是散养户，都要做好疾病防控等各项工作，以防止传染性法氏囊病的大规模传播。在进入鸡舍前要做好消毒工作，饲养用具要及时清洁，可使用3%的氢氧化钠喷洒一遍，或每立方米用高锰酸钾15 g、甲醛30 ml进行熏蒸，密封2天，再打开门窗通风换气，进雏前3天再使用广谱杀菌剂进行一次消毒，同时要及时对死鸡、鸡粪做无害化处理。日常多做消毒工作，消毒药采用含碘制剂、次氯酸钠效果较好，而且要尽量减少应激反应，为鸡群创造适宜的小环境，提供优质的全价饲料。在母鸡开产前和产蛋期对其注射正规、有效的灭活疫苗，不仅可以提高机体自身的免疫系统对病原的抵抗力，还可以提高下一代母源的抗体水平。切实消灭传染源是防止鸡传染性法氏囊病毒爆发的方法之一。[458] 目前，治疗鸡传染性法氏囊病毒常使用高免卵黄抗体、家禽干扰素和法氏囊抗血清注射疗法。我国专家在使用传统中草药治疗鸡传染性法氏囊病毒的机理上进行了大量研究，也取得了一定的研究进展。冯善祥采用紫锥菊复合物，陈玉库等采用黄芪、连翘等八味传统中药的粗提物在治疗鸡传染性法氏囊病毒上均发现有不同的疗效。前者可减弱传染性法氏囊病毒强毒对雏鸡免疫器官的损害，对雏鸡具有保护作用；后者可抑制传染性法氏囊病毒感染效应细胞，而且抑制效果与其粗提物浓度有关。[456] 值得一提的是，紫锥菊、黄芪这两种传统中草药成分中均含有硒元素。传染性法氏囊病毒超强毒株的存在及其变异株之间的抗原差异性使对传染性法氏囊病毒的治疗难以取得理想的疗效，因此寻找新的治疗药物可能对传染性法氏囊病毒的防治有积极意义。[457] 众多实验已证实，传统含硒中草药对传染性法氏囊病毒有一定疗效。现阶段，应该大力推进传统含硒中草药在拮抗传染性法氏囊病毒超强毒株方面的科学研究。

3.6 腮腺炎病毒

3.6.1 腮腺炎病毒概述

腮腺炎病毒（MuV）属于副黏病毒科腮腺炎病毒属，直径为 90 ~ 600 nm，平均为 140 nm，含不分节的单股负链核糖核酸基因，是单股 RNA 病毒。该病毒整体呈球形，核衣壳呈螺旋状对称，有包膜，包膜上有血凝素 – 神经氨酸酶刺突（HN）和融合因子刺突（F），可在鸡胚羊膜腔或鸡胚细胞中增殖，可出现细胞融合，但细胞病变不明显，抵抗力较弱，在 56 ℃、30 min 下可被灭活，而且对紫外线及脂溶剂敏感，不耐酸。目前，已知腮腺炎病毒仅一个血清型，通过对小疏水蛋白基因（SH 基因）序列进行测定，可将腮腺炎病毒分为多个基因型，且腮腺炎病毒可以合成硒蛋白。[462] 腮腺炎可引起多种并发症且发生率较高，其中脑膜炎的发生率为 1% ~ 10%，青春期后男性睾丸附睾炎发生率为 25%，并发睾丸炎者可导致男性不育症。[463] 腮腺炎病毒基因组（表 3–2）共编码 7 种蛋白，分别为核壳蛋白（NP）、磷蛋白（P）、基质蛋白（M）、融合蛋白（F）、血凝素 – 神经氨酸酶蛋白（HN）、多聚酶蛋白（L）和膜相关蛋白（SH）。其中，小疏水蛋白基因（SH 基因）的变异程度最大，世界卫生组织将其作为 MuV 毒株基因分型的依据。基于世界卫生组织分型标准，将腮腺炎病毒分为 13 个基因型，分别命名为 A ~ M 基因型，各国流行的病毒为不同基因型。研究发现，中国内地大部分地区腮腺炎病毒流行株为 F 基因型，但在同一区域的不同时间段，检测到有多种基因型的腮腺炎病毒流行，而且腮腺炎病毒之间的基因型不同，其基因特性也不同，可见腮腺炎病毒的遗传具有不稳定性。[464]

表3-2　腮腺炎病毒的基因

基　因	在基因组核苷酸全序列中的位置	编码蛋白	性　质	SDS–PAGE 中相对分子量（×10³）
N	56 ~ 1 906	核衣壳蛋白	结构	68 ~ 73
P	1 909 ~ 3 226	磷蛋白	结构	45 ~ 47
M	3 228 ~ 4 481	基质蛋白	结构	39 ~ 42

基　因	在基因组核苷酸全序列中的位置	编码蛋白	性　质	SDS–PAGE 中相对分子量（×10³）
F	4 483 ～ 6 209	融合蛋白	结构	65 ～ 74
HN	6 525 ～ 8 428	血凝素 – 神经氨酸酶蛋白	结构	74 ～ 80
L	8 430 ～ 1 5360	大蛋白	结构	>200
NS1	1 979 ～ 2 653	蛋白 1	非结构	23 ～ 28
NS2	1 979 ～ 2 490	蛋白 2	非结构	17 ～ 19
SH	6 217 ～ 6 552	小疏水蛋白	结构或非结构	未测

注：1. NS1/P 基因至少编码 3 种蛋白：P、NS1 及 NS2；2. SH 基因具有高度变异性，经研究证明，JL 株由 2 种不同病毒群（既相似又有不同的 2 个半亚型）组成，命名为 JL₂ 和 JL₅。

腮腺炎病毒引起的急性呼吸道传染病是流行性腮腺炎，简称流腮，亦称痄腮。我国目前主要流行的腮腺炎病毒为 F 基因型，属于法定丙类传染病。近年来，我国流行性腮腺炎的发病率呈现持续稳定上升的趋势，在我国公共卫生事件中，腮腺炎疫情占了较大的比例。人是腮腺炎病毒唯一的宿主，腮腺炎病毒的传染源主要是早期病人和隐性感染者，病毒在患者唾液中存在的时间较长，该病潜伏期约为 2 ～ 3 周，临床表现主要为一侧或双侧腮腺肿大，伴发热、乏力、肌肉疼痛等。在腮肿前 6 天至腮肿后 9 天均可从患者唾液中分离出腮腺炎病毒，表明在这两周时间内，患者具有高度的传染性。该病毒的传播途径是通过飞沫传播（唾液）的，传染性较强，全年均可发病，但以冬春季为主，主要发生在儿童和青少年。此外，孕妇感染腮腺炎病毒可以通过胎盘传染胎儿，导致胎儿畸形或者胎儿死亡，增加孕妇流产的发生概率。目前，大多数观点认为腮腺炎病毒先侵入口腔黏膜和鼻黏膜，在上皮组织中进行大量增殖后再进入血循环（第一次病毒血症），经血流流动至腮腺及其他腺体器官（如睾丸），并在其中增殖，再一次进入血循环（第二次病毒血症），并侵犯上次未受波及的一些脏器。患病早期从口腔、乳汁及其他组织中可分离到腮腺炎病毒。通常来说，患者发病后比较容易发现，经过治疗之后即可得到有效控制，但是健康带毒者发现难度比较大，控制起来比较困难，易发生传染。腮腺炎病毒具有普遍易感性，其易感性随年龄的增加而降低。腮腺炎的两大特点分别是青春期后男性患者多于女性；患者在病后可获得持久免疫力。

腮腺炎也是导致儿童期获得性耳聋的常见原因。流行性腮腺炎如果不能及时发现，易引起暴发，进而造成病毒蔓延及传染。[465] 腮腺炎病毒引起的流行性腮腺炎的神经系统并发症是腮腺炎病毒性脑炎，其危害较大，轻者预后佳，重者遗留后遗症甚至死亡。该病毒对腺体和神经组织有亲和力，儿童免疫系统发育未成熟，其功能相对低下，血—脑脊液屏障功能差，病毒侵犯中枢神经系统易发生脑炎。[466]

3.6.2　硒拮抗腮腺炎病毒的机理

腮腺炎病毒导致腮腺出现非化脓性炎症病变，具体症状是细胞间质水肿、淋巴细胞浸润以及腺管细胞退行性改变，从而阻碍了腺体分泌物（如唾液淀粉酶）及细胞间质液的正常排出，使腮腺愈发肿胀。中医认为，流行性腮腺炎是由风温邪毒引起的一种急性传染病，风温邪毒侵犯少阳胆经，腮腺是少阳循环经过的部位。若少阳经脉蕴结有风湿邪毒，气滞血瘀，运行不畅，凝滞腮颊，故患者耳下腮腺温肿压痛明显。初期温毒在表，继而入里，化火酿毒，导致热毒蕴结，出现高热不退、烦躁头痛、咀嚼困难等症状。通常采用抗病毒治疗的方式，抗病毒治疗的原则主要是清热解毒、行气活血、消肿散结。[467] 目前，尚无针对腮腺炎病毒的特效药物，临床上拮抗腮腺炎病毒使用较多的治疗药物是利巴韦林，该药为广谱抗病毒药，在一定程度上可有效改善患者的临床症状。但在治疗过程中，利巴韦林大剂量长期使用会导致白细胞减少和贫血等，容易使患者出现疲倦、虚弱发热及寒战等不良反应，影响整体的治疗效果，故在临床应用上受到一定的限制。有文献报道，组胺可以引发局部水肿，因为其对毛细血管后的内皮细胞有一定的收缩效果，致使其分离，间隔增宽，基底膜暴露，血浆从基底膜渗入组织间隙。西咪替丁能够有效阻止组胺对 T 细胞活性的抑制，对组胺起拮抗作用，可以舒张毛细血管，增强腮腺的分泌，同时能直接作用于肥大细胞，抑制炎症介质分泌，促使炎症消退，从而增强机体免疫反应功能。该药还能间接抑制细胞因子的释放，减轻全身炎症的反应，促使流行性腮腺的水肿迅速减轻，甚至消失。[468-469] 近年来，西咪替丁广泛用于儿童流行性腮腺炎病毒的临床治疗，并取得了较好的效果。西咪替丁是组胺 H_2 受体阻断药，同时是一种免疫调节剂，具有免疫调节功能，能够增强腮腺的分泌，舒张腮腺的毛细血管，促进炎症液的吸收。另外，西咪替丁还能提高儿童患者体内淋巴细胞的转化率，明显减轻流行性腮腺炎引起的腮腺肿痛，缩短病程并减轻儿童患者的痛苦。[470] 在日常生活中要注意饮食规律，避免摄入刺激性食物，以减少腮腺分泌，减缓因腮腺分泌过多而引起的机体疼痛。在临床上使用西咪替丁拮抗腮腺炎病毒未见不良反应，且西咪替丁治疗流行性腮腺炎有确切疗效，在临床上值得进一步推广。现代药理学研究表明，大黄、桔梗、甘草等传统中药制成药剂具有抗病毒、清热解毒、消肿止痛的效果，可取得理想疗效。[471] 药理学实验表明，外敷仙人掌或仙人掌和地龙按 1∶1 的比例混合后涂抹患处对腮腺炎患者有明显的治疗效果[472]，此法也是民间治疗急性腮腺炎的方法。以上各法能拮抗腮腺炎病毒主要是因为药物内均含硒蛋白成分，其中桔梗、甘草、大黄、地龙等传统中药含硒较丰富，传统中药制剂在拮抗腮腺炎病毒中有极其重要的意义，可以有效改善患者的相关症状，提高治疗效果。硒拮抗腮腺炎病毒是因为硒能对相关分子通路进行调节，而且硒可以改善人体感染腮腺炎病毒后诱发的炎症连锁反应造成的微循环异常，及时疏通微循环，增强机体免疫功能。[473]

3.6.3　小结与展望

我国资源十分有限，经济尚不发达，因此开展积极的健康教育是一种十分有效的干预手段。在预防流行性腮腺炎的工作中，工作人员要对腮腺炎的危害有充分的认识，制定科学的预防及控制策略，增强防控工作的规范化、系统化。对于腮腺炎患者应及时隔离，防止传播；对于流行性腮腺炎易感人群，积极宣传接种疫苗是比较有效的方法。在开展预防工作时，儿童是重点预防对象，为了提升儿童的腮腺炎病毒免疫能力，可在儿童时期免费接种疫苗，直到成年，这样可以大大预防腮腺炎的发生。腮腺炎病毒仅一个血清型，基因型比较多，且每一个地区都具有本土流行株和优势流行株。人在接种疫苗后能够保护机体不受腮腺炎病毒感染，其原因是不同的流行性腮腺炎基因型间存在抗原交叉性。[465] 目前，我国使用的是 S97 株减毒活疫苗，免疫效果良好，90% 出现抗体。美国等发达国家已经研制出腮腺炎病毒 – 麻疹病毒 – 风疹病毒三联疫苗（MMR），我国的三联疫苗正在研制中。在流行性腮腺炎病例中，1/3 的患者临床症状不明显，若仅靠对临床治疗的判断无法做到全部病例的确诊。因此，实验室检测对不典型病例的诊断，对及时发现和有效控制流行性腮腺炎疫情都有着十分重大的意义。目前，流行性腮腺炎的诊断方法主要有腮腺炎病毒分离、RT–PCR 检测核酸和疑似病例血清中拮抗腮腺炎 –IgM 的检测三种。实验室对流行性腮腺炎进行诊断和基因分型，不但对早期诊治脑膜炎和一些脑炎并发症非常重要，而且对腮腺炎基因型的连续观测也是一项十分重要且有预见性的工作，在流行病学研究方面同样具有重要意义。[474] 在检测腮腺炎病毒性脑炎时，腮腺炎病毒性脑炎患儿的血液检验结果基本正常，无法根据血液检验结果与其他病毒性脑膜炎进行区分，因此还需要寻找其他更有效的实验检查方法，以提高腮腺炎病毒性脑膜炎的诊断效果。目前，病毒性脑炎病原诊断的最常用方法是应用酶联免疫吸附试验（ELISA）测定血清或脑脊液中病毒的特异性抗体，以达到早诊断、早治疗的目的。[466]

3.7 硒与肠道病毒

3.7.1 肠道病毒概述

肠道病毒（EV）在分类上属于小核糖核酸（RNA）病毒科，是一种裸露病毒。肠道病毒呈球形，无包膜，颗粒小，直径 24～30 nm，不含类脂体，耐乙醚和其他脂溶剂、耐酸，对各种抗生素、抗病毒药、去污剂具有抵抗作用。EV 核心有单链核糖核酸，核衣壳由 60 个相同壳粒组成，每个壳粒由 VP1、VP2、VP3 和 VP4 共四种多肽组成，整体呈二十面体立体外观。肠道病毒的基因组为单股正链 RNA，其长约 7.2～8.4 kb，两端为保守的非编码区，在肠道病毒中同源性非常显著。此外，5' 端共价结合有约 23 个氨基酸的蛋白质 VPg，3' 端带有约 50 个核苷酸的 poly（A）尾。肠道病毒与宿主细胞受体的特异性结合决定了肠道病毒感染的组织趋向性，不同种类和型别的肠道病毒的特异性受体不完全相同。VP1 与宿主细胞受体结合后，病毒的空间构型发生了改变，立即释放出 VP4，衣壳发生松动，肠道病毒的基因组脱壳穿入细胞质。肠道病毒 RNA 为感染性核酸，进入细胞后，mRNA 发挥效能，一个氨基酸的多聚蛋白被翻译出，肠道病毒结构蛋白 VP1～VP4 和功能蛋白也由多聚蛋白经过特定的酶进行酶切后形成。VP1、VP2 和 VP3 均暴露在病毒衣壳的表面，带有中和抗原和特异性抗原位点，VP4 位于衣壳内部，与病毒基因组脱壳具有一定关系。VP1 蛋白在病毒表面形成的峡谷样结构是受体分子结合的位点。功能蛋白至少包括依赖 RNA 的 RNA 聚合酶和两种蛋白酶。病毒基因组的复制全部在细胞浆中进行，以肠道病毒 RNA 为模板转录成互补的负链 RNA，再以负链 RNA 为模板转录出多个子代病毒 RNA。以一部分子代病毒 RNA 为模板翻译出大量子代病毒蛋白，各种衣壳蛋白经裂解成熟后组装成壳粒，最终形成五聚体，12 个五聚体形成空衣壳，RNA 进入空衣壳后，最终完成病毒体的装配。最后，病毒经裂解细胞而释放，同时利用自身分泌的自噬细胞，以非溶解的方式离开细胞，进一步传染更多的细胞。

人是肠道病毒的唯一自然宿主，病毒通过人与人之间的密切接触（如通过手指、餐具和食物等）传播扩散。口—口传播、粪—口传播和皮—口传播是肠道病毒感染的主要传播方式，接触传播的关键媒介是易感者的手。肠道病毒感染流行的另一种方式是水体污染和食品污染，其本质主要是粪—口传播。该病毒偶尔也通过感染者咳嗽和喷嚏的飞沫进行传播。肠道病毒在感染者的咽部和肠中存在，从粪中排病毒的时间较长，可持续几周。肠道病毒发病及临床表现为患者食入病毒后，经过 1～2 周，可在患者的咽部和肠道淋巴样组织检测到病毒存在。病毒经血流进入单核吞噬细胞中增殖，最后达到靶器官（如脊髓、脑、脑膜、心脏等），肠道病毒可以在不同器官中引起相应临床症状。肠道病毒在细胞培养中多数产生细胞病变，不同肠道病毒可以引起相同的症状，同一种病毒可以引起不同临床表现。肠道病毒可以引起轻微上感、腹部不适和腹泻等症状，偶尔侵犯中枢神经系统，引起机体弛缓型麻痹。肠道病毒引起的传染病，临床表现轻者只有倦怠、乏力、低热等症状，重者则可全身感染，导致脑、脊髓、心、肝等重要器官受损，且预后较差，可能产生后遗症或造成死亡。肠道病毒对外界环境的抵抗力较强，在常温下可存活数日，在污水和粪便中可存活数月，而在冰冻条件下可保存数年之久。肠道病毒在 pH 值为 3～9 的环境中较为稳定，不容易被胃酸和胆汁灭活，但其对紫外线、干燥、热等因素敏感，在 56 ℃、30 min 条件下即可被灭活，且该病毒对各种氧化剂敏感，如高锰酸钾、过氧化氢、漂白粉等。

大多数肠道病毒为杀细胞病毒，可以直接对靶细胞造成溶解性感染，并且不同种类和型别的肠道病毒的靶细胞是不完全相同的，且肠道病毒感染的主要发病机制不是免疫损伤。肠道病毒从细胞质释放总是发生在细胞大分子合成停止之后、细胞溶解之时，在细胞被感染后约 30 min，细胞蛋白的合成迅速降低至零，称为"关闭"，细胞蛋白翻译"关闭"是肠道病毒细胞病变效应的主要机制。病毒种类和型别的不同也会影响从肠道病毒感染到细胞溶解和病毒释放所经历的时间，大部分为 8 h。肠道病毒的侵入门户是上呼吸道、咽喉和肠道，先在局部黏膜、咽、扁桃体等淋巴组织中初步增殖；然后释放进入血液，形成第一次病毒血症，扩散至带有受体的靶组织；随后进行的二次增殖是在靶组织内，引起第二次病毒血症和临床症状。患者感染肠道病毒后，机体本身可以获得长期而牢固的特异性免疫，这在保护性免疫中具有重要作用。肠道病毒在咽喉部、肠道内的黏附和初步增殖可以用分泌型免疫球蛋白进行阻止，肠道病毒向靶组织扩散和随后引起的疾病可以用血清中和抗体免疫球蛋白 M、免疫球蛋白 G 进行阻止。中和抗体在病毒感染后 2～6 周达高峰，多年或终生都可具有。研究发现，出生 6 个月内的婴儿较少发病是因为孕妇血液中的免疫球蛋白 G 抗体可经胎盘传给胎儿。现阶段是根据流行病学资料、临床表现和一般实验室检查做出临床诊断的。因为肠道病毒疾病感染的症状普遍，所以需要与具有相应症状的非感染性疾病和细菌、真菌感染性疾病进行鉴别。目前，血清学试验是肠道病毒感染病原诊断的常用方法，而 RT-PCR 法是根据肠道病毒基因组的 VP1 基因序列设计引物检测，具有快速、简便的优点，而且具有很高的灵敏度和特异度，在今后有望成为检测肠道病毒感染病原的主要方法。

目前，已知人肠道病毒至少由 72 个血清型组成，其种类有：①脊髓灰质炎病毒 1 ~ 3 型；②柯萨奇病毒 A 组 1 ~ 22 型和 24 型（A–23 型为埃可病毒 9 型），B 组 1 ~ 6 型；③埃可病毒 1 ~ 9、11 ~ 27、29 ~ 34 共 32 个血清型；④新型肠道病毒 68 ~ 72 型，其中 1971 年分出的 70 型能引起急性出血性结膜炎，因此备受重视，而 72 型为甲型肝炎病毒。

（1）脊髓灰质炎病毒（PV）属于微小核糖核酸病毒科的肠道病毒属。该病毒基因组是单正链 RNA，长约 7.5 kb，核衣壳呈二十面体立体对称，无包膜，直径 20 ~ 30 nm。其中心为单股正链核糖核酸，外围有 60 个衣壳微粒，形成外层衣壳。核衣壳含 4 种结构蛋白：VP1、VP3 和由 VP0 分裂而成的 VP2、VP4。VP1 与病毒的致病性和毒性有关，不仅能够诱导产生中和抗体，还对人体细胞膜上受体有特殊亲和力。VP0 与 RNA 密切结合。VP2 与 VP3 半暴露具抗原性。脊髓灰质炎病毒共有三个血清型，共有 71% 左右的核苷酸，但是各型间较少有交叉免疫，主要原因是不同的核苷酸序列都位于编码区内。脊髓灰质炎病毒可以抵抗乙醚、乙醇和胆盐等，甚至对抗生素也产生一定的抗性，因为其无囊膜，其外衣壳不含类脂质。病毒可以稳定存在于 pH 值为 3 ~ 10 的环境中，可以抵抗胃液、肠液，这对脊髓灰质炎病毒在肠道生长繁殖非常有好处。脊髓灰质炎病毒在体外具有很强的生存力，可以存活 4 ~ 6 个月；在污水或粪便中能长期存活；在低温环境下，如 –20 ~ –70 ℃ 中可存活数年。该病毒不能存活在高温及干燥的环境条件下，煮沸立即死亡，在 56 ℃、30 min 条件下即可被灭活，经 0.5 ~ 1 h 紫外线照射可以将其杀死。脊髓灰质炎病毒能够被各种氧化剂（如漂白粉、过氧化氢、氯胺、过锰酸钾等）、甲醛和升汞等消灭。[475] 在温带国家和地区常见脊髓灰质炎病毒，病毒终年散发，以夏秋为多，可呈小流行或酿成大流行；在热带国家和地区四季发病率没有很大差异，在易感人口多、气候温暖、潮湿的情况下，最可能发生脊髓灰质炎暴发流行。世界各国都有脊髓灰质炎病毒，在普遍接种疫苗的地区发病率减少，甚至不发病，而在没有接种疫苗的地区脊髓灰质炎病毒仍在流行，无症状的隐性感染以及不发生瘫痪的轻症较多，因此及时利用脊髓灰质炎疫苗来预防是极为重要的。在人口密集、没有广泛接种脊髓灰质炎疫苗的地区，主要以 1 ~ 5 岁儿童发病率最高。传染源为病人以及无症状的带病毒者，因为没有症状的带毒者人数众多，又不易被发现和控制，所以造成了更大范围的散布和流行。目前，脊髓灰质炎病毒的唯一天然宿主是人类，脊髓灰质炎病毒的主要传播方式是粪—口，也可经口—口传播，即通过患者的鼻咽部飞沫进行传播。在发病前 3 ~ 5 日，脊髓灰质炎病毒可以从患者鼻咽分泌物及粪便内被检测出。该病毒通过飞沫传播的时间只有患病初期的 1 周内，时间很短，而从粪便中排出病毒不但时间早（病前 10 天）、量多，而且可以持续 2 ~ 6 周，甚至长达 3 ~ 4 个月。饮水污染也常常导致病毒大规模暴发，传播媒介可以是直接或间接被病毒污染的玩具、衣服及苍蝇等。脊髓灰质炎病毒在肠道中复制效率很高，部分病毒可侵入机体神经系统。脊髓灰质炎病毒先从口、咽或肠道黏膜侵入人体，在数小时内病毒迅速进行复制。大概有 500 个病毒颗粒可以从每个受感染的细胞中释放，不超过一天的时间，即可到达局部淋巴组织进行生长繁殖，如扁桃体、咽壁淋巴组织、肠壁集合淋巴组织等处，并向局部排出病毒。若此时人体内具有大量的特异抗体，可在局部区域控制病毒，造成隐性感染，否则病毒进一步侵入血流（第一次病毒血症），在第 3 天到达呼吸道、肠道、皮肤黏膜、肾上腺等各处非神经组织进行繁殖，并于第 4 日至第 7 日再次大量进入血循环（第二次病毒血症）。如果此时血循环中的特异抗体已足够将病毒中和，那么疾病发展至此为止，形成顿挫型脊髓灰质炎，仅有上呼吸道及肠道症状，而不出现神经系统病变。少部分患者可能因为病毒毒力强或血中抗体不足以将其中和，致使疾病继续发展，进而侵犯中枢神经系统，甚至导致瘫痪的发生。病毒有时也可沿机体外周神经传播到中枢神经系统。病毒之所以在脑脊液和粪便内存留的时间较长，是因为特异中和抗体不易到达中枢神经系统和肠道。脊髓灰质炎是一种急性传染病，一般多感染小于 5 岁的儿童。[476] 脊髓灰质炎中约 85% 由脊髓灰质炎病毒Ⅰ型引起，少数由Ⅱ型或Ⅲ型引起，病毒侵犯脊髓前角运动神经细胞，导致弛缓性肢体麻痹。大部分感染者表现为隐性感染，概率为90%；只有少部分显性感染病人出现发热、头痛、乏力、咽痛和呕吐等非特异性症状并迅速恢复，概率为 5%；1% ~ 2% 的显性感染病人产生非麻痹型脊髓灰质炎或无菌性脑膜炎，病人会出现下肢疼痛，肌肉痉挛，颈或背痛，可查出有轻度颈项强直及脑膜刺激症状，脑脊液中淋巴细胞增多是典型的无菌性脑膜炎症状；只有 0.1% ~ 2.0% 的显性感染病人产生严重症状，包括暂时性或永久性弛缓性肢体麻痹；极少数患者发展为延髓麻痹，导致呼吸、心脏衰竭而死亡。麻痹型脊髓灰质炎的特征是肌群松弛、萎缩，最终发展为松弛性肢体麻痹。脊髓灰质炎病毒从血液侵入中枢神经系统，当累及脊髓腰膨大部前角运动神经细胞时，会造成肌群松弛、萎缩，最终发展为松弛性麻痹。轻者可能只累及数组肌肉，重者可导致四肢完全麻痹。暂时性肢体麻痹患者少数经数日恢复，多数在 6 个月至 2 年内恢复。感染脊髓灰质炎病毒后，人体对同型病毒能产生较持久的免疫力，特异型免疫球蛋白 M 最早出现在血清中，2 周后也能检测出免疫球蛋白 G（中和抗体），分泌型免疫球蛋白 A 可以由唾液以及肠道产生。在发病后 2 ~ 3 周内，中和抗体水平到达高峰，抗体会在 1 ~ 2 年内慢慢降低，但不会一直下降，会维持在一定水平上，一定的抗体水平可以保证不会再次感染同型病毒，也可以对异型病毒具有一定的抵抗力。被动免疫是通过胎盘（免疫球蛋白 G）及母乳（含分泌型免疫球蛋白 A）从母体传给新生儿特异抗体，在出生后 6 个月内这种被动免疫会逐渐消失。儿童大多数经过隐性感染获取自动免疫力，抗体水平能够再次提高，到成人时大多数已经获得了一定的免疫力。脊髓灰质炎病毒传播速度非常快，所以如果所有家庭成员的血液中没有特异抗体，一旦家里有一个人感染脊髓灰质炎病毒，就会感染所有家庭成员。在脊髓灰质炎病人的家庭中，15 岁以下的易感者会百分百被感染，大多数与脊髓灰质炎病人有日常接触的易感者均会被感染。另外，拥挤的居住环境和较差的卫生条件更有利于病毒的迅速传播。现阶段，通过补体结合试验可以检查出脊髓灰质炎病毒有两种抗原；一种称为 C（无核心）抗原，另一种称为 D（致密）抗原。C 抗原是一种耐热的抗原成分，可以经过 56 ℃灭活，或者在未成熟的空心脊髓灰质炎病毒颗粒中保持生命活力，与三种血清型的脊髓灰质炎病毒的抗血清均出现补体结合阳性反应。D 抗原存在于成熟的、有感染性的脊髓灰质炎病毒颗粒中，是该病毒的中和抗原，具有型特异性。

（2）柯萨奇病毒（CV）是一种常见的人类肠道病毒，最初于美国纽约市柯萨奇镇的一次脊髓灰质炎病毒流行疫情中通过乳鼠分离成功。柯萨奇病毒为单股正链小 RNA 病毒，基因长度 7.4 kb，其中碱基（G+C）含量约为 47%。两端为保守的非编码区，中间为编码区。5' 端共价结合一个小分子病毒基因组连接蛋白（约 7×10^3 Da），与病毒 RNA 合成和基因组装配有关；3' 端带有多聚腺苷酸尾。编码区编码病毒的四种结构蛋白 VP1 ～ VP4 均有抗原活性，VP1、VP2 和 VP3 均暴露在病毒衣壳的表面，有中和抗原位点，VP4 位于衣壳内部，一旦病毒 VP1 与受体结合后，VP4 即被释出，衣壳松动，病毒基因组脱壳穿入。5' 非编码区没有多聚嘧啶区和多聚 C 区。柯萨奇病毒具有 A、B 两组，A 组病毒有 24 个血清型，即 A1 ～ A24，其中 A23 型与 Ech09 型病毒相同，B 组病毒有 6 个血清型 B1 ～ B6，这是根据柯萨奇病毒对乳鼠不同的致病性特点以及不同的细胞敏感性划分的。[477] 经研究发现，柯萨奇病毒 A 组病毒会导致乳鼠发生骨骼肌炎和坏死，产生迟缓性麻痹现象，但对中枢神经系统不会产生影响。B 组病毒则会使乳鼠发生脑脊髓炎、痉挛性麻痹、局灶性肌炎、棕色脂肪坏死、急性心肌炎，而且会侵犯中枢神经系统。柯萨奇病毒衣壳上的特异性抗原差异经过中和试验、ELISA 方法等可以对各型进行鉴定。A 组的第 9 型以及所有 B 组有共同的组特异性抗原，并且 B 组内病毒之间有交叉反应，但是 A 组病毒没有共同的组特异性抗原，A 组某些型别的型特异性抗原可在 37 ℃引起人类 O 型红细胞凝集反应。CV-A 属于小核糖核酸（RNA）病毒科的肠道病毒 A 组，直径为 23 ～ 30 nm，为无包膜二十面立体对称球形颗粒，基因组全长 7 400 ～ 7 500 bp。CV-B 属于小核糖核酸（RNA）病毒科的肠道病毒 B 组，直径为 22 ～ 30 nm，基因组全长约 7 400 bp，为正链性质。由 60 个病毒蛋白壳粒组成二十面体的病毒外壳包裹于病毒核酸表面，每一壳粒包括四种壳蛋白 VP1 ～ VP4，四种壳蛋白都是由病毒核酸编码的 [478]。

在日常生活中，柯萨奇病毒的主要传播途径是接触、经口感染，也可以通过饮水、食物及呼吸道传播，甚至经胎盘由母体传给胎儿。常见的柯萨奇病毒致病病原体有 CV-A4、CV-A9 等，前者会出现鼻塞、咽炎等前驱症状，常出现疱疹性咽炎性发疹，后者通常在夏季流行，伴发脑膜炎、肺部损害、皮疹等病变。目前，柯萨奇病毒引起的主要疾病有疱疹性咽峡炎、病毒性心肌炎、流行性胸痛、手足口病、无菌性脑膜炎、脑炎、瘫痪性疾病等。疱疹性咽峡炎约 85% ～ 90% 是由柯萨奇病毒 A2、A4、A5、A6、A10 型引起的，少数由其他病毒引起，多见于儿童，病毒侵犯口咽黏膜上皮细胞，导致口咽溃疡性损伤。疱疹性咽峡炎的临床表现为骤起高热伴咽痛，2 日内口腔黏膜出现少数直径 1 ～ 2 mm 的灰白色疱疹，周围绕以红晕，多见于扁桃体前部，也可位于软腭、扁桃体、悬雍垂和舌部，一天内疱疹破溃成浅溃疡，大多在 1 周内完全恢复。病毒性心肌炎绝大多数由肠道病毒中的柯萨奇病毒和埃可病毒引起，其中柯萨奇病毒 B1 ～ B5 型和 A1、A4、A9、A16、A23 型以及埃可病毒 6、11、12、16、19、22、25 型最常见。病毒性心肌炎常见于年长儿童和青壮年，多数患者在发病前 1 ～ 3 周有感冒样症状或胃肠道症状，主要表现为胸闷、心前区隐痛、头晕等，其中 90% 以心律失常为首见症状，少数患者可发生昏厥或心源性脑缺血综合征，极少数患者起病后发展迅速，出现心力衰竭或心源性休克。大多数经 3 ～ 6 周后痊愈，不遗留任何体征及症状，少数患者可遗留心功能减退、心律失常等后遗症。流行性胸痛大多数由柯萨奇病毒 B1、B2、B3、B4、B5、B6 型引起，少数由柯萨奇病毒 A1、A4、A6、A9、A10 型及埃可病毒 1、2、6、9 型引起，常造成局部地区暴发流行，多见于年长儿童和青壮年，主要表现为发热和阵发性胸痛，可累及全身各肌肉，以腹部最多见，尤以膈肌最易受累。肌痛轻重不一，重者甚至可引起休克，肌痛多在 4 ～ 6 日后自行消失，可间歇反复发作，但多能自愈。手足口病潜伏期一般为 2 ～ 5 天，患者起初会出现低热、流鼻涕、厌食、口痛等症状，同时口腔黏膜会出现小疱疹，手足部皮肤出现斑丘疹。出现这些症状一般不需要过于担心，因为在 2 ～ 3 天内自身会自主吸收痊愈且不会出现留疤状况。大多数无菌性脑膜炎患者会出现发热、头痛、食欲不振、呕吐等症状，出现胸痛症状的可能性极大，产生腹痛则见于儿童患者。虽然患者可以检查出有脑膜刺激征，但深浅反射多正常，一般只需 5 ～ 10 天就可痊愈，且预后有后遗症的概率不大。脑炎患者常出现精神错乱、激动不安、瞌睡症状，儿童患此病的概率最高，有时也会伴随出现抽搐症状。人们患瘫痪性疾病的概率较高，虽然恢复速度快，留下后遗症的概率低，但是重症患者可能引起延髓麻痹。总之，柯萨奇病毒不但分布广泛，而且病毒型多，致使人类感染的概率增加，且引起的疾病种类繁多，人类被不同的病毒类型感染后在临床上会出现不同的症状（表3-3），如感染柯萨奇病毒B组1、3、5型几乎不会出现皮疹，但感染柯萨奇病毒A组9型和16型常出现皮疹，多呈斑丘疹或风疹样皮疹，偶见水泡样疹。

表3-3　柯萨奇病毒引起的较严重疾病

疾病名称	柯萨奇病毒组（型）
脑炎	A组（2、5、7、9）、B组（2～4）
瘫痪性疾病	A组（4、7、9、16）、B组（1～5）
流行性胸痛	A组（1、4、6、7、10）、B组（1～6）
手足口病	A组（5、9、10、16）
无菌性脑膜炎	A组（2、4、7、9）、B组（2～4）
疱疹性咽峡炎	A组（2、4、5、6、10）
心肌炎、心包炎	A组（4、16）、B组（2～5）

柯萨奇病毒对一般理化因素抵抗力强，耐乙醚，对氧化剂、紫外线敏感，pH值为3～5时能抑制其活动，-70 ℃或20 ℃可存活数年，50～60 ℃下30 min可灭活，100 ℃立即杀死。

新生儿感染柯萨奇病毒后传播速度快，病变广泛。新生儿通常在出生一周左右发病，不同的发病程度通常会有不同的症状出现。轻度患者会出现消化不良或呼吸道感染等症状；重度患者则会出现心脏常受累症状，如奔马律、发绀、呼吸困难等。同时，柯萨奇病毒侵犯不同的人体组织或部位会出现不同的病症，如侵犯肝会出现不同程度的黄疸，即紫癜；侵犯中枢神经系统则表现为脑膜炎等症状。

患者和带病毒者是柯萨奇病毒的主要传染源，不仅可以在患者和带病毒者的咽部发现病毒，还可以从病人的脑脊液、心液、心包液以及心肌标本中分离出某些型的柯萨奇病毒，有时在临床症状出现之前就能分离出病毒。病毒可以从粪便和鼻咽分泌物排出，但大部分病毒还是从粪便中排出的。

柯萨奇病毒的传播途径主要是空气传播和接触传播，即通过消化道的粪—口途径以及通过呼吸道经空气接触传播。柯萨奇病毒的传染性很强，可以通过肠道、污染的衣物、食品、用具传播，很容易在家庭和集体单位中传播。研究表明，此病毒还可以通过胎盘传至胎儿，且婴幼儿感染与母亲患病或携带病毒有关。孕妇感染柯萨奇病毒 B 组，会通过胎盘将病毒传给后代，导致子宫内胎儿发生先天性心脏病和泌尿道畸形的情况，严重者新生儿的全身均被感染，更甚者可以导致新生儿死亡。但是，目前还没有确切证据可以证明孕妇感染柯萨奇病毒 A 组可以导致胎儿宫内感染。出生后的新生儿接触污染的母体分泌物、在分娩时经软产道接触污染的阴道分泌物和血液感染等也是母婴传播的途径，均能引起柯萨奇病毒的垂直传播。

柯萨奇病毒隐性感染的概率高，可以感染任何年龄阶段的人，成年人的免疫功能较好，一般感染后病情较轻，预后较好，新生儿的免疫力和抵抗力都很弱，感染后多数新生儿的病情都会较严重，而且柯萨奇病毒能够迅速传播，很容易暴发流行。调查表明，健康的儿童中携带柯萨奇病毒的比例高达 5%～50%。患者感染柯萨奇病毒后获得的免疫具有型特异性，而且持续的时间比较长。型特异性中和抗体在感染后立即出现并可以持续存在多年，补体结合抗体在体内存在时间则较短，仅持续几个月。

人感染柯萨奇病毒后 24 小时可在其咽部和小肠发现病毒的存在，并且病毒可以在局部黏膜和淋巴组织中增殖，出现病毒血症的时间是感染后 48～72 h，病毒随血液流至全身各器官，形成病毒血症。

因为柯萨奇病毒的临床表现复杂多样，多数健康成人和幼儿的粪便中都会携带此病毒，易出现误诊状况，所以在诊断柯萨奇病毒时必须非常谨慎，通常通过实验室检查确诊柯萨奇病毒。一般在猴肾、人胚肾、人羊膜等细胞中接种病人体液（如脑脊液、血液、心包液、胸腔积液、疱疹液等），或活检脏器组织标本，然后进行组织培养并观察细胞发生病变的情况，用不同型的免疫血清做中和试验，对阳性标本进行类型鉴定，当病毒浓度较高时，标本中的病毒颗粒能够用电镜直接进行观察。此外，通常使用核酸杂交法、聚合酶链反应（PCR）技术、ELISA检测病人血清柯萨奇病毒特异性抗体等方法检出柯萨奇病毒片段。

对于柯萨奇病毒的治疗，目前还没有研究出特效疗法，仅侧重一般治疗和对症治疗。例如，在急性期可以给患者应用干扰素抗病毒，患者应该卧床休息；出现呕吐、腹泻症状时，应针对患者脱水和酸中毒的现象做出应对；出现急性心肌炎伴心力衰竭症状时，应该及时快速吸氧，必要时给予利尿剂，适量给予抗生素预防继发感染。同时，因为柯萨奇病毒类型甚多，减毒疫苗尚不能普遍使用，所以预防是目前减少患病概率的最有效方法。在预防时一般要注意以下几点：①提高对柯萨奇病毒感染的警惕，柯萨奇病毒感染可能会导致孕妇腹中婴儿出现畸形、早产、死产等情况，孕妇在产前一周至一个月时应注意有没有类似感冒的症状，以防忽略柯萨奇病毒感染。②无关人员应减少接触新生儿，尤其是近期患病人员。密切观察有接触史的婴儿，丙种球蛋白等药物能够提高抵抗力，可以给新生儿使用。当出现轻微症状时，应该进行及时治疗，预防"双峰型"症状的出现。③加强消毒，杀灭柯萨奇病毒可用紫外线灯照射、甲醛熏蒸等方法。在家庭中也可使用以上办法进行消毒，同时保持环境干燥通风，保持室内空气清新。④注意加强隔离，防止交叉感染。在医院防治柯萨奇病毒感染时，将新生儿与病儿进行严格隔离是常见的措施之一，如需要分开管理两者的医护人员，将病儿和新生儿的日常用品分开消毒处理，治疗病儿的医护人员不能接触正常新生儿，无关人员不能接触病儿。⑤在婴儿室工作的医护人员在对新生儿身体检查、喂奶、换尿布、清洁口腔等工作中，要严格执行操作规程。器械、物品和医务人员的手都要做到一人一用一消毒。[479-484]

（3）埃可病毒是一种 RNA 病毒，属于小核糖核酸病毒科，肠道病毒属，肠道病毒 B 型，其基因组全长约 7 300 ～ 7 500 bp，为单股正链 RNA，只对人有感染性。埃可病毒有 P1、P2、P3 共三个区，P1 区编码结构蛋白 VP1 ～ VP4，组成病毒衣壳，P2 和 P3 区编码非结构蛋白，其中 VP1 区核苷酸序列是目前肠道病毒属内不同血清型的分类依据，也可作为小 RNA 病毒科内不同属的分类参考。[485] 埃可病毒与脊髓灰质炎的复制类似。被埃可病毒感染的宿主细胞迅速抑制细胞蛋白 DNA、RNA 的合成，同时磷脂合成增加，胞膜增殖。埃可病毒在感染细胞的胞质中复制可形成结晶病毒排列，然后病毒在胞质中分散，并通过宿主细胞膜的小缝隙或由细胞流出的胞质突出释放，最终使感染细胞破坏。依据中和试验检测特异性抗原可以对埃可病毒进行分型，共分为 30 多个型（1 ～ 34 型，其中 8、10、28、34 型已归入其他病毒）。埃可病毒临床表现多样化，多发于夏秋两季，绝大多数是隐性感染，与无菌脑膜炎、腹泻等多种疾病有关。病毒性脑膜炎或脑膜脑炎约 40% ～ 50% 是由埃可病毒 30 型引起的，少部分是由埃可病毒 6、7、9 型和柯萨奇病毒 B5 型引起的。儿童肠道病毒感染大多数会造成脑膜炎，出现发热、头痛和脑膜刺激等症状，在一周内大部分可以完全恢复，一般不会产生明显的不良后果，但脑膜炎可能会产生中枢神经系统后遗症。埃可病毒主要是经口—粪途径传播，也可通过咽喉分泌物排出病毒，经呼吸道传播。病毒进入人体在咽部及肠黏膜细胞增殖后，侵入血流，形成病毒血症。埃可病毒具有非常高的感染性，能够在体内感染所有细胞。目前，临床上通过血清学检查确诊埃可病毒感染。

（4）新型肠道病毒主要有 68、69、70、71、72 型 5 种，除 69 型外，其余均与人类疾病有关。肠道病毒 68 型主要引起儿童毛细支气管炎及肺炎。肠道病毒 70 型主要引起急性出血性眼结膜炎、脑膜炎、多发性神经根炎等。急性出血性眼结膜炎起病急促，出血程度从小的出血点到大块出血，突然眼痛、畏光、流泪及眼睑水肿，通常发生于一只眼睛，几小时后传染至另一只眼睛。约 20% 的患者出现发热、头痛及全身不适等症状。该病病程为 2～3 天，出现特征性表现，即眼球结膜下出血，从细小的出血点至整个结膜下出血不等，也可伴有角膜炎，但极少累及巩膜和虹膜。患者眼部常可并发细菌感染，儿童病例 2～3 天痊愈，成人 1～2 周内完全恢复。此外，该病还伴随发生一种少见的神经系统并发症，即急性腰脊髓脊神经根病，该病多见于成年男性，在眼病几周后发生，主要症状类似于脊髓灰质炎，可导致瘫痪和肌萎缩等后遗症。该病还有可能引起一种并发症，即面神经瘫痪。肠道病毒 71 型主要引起中枢神经系统病症[486]、手足口病和无菌性脑膜炎。肠道病毒 72 型为甲型肝炎病毒，可引起甲型肝炎。肠道病毒 71 型的基因组全长约 7 300～7 500 bp，直径约 23～30 nm，为单股正链 RNA，具有感染性，由无膜衣壳包裹，衣壳呈二十面体立体对称。衣壳由 60 个相同的单元组成（启动子），每个启动子由 4 个结构蛋白（VP1～VP4）组成，这 4 种衣壳蛋白形成五聚体结构。[487]基于 VP1 区的序列分析，可将肠道病毒 71 型分为 3 个基因型：A 型为原型株；B 型可以进一步分为 4 个亚型（如在东南亚流行的 B3、B4 亚型）；C 型可以进一步分为 3 个亚型（如在澳大利亚出现的 C1 亚型、中国台湾流行的 C2 亚型以及近年在韩国新分离得到的 C3 亚型）。手足口病具有凝集人类 O 型红细胞的能力，该病约 85% 由肠道病毒 71 型和柯萨奇病毒 A16 型所致，少数由柯萨奇病毒 A4、A5、A7、A9、A10、B5、B6 型引起。该病在儿童中经常发生，出现口腔溃疡性损伤和皮肤斑丘疹，这是因为病毒侵犯口腔黏膜或皮肤上皮细胞，早期表现为发热、乏力，可出现咳嗽、喷嚏、流涕等感冒样症状，也可出现恶心、呕吐、腹痛、食欲减退等胃肠道症状。在 5～7 日内口腔溃疡一般会得到缓解，在 5～10 日内皮肤斑丘疹的结硬皮一般会慢慢消失。手足口病患者绝大部分预后良好，只有不超过 1% 的病死率。有中枢神经系统、心脏和肺脏并发症的重型患者是导致手足口病死亡的高危人群，重型患者的病死率约 20%。现阶段，对肠道病毒 71 型感染病人暂无特异高效的抗病毒药物，主要采用的是对症治疗。肠道病毒 71 型感染疾病是全球性传染病，世界大部分国家和地区均有此病流行的报道。世界各国对该病毒一直保持高度关注和警惕，同时在研究免疫肠道病毒 71 型上投入了巨大的人力和财力，进一步研究肠道病毒 71 型的基因型、致病机理和易感人群的易感因素，以研发出抗病毒疫苗，争取尽早消灭肠道病毒 71 型。

根据上述资料，将肠道病毒的共同特性总结如下：

（1）病毒体呈球形，衣壳为二十面体对称结构（共有60个颗粒），无包膜。

（2）基因组为单股正链RNA，具有感染性，并且起mRNA作用。

（3）在宿主细胞质内增殖，迅速引起细胞病变。

（4）耐乙醚，耐酸，56 ℃、30 min可使病毒灭活，对紫外线、干燥敏感，在污水或粪便中可存活数月。

（5）主要经粪—口途径传播，临床表现多样化，引起人类多种疾病，如麻痹、无菌性脑炎、心肌损伤、腹泻和皮疹等。

3.7.2　硒拮抗肠道病毒的机理

通过这些年对脊髓灰质炎病毒、柯萨奇病毒、埃可病毒、新型肠道病毒较系统的研究，目前针对这些病毒引起的疾病已经取得了比较有效的治疗方法。目前，化学制剂、接种疫苗和传统中药制剂是主要的治疗途径，虽然部分中药的治疗机理仍不明确，但其治疗效果显著优于接种疫苗。[488]

（1）对于脊髓灰质炎病毒可采用接种疫苗的方法，使之产生肠道干扰作用而控制其他肠道病毒引起的无菌性脑膜炎流行。另外，脊髓灰质炎病毒的突变率可通过补硒显著降低。[248]

（2）对于柯萨奇病毒感染大部分使用传统中药治疗。通过白藜芦醇或黄芪注射液诱生干扰素，干扰素对感染病毒的细胞具有保护和修复作用，从而抑制病毒复制，此外，能诱导细胞产生多种抗病毒蛋白。抑制病毒在细胞内的复制的原因是超氧化物歧化酶（SOD）活性的提高、血清丙二醛（MDA）含量的下降、干扰素和细胞表面受体结合的降低。为了拮抗柯萨奇病毒，可以通过调节免疫功能增强巨噬细胞、淋巴细胞对靶细胞的特异细胞毒作用。

柯萨奇病毒属于RNA病毒，其包括的病毒类型多，感染性强。硒是人和动物必需的微量元素，具有多种重要的生物学功能，对柯萨奇病毒引发的疾病有一定的抵抗和影响作用。大量调查表明，缺硒可以通过影响心肌的生物膜系统以及机体的免疫系统而引起心肌病变，微量元素硒是人和动物体内谷胱甘肽过氧化物酶的重要组成成分。曹丹阳[490]通过实验发现，无论是否感染柯萨奇病毒B_4'，心肌凋亡细胞都可以从低硒组的小鼠检测出，与之相反的补硒组只在感染柯萨奇病毒B_4'组才可检测到凋亡细胞。这表明，硒在心肌细胞发生凋亡的过程中具有重要作用，低硒不但导致心肌细胞凋亡，而且增强病毒的毒力。此实验结果也证明，为了稳定生物膜的液态性、流动性和通透性，保持生物膜的结构和功能的完善，需要向人体内适当进行补硒，提高机体的GSH-Px含量，以清除过氧化脂质，阻断过氧化脂质的链式反应。高彦辉[491]通过给小鼠喂养低硒足蛋白的饲料和使小鼠感染柯萨奇病毒 B2 的方法观察小鼠的心肌标本，得出的结论是机体处于低硒状态，导致机体抗氧化能力下降，氧自由基、LPO 堆积引起氧化，损伤机体的膜系统，具有更明显的心肌线粒体，GSH-Px 活力明显下降，LPO 含量则明显增多。这表明，低硒条件下会导致病毒的致病力提高，机体免疫功能降低。通过实验还证明，在缺硒的机体中适当补硒可以弥补因感染 CVB2 病毒所致机体脂质过氧化物堆积造成的损害。张凤英等[494]通过对小鼠接种柯萨奇病毒 B3 探讨急性心肌炎发生中心肌损伤及死亡率的变化，结果显示适量地补硒可以减轻柯萨奇病毒感染所致的心肌损伤。脂质过氧化反应是导致病毒性心肌炎发病的重要原因之一，而通过提高血液中硒的含量，可使 Se-GSH-Px 的含量和活性提高，从而起到抗脂质氧化的作用，减少心肌病变。通过实验还知道，给机体适当补硒，提高血中的硒水平，使 GSH-Px 的含量和活性提高，从而提高清除因感染柯萨奇病毒产生的脂质过氧化物的能力，减轻心肌损伤。研究显示，病毒性心肌炎患者体内的氧化反应增强，且 GSH-Px、SOD 等减少，致使患急性柯萨奇病毒性心肌炎的可能性增加。[495]Beck 等[497]实验研究表明，小鼠体内缺乏硒会导致正常的良性（心肌缺乏）克隆，并引起严重的心脏损害。从克山病患者身上分离出来的柯萨奇病毒 B4 在接种硒缺乏小鼠时比接种硒充足小鼠时造成更多的心肌损伤。[498]

（3）治疗埃可病毒也是采用传统中药治疗。有研究表明，黄芪具有降低心肌细胞中病毒滴度及病毒核酸含量的作用，拮抗埃可病毒是因为黄芪含有硒成分，其能改善由病毒引起的外周血、脾脏和心肌中总 T 细胞、辅助性 T 细胞及毒性 T 细胞的异常分布状况，具有明显的调节 T 细胞免疫的作用；减少病毒感染心肌细胞后跨膜钙离子内流及抑制病毒感染心肌细胞 L 型钙通道电流的增加，保护心肌细胞的功能，部分改善心肌细胞异常电活动。黄芪在一定程度上还能够改善临床症状、细胞免疫及心脏功能，但不是所有患者用黄芪后均能达到上述疗效，尤其是重症患者。[499]

（4）从目前的病毒学检查报告看，新型肠道病毒感染多为新型肠道病毒 71 型感染。研究证实，硒化合物可以有效抑制肠道病毒 71 型的复制，原因可能是硒化合物参与了抑制病毒感染而导致细胞凋亡。现阶段，在抗病毒药物使用方面尚无明确的医学证据提示何种药物对肠道病毒 71 型具有特殊的治疗效果，所以各个国家和地区在应用抗病毒药物方面各有千秋。根据文献报道，在 T 细胞发育和巨噬细胞的趋化过程中硒蛋白起着举足轻重的作用，硒蛋白的表达与 T 细胞应答 TCR 刺激的增殖能力之间具有紧密的联系。缺硒可能导致硒蛋白 GPX1 合成减少或其活力降低，加快 EV71 在宿主内的复制，削弱细胞外基质和基底膜的巨噬细胞的迁移，而机体内足量的硒会加快 T 淋巴细胞的增殖，从而加强免疫应答。这表明，硒蛋白不但影响病毒的复制，而且通过抗氧化作用影响氧化还原平衡，减少氧化损伤，降低病毒的突变率，从而影响病毒的毒力。[500]

3.7.3　小结与展望

肠道病毒通常寄生于人的肠道中，在少数情况下，进入血流或神经组织。肠道病毒分布于世界各地，在热带和亚热带全年都有，在温带夏季多见，在温暖、潮湿、卫生条件差、人群拥挤的地区发病率高。正常的病毒携带者不多见，隐性感染甚为普遍。目前，应做好卫生宣传工作，提高公民的卫生安全防范意识，培养良好的卫生习惯，提高对肠道病毒的认识，纠正不良卫生习惯，提供良好的生活环境，可预防肠道病毒的感染。鉴于新生婴儿的免疫系统暂时发育不全，可以对其进行人工主动免疫，增强新生婴儿机体抵抗肠道病毒的能力。近年来，随着分子生物学等生物医药领域的迅猛发展，越来越多的实验室采用分子定型方法对肠道病毒开展监测工作，这将有利于人们摸清肠道病毒在全球的流行状况，详细的监测数据是精确建模的先决条件，为最终探明肠道病毒的致病性及其传播、循环和进化模式做好铺垫，同时进一步加强对肠道病毒所致疾病的防治，甚至阻止疫情暴发。目前，针对肠道病毒已有减毒活疫苗、灭活病毒疫苗、基因工程疫苗、亚单位疫苗、类病毒颗粒疫苗和 DNA 疫苗等用于动物试验。但是，在治疗中也要发挥我国传统中医药在拮抗肠道病毒方面的优势，不管是单味药及其提取物的研究，还是复方制剂的研究，都存在着广阔的发展空间，需要进行更深入的扩展研究。[501] 在临床上应该继续进行更大规模的综合研究，为深入研究传统中药治疗肠道病毒提供更多数据。

柯萨奇病毒有 30 个血清型，一共分为两组，即 A 组（A1～A24）和 B 组（B1～B6），大部分组型都可以引起疾病，但是以现在的医疗技术，并不是所有的柯萨奇病毒引起的疾病都能得以有效治疗或根治，所以还需要致力研究柯萨奇病毒相关的药物和疫苗。手足口病是五岁以下儿童常见的传染病，此病的传播能力强，自第一例在新西兰发现以来，许多国家随即都出现了相关疾病的报道。20 世纪末，在日本、韩国和新加坡等国家均出现了手足口病大规模的暴发与流行。近几年，我国手足口病的感染人数居丙类传染病的首位。[502] 手足口病在很大程度上影响到人类健康。目前，手足口病疫苗还在研究和临床试验中，在我国首个 EV71 灭活疫苗已经进入市场，可以在一定程度上控制手足口病疫情。但是，对于由 CV-A16 和其他肠道病毒造成的手足口病，EV71 单价灭活疫苗不具有交叉保护作用，因此根据手足口病的病原谱改变，应及时致力研制 EV71/CV-A16 双价全灭活疫苗。由于 CV-A16 病毒和 EV71 病毒的基因序列具有较大的相似性，研究上借鉴 EV71 疫苗的成功研发经验，CV-A16 单价灭活疫苗的研究进展很快，其研发已经在临床申报阶段。科研人员使用 EV71/FY573 株和 CV-A16/G08 株在 VERO 细胞基质中分别制备 EV71 和 CV-A16 单价疫苗，然后将两者等量混合后用 β-丙烯内酯灭活，并以氢氧化铝为佐剂制成 EV71 和 CV-A16 双价灭活疫苗。将上述双价灭活疫苗免疫小鼠，发现可以引起机体较好的免疫应答，免疫时间持续较久，且抗体水平没有降低。EV71/CV-A16 双价灭活疫苗诱导的免疫应答水平与 EV71 和 CV-A16 单价灭活疫苗进行比较，并不具有显著的差异性，在两种抗原之间明显的抑制或干扰现象并没有出现，也没有提高抗体依赖性，这表明手足口病多价疫苗是未来的研究趋向。如今，在手足口病疫苗研制方面，我国在国际上处于领先水平，为了保持我国在此疫苗领域的主导地位，在手足口病多价疫苗的研发方面应该投入更多的人力、物力。[502]

谷胱甘肽过氧化物酶是人和动物体内微量元素硒存在的形式之一，在很多因柯萨奇病毒引起的疾病中，发现它们之间存在或多或少的联系。在动物实验中发现硒对小白鼠的病毒性心肌炎有保护作用。通过分析年龄在 8 个月至 14 岁的患者病例，发现在营养液中加入一定量的硒，CVB6 在细胞内的增殖速度减慢，表明硒在一定程度上抑制了该病毒的复制。研究者提出，这种抑制作用的主要环节可能在影响病毒的生物合成阶段。此外，缺硒使机体细胞免疫功能受影响，这很可能就是造成机体容易受到 CVB 袭击的一个重要因素。[503] 但是，很多由柯萨奇病毒引起的疾病与硒之间的联系到目前为止并没有研究得很透彻，还处于实验阶段，用于临床的也不多，所以还需要科研人员继续进行试验研究。

3.8　硒与西尼罗河病毒

3.8.1　西尼罗河病毒概述

西尼罗河病毒（WNV）是隶属黄病毒科黄病毒属的 B 群虫媒病毒。1937 年，WNV 首次在西尼罗河地区一名发热的乌干达妇女体内分离得到，按照当时的情况，新分离的虫媒病毒以获得该病毒的地理名称命名。[504] 近年来，对西尼罗河病毒结构的研究已有很大的进展。在低温电子显微镜下观察西尼罗河病毒发现，该病毒约为 50 nm 直径的球形，有一个蛋白质外鞘，且组织良好，具有单层囊膜结构，在囊膜上有一薄层突起，呈棒状结构。西尼罗河病毒为圆形颗粒，对有机溶剂、紫外线等较敏感。细胞膜的囊膜包被病毒粒子的衣壳，内为二十面体核衣壳，直径约为 25 nm，其中心为病毒 RNA，由多个核衣壳蛋白（C 蛋白）组成。西尼罗河病毒表达的蛋白可以分为 10 个单独的蛋白结构，其中 3 个结构蛋白包括囊膜蛋白（E 蛋白）、膜蛋白（M 蛋白）和核衣壳蛋白，还有 7 个非结构蛋白。结构蛋白中，核衣壳蛋白能够与病毒基因组进行结合，其是碱性蛋白；在免疫学中最重要的结构蛋白是 E 蛋白，其为病毒红细胞凝集素并介导病毒—宿主的结合，在病毒与宿主细胞亲和、吸附以及细胞融合过程中都有 E 蛋白的参与，其对病毒的亲嗜性以及毒力起着决定性作用；成熟病毒颗粒中 M 蛋白的前体形式是 PrM，在病毒释放前，胞浆内的病毒颗粒中含有 PrM，PrM 可以防止 E 蛋白在胞浆中被蛋白酶切割。[505]7 个非结构蛋白分别是 NS1、NS2a、S2b、NS3、NS4a、NS4b 以及 NS5。WNV 的核苷酸约含 10 000 ~ 11 000 对碱基，5' 端和 3' 端分别为 I 型帽（m^7GpppAmp）和 CUOH 结构，为不分节段的单股正链 RNA。根据各地区分离的西尼罗河病毒株 E 基因片段核苷酸的同源性，可将西尼罗河病毒分成两个基因型。I 型至少有 3 个分支：1a 包括欧洲 / 地中海 / 肯尼亚分离株以及美国 / 以色列分离株；1b 为澳大利亚分离株；1c 为印度分离株。II 型包括非洲亚撒哈拉地区和马达加斯加分离株。两个基因型都是具有亲神经性的，且存在明显的基因变异和抗原变异。[506]

　　WNV 感染的主要传染源和其贮存宿主都是鸟。目前，已经知道有 70 多种鸟与传播该病毒存在关系，其中有些鸟经常会出现死亡（如乌鸦、喜鹊和灰鸟等）。西尼罗河病毒的传染源中可能也包括病人以及隐性感染者，但还未得到证实。目前，蚊子叮咬是西尼罗河病毒传播的最主要途径，通过鸟—蚊—鸟、人（其他动物）传播，在鸟和蚊子之间形成循环链，偶尔感染人和其他畜禽。蚊子吸取鸟类的血液，如果鸟携带病毒，就会感染蚊子，10 ~ 14 天后，通过蚊子叮咬的方式，病毒会感染鸟、人或其他动物。此外，还有器官移植、输血和哺乳传播等，如美国佐治亚州公共卫生部和美国疾病预防与控制中心曾通报过西尼罗河病毒能通过器官移植传播，共有 63 个病例由于输血感染西尼罗河病毒。研究人员曾从一名 40 岁的妇女身上采集乳汁，经检测呈西尼罗河病毒特异 IgM 抗体阳性，实时 PCR 检测呈阳性，然后对其婴儿血清进行检测，结果呈西尼罗河病毒特异 IgM 抗体阳性。[507] 西尼罗河病毒感染的潜伏期一般为 3 ~ 12 天，绝大多数病人为隐性感染，不出现任何症状。少数人表现为西尼罗河热，体温 38.5 ℃以上，头痛剧烈、恶心，有喷射样呕吐、昏迷，可能有抽搐，甚至出现脑膜刺激征阳性或巴氏征及布氏征阳性。病情严重者可出现脑疝，导致呼吸衰竭，甚至死亡。极少部分病人表现为急性弛缓性麻痹，病人出现急性无痛性、不对称性肌无力。[508] 一般来说，免疫系统弱、有慢性疾病和年龄较大的人，其病情都可能较重，大多数死亡病例发生于 50 岁以上的中老年人。[509] 研究发现，在世界的温带区内，西尼罗河病毒都可以传播，而且该病毒的传播一般发生在夏秋两季之间，尤其在南半球，适宜的气候使西尼罗河病毒可以全年疯狂地传播。

3.8.2　硒拮抗西尼罗河病毒的机理

实验发现，动物被蚊子叮咬后，先在皮肤的树突状细胞内进行病毒的复制，随着血流被西尼罗河病毒感染的细胞移至引流淋巴结，因为早期免疫反应，机体能够对病毒的增殖进行控制。当其到达第二级淋巴组织之后，新一轮的感染开始，通过传出淋巴管和胸导管病毒进入血液循环，在进入内脏器官的同时发生了病毒血症。由于西尼罗河病毒可以通过血脑屏障进入中枢神经系统，所以有推测认为该病毒很有可能通过血液途径到达神经中枢，但是其机制还没有弄清楚，不排除以下四种原因：①毛细血管的通透性被肿瘤坏死因子和基质金属蛋白酶 9 改变了；②感染的炎性细胞把西尼罗河病毒携带到大脑里；③微血管内皮细胞的输送；④周围神经的逆向轴突输送。感染西尼罗河病毒的患者会出现西尼罗河热或西尼罗河病毒性脑炎。曾有文献报道，使用干扰素（IFN）和利巴韦林治疗西尼罗河病毒，其中 1 例患者的症状终止了 [510]，利巴韦林药为广谱抗病毒药，在一定程度上可有效改善患者的临床症状。硒是一种抗氧化剂，机体缺硒会影响氧化应激（ROS）和宿主免疫反应，造成体内倾向于氧化，氧化与抗氧化作用失衡使中性粒细胞出现炎性浸润的现象，增加了蛋白酶的分泌，因此中间产物可以大量产生，这是自由基在体内产生的一种负面作用，也是导致疾病的一个重要因素。机体对异己成分或变异的自体成分会做出相应的防御反应。虽然缺硒对西尼罗河病毒复制无显著影响，但是硒化合物可以促进机体增加硒蛋白酶的分泌，硒蛋白酶可以间接诱导 T 细胞增殖，以此来拮抗西尼罗河病毒。在日常生活中给机体补充足够的硒，可以保护机体免受西尼罗河病毒感染，从而抑制病毒诱导的细胞死亡。[259]

3.8.3　小结与展望

到目前为止，我国尚没有出现人类和动物感染西尼罗河病毒的报道，但我国的地理位置与发生重大疫情的西欧和美国基本处于同一纬度，随着国际贸易、旅游人员和货物往来增多，我国有可能传入西尼罗河病毒。另外，全球变暖导致蚊虫的密度增加，新的防控重点将是虫媒性的人兽共患病。我们不能控制候鸟的迁徙，也很难控制染毒蚊子的传入，甚至难以确保进口血液制品不含西尼罗河病毒。虽然我国针对西尼罗河病毒制定了标准、规范，国家质量监督检验检疫总局也发出了《防止西尼罗病毒传入我国》的公告，但尚未建立完善的监测和控制体系。我国应该结合西尼罗病毒流行形式、防控研究进展、国外的防控经验，全面提高科学研究平台的质量，显现其研究优势，在外来病病原结构、进化衍变、流行病学、致病机制、病原宿主相互作用、宿主免疫应答等方面进行基础研究。此外，还要提高口岸、边境的工作效率，各相关部门要密切关注卫生信息，及时做出预警和应急反应，为我国人民的健康生活提供有力保障。[511] 虽然目前西尼罗河病毒的疫苗研究取得了一定的进展，但真正用于预防西尼罗病毒病的疫苗主要为灭活疫苗，仅应用于马。人类研发的西尼罗河病毒嵌合疫苗已经进入临床 I 期试验，但其免疫保护效果尚有待进一步评价。因此，深入研究西尼罗河病毒的致病机理和免疫保护机制是研制西尼罗病毒疫苗的基础。[512] 由于西尼罗河病毒危害广，采用多种疫苗形式、多种途径联合免疫方式是控制该病毒感染的有效途径。我国可以开展生物防治，如蚊虫防治，也可以多途径切断蚊虫生活周期。从根本上对各种水源进行改造净化，对环境进行优化，减少蚊虫可以滋生的场所，缩小蚊子幼虫成长所必需的生存空间，将成虫消灭，以更好地预防和控制西尼罗河病毒。

第4章 微量元素硒对亚病毒的拮抗作用

近年来，硒凭借其生理活性及功能受到许多学者的广泛关注，不少研究表明，硒或硒化物对多种病毒的生命活动有影响。例如，硒蛋白协同 SOD 清除鸡体内的自由基，降低传染性法氏囊病毒对鸡的致死率[256]；紫外线诱导的细胞凋亡可被人传染性软疣病毒编码的硒蛋白阻断[257]；硒蛋白可由腮腺炎病毒合成[168]；硒能抑制引发手足口病的肠道病毒 71 型的复制[258]；脊髓灰质炎病毒的突变率可通过补硒显著降低[248]；虽然缺硒对西尼罗河病毒复制无显著影响，但是足够的硒能保护感染细胞免受西尼罗河病毒诱导的细胞死亡[259]；雏鸡对马立克氏病毒的抵御依靠硒清除自由基的能力。[260]

亚病毒只含有单一核酸或蛋白质，目前分为类病毒、朊病毒、拟病毒。其中，朊病毒是不含核酸的传染性蛋白分子，能通过血液、伤口、胎盘、性接触、皮肤划痕、唾液、虫媒等多种传播途径感染人或动物，引发包括疯牛病、羊骚扰病、克雅氏病在内的多种致病性强、死亡率高的神经退行性疾病。[513]作为农业大国，我国的养殖业受到朊病毒的严重威胁，植物长期遭受类病毒侵害。尽管目前关于硒与亚病毒之间的作用机制还没有深入研究，但值得推测的是，硒能通过其抗重金属、减缓氧化应激、提高免疫力等一系列生理功能对亚病毒产生一定的抵御力。

4.1 亚病毒概述

亚病毒是一类比病毒更简单的病毒，病毒粒子仅具有某种核酸（DNA 或 RNA），而不具有蛋白质，或仅具有蛋白质，而不具有核酸（DNA 或 RNA），组成很简单，是微小病原体，具有侵染性，能够侵染动植物。亚病毒包括类病毒、朊病毒、拟病毒，是不具有完整病毒结构的一类病毒。类病毒只具有单独侵染性的较小型的核糖核酸（RNA）分子，不具有蛋白质。朊病毒是没有核酸，而有感染性的蛋白质颗粒的一类亚病毒。拟病毒是只含有不具备侵染性的RNA的一类亚病毒。类病毒是目前已知的最小植物病原体，不含蛋白质，由单链环状、闭合裸露的低分子量RNA构成。亚病毒是没有细胞结构的，所以称为非细胞生物，它是微生物中最小的生命实体。亚病毒必须在活细胞中才能增殖，具有专性寄生性，所以根据宿主不同可以分出拟病毒（寄生在病毒中的病毒）、细菌病毒（噬菌体）、动物病毒、植物病毒等多种类型。

类病毒（Viroids）又称感染性RNA、病原RNA、壳病毒，是一类共价闭合环状单链裸露RNA分子，不具有蛋白质外壳保护，是游离的，二级结构是感染某些高等植物的致病因子，在分子内是由碱基广泛配对形成双链与小环相间的、具有自我复制能力的二级结构。类病毒基因组小，通常有246～399个核苷酸，分子量为$0.5 \times 10^5 \sim 1.2 \times 10^5$ Da，是目前已知最小的可传染的致病因子，比普通病毒简单。所有类病毒RNA的复制是通过宿主的RNA聚合酶Ⅱ的催化，在细胞核中进行RNA到RNA的直接转录，因为它没有mRNA活性，不编码任何多肽。在天然状态下，类病毒的RNA以高度碱基配对的形式存在，类病毒可以耐受紫外线，可以作用于蛋白质的各种理化因素，不被蛋白酶或脱氧核糖核酸（DNA）酶破坏，但是对RNA酶极为敏感。类病毒能独立引起感染，在自然界中存在着毒力不同的类病毒的株系，目前有100多个已测序的类病毒变异株，其RNA分子由一些碱基配对的双链区和不配对的单链环状区相间排列而成，呈棒状结构。在二级结构分子中央处有一段保守区是它们共同的一个特点。类病毒具有非常独特的热变性，不同于一般的单链RNA，溶解温度为50～55℃，低于双链DNA或RNA，但比tRNA高。类病毒的变性具有很高的协同性，即变性温度很窄。类病毒是能在宿主细胞内自主复制的病原体之一，可通过植物表面的机械损伤感染高等植物，并且表现出一定的症状，也可以通过花粉和种子垂直传播。到目前为止，已发现的类病毒达40多种，其中大多数为植物类病毒。1971年，美国学者迪纳（Diener）及其同事在研究马铃薯纺锤形块形茎病病原时，提出了一个新概念，即类病毒，并将其称作马铃薯纺锤形块茎类病毒（PSTV）。通过观察发现，病原具有无病毒颗粒和抗原性、耐热（70～75℃）、对有机溶剂不敏感、对高速离心稳定（说明其低分子量）等特点。这些特点证明，病原并不是病毒，而是一种游离的小分子RNA。随后陆续完成其他十几种类病毒的序列分析。根据类病毒同源序列的多少，可将类病毒大致分为几个类群：番茄不育类病毒（TPMV）、菊花矮化类病毒（CSV）、番茄矮缩类病毒（TASV）、柑橘裂皮病类病毒（CEV）、啤酒花矮化类病毒（HSV）、黄瓜白果类病毒（CPFV）以及椰子死亡类病毒等。其中，椰子死亡类病毒（CCCV）与PSTV同源序列的比例为11%，啤酒花矮化类病毒、黄瓜白果类病毒与 PSTV 同源序列的比例为 55%，番茄矮缩类病毒与 PSTV 同源序列的比例在 73% 以上。科学家分析不同类群的几种类病毒的 RNA 结构发现，虽然它们类群不同，但是其中的一段序列是其共有的，这一结果是非常有意义的。[514] 绝大多数类病毒都会有以下结构特征：①有一个高度保守的序列存在于棒状结构中心；②一个多聚嘌呤区在靠近这一保守中心区的左侧；③棒状结构的左右两侧不同，左侧序列具有很强的保守性，而右侧具有很大的变异性。它可能通过核苷酸序列或结构改变直接与宿主细胞相互作用、干扰细胞的代谢而致病。

朊病毒（Virino）是不含核酸的传染性蛋白分子，亦称蛋白侵染因子（Prion），是一类能侵染动物并且在宿主细胞内复制的病毒。朊病毒是一种比病毒小、仅含有疏水的具有侵染性和无免疫性的蛋白质分子。朊病毒具有可滤过性、传染性以及对宿主范围的特异性，这些都与常规病毒一样，不同的是朊病毒比目前已知的最小的常规病毒还小得多。朊病毒只有 $30 \sim 50$ nm 病毒粒子的结构，在电镜下也看不见，聚集而成的棒状体只有经过负染后才能见到。由于朊病毒不含核酸，使用常规的 PCR 技术还无法检测出来。1982 年，美国学者普鲁西纳（Prusiner）发现了羊瘙痒病致病因子——朊病毒，获得了 1997 年的诺贝尔生理和医学奖。迄今为止，朊病毒唯一的可见形态是羊瘙痒病相关纤维。它是一种特殊的纤维结构，存在两种形式：Ⅰ型纤维直径为 $11 \sim 14$ nm，由两根原纤维相互螺旋盘绕而成，原纤维直径为 $4 \sim 6$ nm，螺距为 40 nm 不等；Ⅱ型纤维的直径为 $27 \sim 34$ nm，每 $100 \sim 200$ nm 即出现一个狭窄区，狭窄区的直径大概为 $9 \sim 11$ nm，Ⅱ型纤维由 4 根原纤维组成，且每一根原纤维相同，每两根之间的间隙为 $3 \sim 4$ nm。朊病毒蛋白具有正常型 PrP^C 和致病型 PrP^{SC} 两种构象，两者互为同分异构体，根本差别在于它们构象上的差异。[515] 两者进行编码是相同染色体基因 PRNP，其氨基酸序列全部相同，两者的分子量都是 $3.3 \times 10^4 \sim 3.5 \times 10^4$ Da。PrP^C 的 α-螺旋为 42%，β-折叠仅为 3%；PrP^{SC} 的 α-螺旋为 30%，β-折叠高达 43%。PrP^{SC} 是因为 PrP^C 进行了蛋白质的错误折叠，使 PrP^{SC} 的溶解度降低，对蛋白酶的抗性增加，而一些 α-螺旋变构为 β-折叠，三维构象发生变化，其形成发生在翻译后的加工过程。[516] 不断进行聚合的 PrP^{SC} 形成自聚集纤维，在中枢神经细胞中造成堆积现象，最终对神经细胞产生破坏。发病症状与脑部被破坏的区域相对应，如果感染小脑，则会导致共济失调，损害运动机能；如果大脑皮质被感染了，则会产生记忆下降的情况。致病性朊病毒 PrP^{SC} 具有抗蛋白酶 K 水解的能力，可特异地出现在被感染的脑组织中，呈淀粉样形式存在。普鲁西纳等提出了朊病毒由细胞蛋白 PrP^C 经翻译后修饰而转变为折叠异常的病理形态 PrP^{SC} 这一假说，且朊病毒仅由蛋白质组成。PrP^{SC} 首先与 PrP^C 结合形成一个 PrP^{SC}–PrP^C 复合物，随后转变成 2 分子的

PrP^{SC}。在下一周期，2 分子 PrP^{SC} 与 2 分子 PrP^C 结合，随后形成 4 分子 PrP^{SC}。在 PrP^{SC} 与 PrP^C 相互作用下，有越来越多的 PrP^{SC} 分子被复制出来。通过研究还发现，在多种因素的灭活作用下，朊病毒依然具有惊人的抗性，可以在一定程度上耐受紫外线照射、电离辐射、超声波甚至 160～170 ℃高温等物理因素；可以很好地抵抗甲醛、羟胺、核酸酶类等化学试剂与生化试剂。巨噬细胞可以将朊病毒的感染性降低或灭活，但特异性抗体通过免疫学技术无法被检测出来，既不会诱发干扰素的产生，也不会受到干扰素作用。总的来说，使朊病毒失活的方法是使蛋白质消化、变性、修饰而失活，但是能作用于核酸并使之失活的方法并不能百分百使朊病毒失活，所以朊病毒本质上是蛋白质，且具有感染性。朊病毒的作用仅是对宿主细胞中朊病毒的编码的基因进行激活，使朊病毒的增殖呈指数增长，大量朊病毒研究试验证实了普鲁西纳的假说。[517] 朊病毒最大的威胁是可以导致许多哺乳动物的中枢神经系统机能退化症，最终不治而亡。鉴于此，世界卫生组织将朊病毒病和艾滋病共同视为全球最危害人体健康的顽疾。朊病毒感染哺乳动物，会导致多数哺乳动物患病，如人的库鲁病（Kuru, 人类震颤病）、克雅氏症（CJD, 一种早老年痴呆病）、致死性家族失眠症（FFI）和动物的羊瘙痒病（Scrapie）、牛海绵状脑病（BSE, 或称疯牛病）、新型变异性克雅氏病（nvCJD）、猫海绵状脑病（FSE）等，其中新型变异性克雅氏病的致死率较高。[518] 在不同动物之间，朊病毒病的传染与朊病毒蛋白氨基酸差别程度具有一定联系。经常发生疯牛病与牛饲料添加剂中携带朊病毒组织之间具有密切联系。具有朊病毒和朊病毒蛋白是致病的两个基本条件。动物实验证明，对动物接种朊病毒能够致其患病，而应用基因操作方法去除朊病毒基因的小鼠即使被导入朊病毒，也不会感染。朊病毒存在变异和跨种族感染，传染源主要为牛、羊等反刍动物，故疯牛病也可能传染给人类。对于人类而言，朊病毒病有两种传染方式：遗传性和医源性。遗传性是指家族遗传性的朊病毒感染，医源性是指经角膜移植、输血、不慎使用污染的外科器械以及注射取自人垂体的生长激素等途径引起的朊病毒传染。目前还没有弄明白人和动物间是否能进行传染，这有待于科学家进一步研究证实。朊病毒在潜伏期内除了感染中枢神经系统外的各种组织器官，还可以感染脑髓，人畜一旦发病，在 6 个月至 1 年全部死亡，死亡率是 100%。目前，对朊病毒病还没有研究出有效的治疗方法，只能积极做好预防措施：①禁止从疯牛病疫区进口动物源性饲料、与牛相关制品和生物制品，被污染的食物应该禁止食用。②加强筛查本土羊瘙痒病，并对疯牛病进行监测，预防出现医源性感染。例如，对神经外科的操作及器械进行严格规范化消毒，对角膜及硬脑膜的移植要排除供者患病的可能。③加强对朊病毒发病机理、传染途径、灭活消毒手段的研究。例如，消灭已知的感染牲口，对病人进行适当隔离。④防止有家庭性疾病的家属接触该病，对患者进行隔离治疗。

拟病毒（Virusoid）是一类由核酸分子组成的亚病毒，该病毒内缺乏复制所需基因，其增殖依赖宿主细胞内的一种共同感染的辅助病毒，因而不能独自在宿主细胞中增殖。拟病毒极其微小，一般仅由裸露的 RNA（300～400 个核苷酸）组成，是一种环状单链 RNA。植物病毒是拟病毒主要侵染的对象，将被侵染的植物病毒称为辅助病毒。拟病毒不能独自进行复制，必须在辅助病毒的帮助下才可以复制；辅助病毒能进行独自复制，不需要拟病毒，但拟病毒对辅助病毒的产量、改变辅助病毒在宿主上的症状及反应的程度具有一定的影响。环状 RNA-2 和线状 RNA-3 是拟病毒的两种分子结构，RNA-2 和 RNA-3 是同一种 RNA 分子呈现的两种不同构型，其中 RNA-2 是通过 RNA-3 环化而形成的，即 RNA-3 可能是 RNA-2 的前体。拟病毒是一种分子量较低的侵染性核酸分子，因此更容易进行细致的化学组分和结构分析。植物病毒中的拟病毒主要有绒毛烟斑驳病毒（VTMoV）、苜蓿暂时性条斑病毒（LTSV）、莨菪斑驳病毒（SNMV）、地下三叶草斑驳病毒（SCMoV）等。动物病毒中的拟病毒是丁型肝炎病毒，它的宿主（辅助病毒）是乙型肝炎病毒。拟病毒以自身侵染性的 RNA 分子为模板进行复制，并在宿主细胞内依赖 RNA 的 RNA 聚合酶的帮助进行复制。先以滚环方式合成一条负链 RNA，再以此负链为模板合成一条正链 RNA，两者一起形成双链的复制中间体（RI），RI 产生的线状 RNA-3 分子在 RNA 连接酶的作用下环化形成拟病毒分子 RNA-2。拟病毒是一种缺陷病毒，自身没有侵染性，因其增殖依赖辅助病毒而被称作卫星因子。卫星因子有两类：卫星病毒（Satellite Virus）和卫星核酸（satellite nucleic acids）。卫星因子中的核酸分子具有编码外壳蛋白的遗传信息，所编码的衣壳蛋白将核酸包裹成形态学和血清学与辅助病毒不同的颗粒，因而被称作卫星病毒。[519] 一般卫星病毒的大小在 300 个核苷酸左右，通过内部碱基配对形成复杂的多种结构。1962 年，Kassanis 发现在烟草坏死病毒（TNV）的二十面体病毒颗粒中，偶尔伴随一个较小的二十面体颗粒，单独存在时不具有侵染性，也没有进行复制，其只有在 TNV 侵染的植株中才能复制，一般有抑制辅助病毒复制的作用，这种小颗粒被称为烟草花叶坏死卫星病毒。卫星病毒是一类核酸分子，依赖与其共同侵染宿主细胞的辅助病毒进行繁殖，其核酸序列与辅助病毒基因组既不具有同源性，也不具有血清学关系。卫星病毒是寄生于辅助病毒的小分子寄生物，也是利用宿主细胞的能量、原料及酶生活，就如同病毒一般。卫星病毒是一类不单独存在的亚病毒，其基因组缺损，不能独自正常地进行基因复制和表达，需要依靠辅助病毒，才能完成增殖，一般其出现的同时会出现其他病毒。例如，缺乏编码衣壳蛋白基因的大肠杆菌噬菌体 P4 需要辅助病毒大肠杆菌噬菌体 P2 同时感染，合成的壳体蛋白装配成含 P2 壳体 1/3 左右的 P4 壳体，需要 P2 与较小的 P4 DNA 组装成完整的 P4 颗粒，完成病毒的增殖过程。常见的卫星病毒还有卫星稷子花叶病毒（SPMV）、卫星玉米白线花叶病毒（SMWLMV）、卫星烟草花叶病毒（STMV）和腺联病毒（AAV）等。迄今为止，已经发现 26 种卫星病毒，而且有些卫星病毒存在不同株系。卫星核酸是指本身不具有编码外壳蛋白的遗传信息的卫星因子的核酸，装配于辅助病毒的外壳蛋白中。卫星核酸是一类核酸分子，依赖与其共同侵染宿主细胞的辅助病毒进行繁殖，卫星核酸单独存在时不具有侵染性，需要在辅助病毒的帮助下才能侵染和复制，且与辅助病毒基因组核酸的核苷酸序列不存在同源性。植物病毒卫星核酸包括单链卫星 DNA（DNAs）、双链卫星 RNA（RNAs）和单链卫星 RNA（satRNAs）。satRNAs 的基因组通常小于 1 500 bp，可分为 3 个亚组：环状单链卫星 RNA，该亚组有 10 个成员，如烟草环斑病毒（TobRSV）卫星 RNA；小线状单链卫星 RNA，该亚组有 15 个成员，如黄瓜花叶病毒（CMV）卫星 RNA；大单链卫星 RNA，该亚组有 11 个成员，如竹花叶病毒（BaMV）卫星 RNA。双链卫星 RNA 有两个成员，其基因组大小为 500 ~ 1 800 bp。单链卫星 DNA 分为 α 卫星和 β 卫星，α 卫星有 40 个成员，β 卫星有 61 个成员，它们主要由菜豆黄金花叶病毒属与矮化病毒科的病毒携带。[519]

4.2 硒与拮抗亚病毒的机理

类病毒会引起植物基因序列的甲基化，引起转录的失败，很多证据表明其能诱导 RNA 沉默。有证据表明，类病毒可以通过以自身为模板复制子一代进行增殖，这是一个重要的致病因素。类病毒环状 RNA 在复制形成双链中间体的时候，会被类似于核糖核酸酶 III 的 Dicer 酶切割成大小约为 21 ~ 23 bp 的双链小干扰 RNA（siRNA），并且与其他因子结合形成 RNA 诱导沉默复合体（RISC），而激活的 RISC 通过碱基配对定位到同源 mRNA 上，导致特定基因表达的阻断。类病毒不同，其宿主范围也会不同，如对马铃薯纺锤形块茎类病毒敏感的宿主植物除茄科外，还有石竹科、菊科、紫草科、桔梗科等。柑橘裂皮类病毒的宿主范围比马铃薯纺锤形块茎类病毒窄些，但也可以侵染蜜柑科、菊科、茄科、葫芦科等 50 种植物。关于类病毒的感染和复制机理尚不清楚。[514] 所有的类病毒都可以通过机械损伤的途径传播，在自然界中传播的主要途径是经耕作工具接触的机械传播，有的类病毒还能直接由种子和花粉进行传播，如马铃薯纺锤形块茎类病毒。在症状上难以将类病毒病与病毒病进行区分，类病毒也可以引起病毒病大多数典型症状。类病毒的潜伏期很长，并且伴有持续性感染。

朊病毒与常规病毒一样，具有致病性、可滤过性、传染性、对宿主范围的特异性，但它非常小，比已知的最小的常规病毒还小得多，使用电镜也无法观察到朊病毒粒子的结构，也呈现不出免疫效应，既不会诱发干扰素产生，也不受其干扰作用。食用动物肉骨粉饲料、牛骨粉汤等，使用脑垂体生长激素、促性腺激素，以及硬脑膜移植、角膜移植、输血等医源性感染都可以传播朊病毒。朊病毒可感染多个器官，且感染途径多样，除消化道外，神经系统、血液均可感染，预防难度大，死亡率高。现代病理研究表明，朊病毒病属慢病毒性感染，潜伏期长，病程缓慢，进行性脑功能紊乱。随着朊病毒的侵入、复制，神经元树突和细胞本身发生进行性空泡化，星状细胞胶质增生，灰质中出现海绵状病变，即海绵脑病。患这种病的人均会出现震颤、共济失调和痴呆等症状。朊病毒会对调节微管蛋白的聚合产生抑制作用，改变 L 型钙通道，进一步导致细胞骨架不具有稳定性，最后使神经细胞发生凋亡并形成空泡状结构，各种信号传导不能正常进行，其症状有自主运动失调、恐惧、生物钟紊乱等。朊病毒可以是遗传性的，也可以是传染性的，因为其存在变异和跨种族感染，所以存在以牛、羊等反刍动物为主的大量的潜在感染源，也具有许多未知的潜在宿主，很难预测和推断传播的潜在危险性。朊病毒会引起人类和家畜患中枢神经系统退化性病变，且没有特效的治疗方法，最后导致死亡，这是朊病毒对人类的最大威胁。

普通类病毒的侵染对象是高等植物或动物，拟病毒的侵染对象是小小的植物病毒。拟病毒能够对辅助病毒的产量、改变辅助病毒在宿主上的症状和反应程度产生影响，因此可以将它用来人工组建新弱化疫苗，且疫苗具有防病功能。可以加重其辅助病毒在宿主上的症状的病毒卫星迄今为止已经发现了 10 种。例如，花生丛簇病毒（GRV）卫星 RNA 是引起花生丛簇的主要原因；菲律宾翟子花叶病毒（PMV）的卫星病毒能加重 PMV 在玉米和翟子上的症状；芜菁皱缩病毒（TCV）卫星 RNA 能加重 TCV 在芜菁上的症状；葡萄扇叶病毒（GFLV）卫星 RNA 能加重 GFLV 在昆诺黎上的症状。此外，绒毛烟斑驳病毒（VTMoV）的环状卫星 RNA 能加重绒毛烟斑驳病毒在克氏烟上的症状，紫花苜蓿暂时性条斑病毒（LTSV）的环状卫星 RNA 能加重紫花苜蓿暂时性条斑病毒在觅色黎上的症状。[521]

虽然目前关于硒与亚病毒之间的拮抗机理还没有进行深入研究，但是硒和硒化合物能够在一定程度上减少病毒感染细胞后跨膜钙离子内流以及抑制病毒感染细胞 L 型钙通道电流的增加，从而更好地保护细胞，改善临床症状，增强细胞免疫功能。

4.3　小结与展望

目前，我国的植物长期遭受类病毒侵害，朊病毒已经严重威胁养殖业。通过超速离心、测 Tm 值、电镜观察及序列分析等方法对类病毒进行综合分析，才能进一步确定已知类病毒在分类学上的地位，并对未知类病毒进行鉴定。对类病毒的早期检测可以采用综合诊断的方法，近年快速敏感诊断类病毒的方法是结合采用 DNA 重组技术、固相核酸杂交技术和聚丙烯酰胺凝胶双相电泳银染技术，这为减少类病毒造成的大量损失提供了有力的技术保障。现代农业推行的栽培方法之一是单一作物栽培，但是单一的作物栽培非常利于类病毒的生存和传播，是类病毒病害经常产生的重要原因。目前，可以采用改进单一作物栽培的方法，或选用无毒苗木和种子，筛选培育抗毒品种，在平日里加强田间管理，防止机械传播。为防止类病毒侵染，可采用弱毒株干扰防治强毒株的实验等方法。许多实验证明，采用多种途径共同防止类病毒侵染能够取得较为理想的效果。[514] 朊病毒的平均潜伏期为 20 年，最长可达到 50 年，且无法在发病前进行检测和诊断。自朊病毒被发现到现在，科学家在研究朊病毒中取得了显著成就，但仍有许多尚未解决的瓶颈问题，如朊病毒感染单位、PrP^C 和 PrP^{SC} 的精确结构及其在转变中产生的结构变化、朊病毒毒株多样性形成的机制、体外试验产生的 PrP^C 有无感染性以及防治药物等。近年来，人们侧重研究朊病毒本身的分子结构、遗传机制、增殖方式、传递的种间屏障以及毒株的多样性等，同时进一步深入研究朊病毒的致病机理及治疗方法，这有助于找到新的治疗方法和更敏感、特异的诊断方法，有利于人们了解由于蛋白错误折叠引起其他疾病的致病机理。[520] 有研究表明，在传统中药领域存在具有抗朊病毒活性的物质，随着现代药理学的研究发展，科研者从传统中药有效成分提取到天然药物的开发取得很大进展。现阶段，研究传统中药制剂拮抗朊病毒已成为一个十分活跃的研究领域。传统中药毒副作用小、疗效确切，具有独特优势，不仅对研究和开发抗哺乳动物朊病毒的传统中药制剂具有重要意义，还提高了国际社会对传统中药的认同度，加快了传统中药的国际化。[521] 虽然目前关于硒与亚病毒之间的作用机制还没有进一步深入研究，但值得推测的是，硒和硒化合物能够通过其抗病原微生物作用、调控基因表达、减缓氧化应激、提高免疫力等一系列生理功能对亚病毒产生一定的抵御力，从而与机体的各个免疫器官结合起来拮抗亚病毒对机体的侵袭。

参考文献

[1] 窦光宇 . "月亮元素" ——硒的发现 [J]. 金属世界 , 2005(6): 54.

[2] 申兰芹 . 硒元素的发现与应用 [J]. 化学世界 , 2009, 50(8): 511–512.

[3] SCHWARZ K, BIERI J G, BRIGGS G M, et al. Prevention of exudative diathesis in chicks by factor 3 and selenium [J]. Proceedings of the Society for Experimental Biology and Medicine, 1957, 95(4): 621–625.

[4] 肖再利 . 硒元素的功能作用及其在畜禽中的研究进展 [J]. 湖南饲料 , 2018(4): 41–45.

[5] 王珏 . 硒元素揭秘 [J]. 知识经济 , 2007(2): 34–36.

[6] 张建刚 , 侯玉洁 , 周美玲 , 等 . 硒在养猪生产中的应用研究进展 [J]. 养猪 , 2013(1): 13–16.

[7] 任春燕 , 刁其玉 , 屠焰 , 等 . 有机硒在反刍动物体内的生物学功能及其在生产中的应用 [J]. 中国饲料 , 2018(5): 39–44.

[8] 李浩 . 有机硒的营养生理作用及在家禽营养中的研究进展 [J]. 畜禽业 , 2010(4): 10–11.

[9] 刘哲 , 张峰 , 梁建斌 , 等 . 硒蛋白家族及其功能的研究进展 [J]. 中国兽医杂志 , 2014, 50(7): 61–63.

[10] 刘红梅 , 黄开勋 , 徐辉碧 . 内质网硒蛋白的研究进展 [J]. 中国科学 : 化学 , 2014, 44(4): 531–540.

[11] 张夏明 , 徐刚 . 微量元素硒与肾脏疾病关系的研究进展 [J]. 浙江医学 , 2018, 40(5): 529–533, 549.

[12] 李方正 , 吴方 , 徐进宜 . 有机硒化合物及其生物学活性的研究进展 [J]. 药学与临床研究 , 2016, 24(2): 139–144.

[13] BRIGELIUSFLOHÉ R, KIPP A. Glutathione peroxidases in different stages of carcin ogenesis [J]. Biochimica et Biophysica Acta General Subjects, 2009, 1790(11): 1555–1568.

[14] 刘慧娟. 具有 GSH 结合位点的硒蛋白在真核细胞中的表达 [D]. 长春: 吉林大学, 2010.

[15] 刘莹. GPx-1 基因 Pro198Leu 多态性与 2 型糖尿病微血管病变的相关性研究 [D]. 南昌: 南昌大学, 2016.

[16] 陈芳, 江杰, 李卓颖, 等. 谷胱甘肽过氧化物酶 1 基因多态性与川崎病的关联性分析 [J]. 中国动脉硬化杂志, 2015, 23(3): 290–294.

[17] 刘磊. 构建具有谷胱甘肽过氧化物酶活力的人工酶 [D]. 长春: 吉林大学, 2008.

[18] 曹江平. 谷胱甘肽过氧化物酶 GPX2 对 p53 的调控及作用机制研究 [D]. 天津: 天津大学, 2014.

[19] GAROLLA A, MAIORINO M, ROVERATO A, et al. Oral carnitine supplementation increases sperm motility in asthenozoospermic men with normal sperm phospholipid hydroperoxide glutathione peroxidase levels[J]. Fertility & Sterility, 2005, 83(2): 355–361.

[20] TAKAHASHI K, AVISSAR N, WHITIN J, et al. Purification and characterization of human plasma glutathione peroxidase: A selenoglycoprotein distinct from the known cellular enzyme [J]. Archives of Biochemistry and Biophysics, 1987, 256(2): 677–686.

[21] CIAPPELLANO S, TESTOLIN G, PORRINI M. Effects of durum wheat dietary selenium on glutathione peroxidase activity and Se content in long–term–fed rats [J]. Annals of Nutrition and Metabolism, 1989, 33(1): 22–30.

[22] 姜雅菲, 裘榜霞, 庞冰玉, 等. GPX3 与肿瘤的关系及作用机制研究进展 [J]. 广东医学, 2018, 39(s1): 258–260, 265.

[23] 张丹丹, 熊咏民. 谷胱甘肽过氧化物酶 3 生物学功能及其 DNA 甲基化与慢性复杂性疾病的研究进展 [J]. 国外医学 (医学地理分册), 2018, 39(2): 128–130, 140.

[24] UPCHURCH G R, RAMDEV N, WALSH M T, et al. Prothrombotic consequences of the oxidation of fibrinogen and their inhibition by aspirin [J]. Journal of Thrombosis and Thrombolysis,1998, 5(1): 9–14.

[25] VADSETH C, SOUZA J M, THOMSON L, et al. Pro–thrombotic state induced by post–translational modification of fibrinogen by reactive nitrogen species [J]. The Journal of

biological chemistry, 2004, 279(10): 8820-8826 .

[26] 雷明光 , 张舒 , 张冰 , 等 . 谷胱甘肽磷脂氢过氧化物酶研究进展 [J]. 生物学通报 , 2005, 40(5): 1-3.

[27] 闫春燕 , 徐承水 , 张士璀 . 动物磷脂氢谷胱甘肽过氧化物酶研究进展 [J]. 科技信息 (科学教研), 2008(22): 366, 417.

[28] ARAI M, KOUMURA T, YOSHIDA M, et al. Mitochondrial phospholipid hydroperoxide glutathione peroxidase plays a major role in preventing oxidative injury to cells [J]. The Journal of Biological Chemistry, 1999, 274(8): 4924-4933.

[29] PFEIFER H, CONRAD M, ROETHLEIN D, et al. Identification of a specific sperm nuclei selenoenzyme necessary for protamine thiol cross-linking during sperm maturation [J]. Federation of American Societies for Experimental Biology Journal, 2001, 15 (7): 1236-1238.

[30] MAIORINO M, MAURI P, ROVERI A, et al. Primary structure of the nuclear forms of phospholipid hydroperoxide glutathione peroxidase (PHGPx) in rat spermatozoa [J]. Article, 2005, 579(3): 667-670.

[31] 马森 . 谷胱甘肽过氧化物酶和谷胱甘肽转硫酶研究进展 [J]. 动物医学进展 , 2008, 29(10): 53-56.

[32] 张丹英 , 雷艳霞 . 动物硒蛋白 - 磷脂氢谷胱甘肽过氧化物酶 [J]. 国外医学 (医学地理分册), 2005,25(4): 152-155, 168.

[33] 姚莉 , 段玉峰 . 微量元素硒与生物体健康 [J]. 广东微量元素科学 , 2004,11(2): 8-13.

[34] NOMURA K, KOUMURA T, ARAI M, et al. Mitochondrial phospholipid hydroperoxide glutathione peroxidase suppresses apoptosis mediated by a mitochondrial death pathway [J]. The Journal of Biological Chemistry, 1999, 274(41): 29294-29302.

[35] TANAKA C, COLING D E, MANOHAR S, et al. Expression pattern of oxidative stress and antioxidant defense-related genes in the aging Fischer 344/NHsd rat cochlea [J]. Neurobiology of Aging, 2012, 33(8): 1842.e1-1842.e14.

[36] XU X C, LIU T T, ZHANG A M, et al. Reactive oxygen species-triggered trophoblast apoptosis is initiated by endoplasmic reticulum stress via activation of caspase-12, CHOP, and the JNK pathway in toxoplasma gondii infection in mice [J]. Infection and Immunity, 2012, 80(6): 2121-2132.

[37] MUSTACICH D, POWIS G. Thioredoxin reductase [J]. Biochemical Journal, 2000, 346(20): 1–8.

[38] SANDALOVA T, ZHONG L W, LINDQVIST Y, et al. Three–dimensional structure of a mammalian thioredoxin reductase: Implications for mechanism and evolution of a selenocysteine–dependentenzyme [J]. Proceedings of the National Academy of Sciences, 2001, 98(17): 9533–9538.

[39] 陈梦楠. 大黄鱼硫氧还蛋白和硫氧还蛋白还原酶的验证和功能鉴定 [D]. 舟山 : 浙江海洋大学 , 2018.

[40] EUNSUNG J, HYUN H S, YOUNG J I, et al. Vitamin D3 up–regulated protein 1 mediates oxidative stress via suppressing the thioredoxin function [J]. Journal of Immunology, 2000, 164(12): 6287–6295.

[41] 周润梅. 硫氧还蛋白还原酶的生理学功能研究进展 [J]. 现代医药卫生 , 2012, 28(16): 2487–2488.

[42] 徐辉碧. 硒的化学、生物化学及其在生命科学中的应用 [M]. 武汉 : 华中理工大学社出版社 , 1994: 434.

[43] GUIMARAES M J, PETERSON D, VICARI A, et al. Identification of a novel selD homolog from eukaryotes, bacteria, and archaea: Is there an autoregulatory mechanism in selenocysteine metabolism?[J]. Proceedings of the National Academy of Sciences of the United States of America, 1996, 93(26): 15086–15091.

[44] XU X M, CARLSON B A, IRONS R, et al. Selenophosphate synthetase 2 is essential for selenoprotein biosynthesis [J]. Biochemical Journal, 2007, 404(1): 115–20.

[45] DAVEY J C, BECKER K B, SCHNEIDER M J, et al. Cloning of a cDNA for the type II iodothyronine deiodinase [J]. Journal of Biological Chemistry, 1995, 270(45): 26786–26789.

[46] 吴泰相 , 王家良. 碘甲腺氨酸脱碘酶研究进展 [J]. 中华内分泌代谢杂志 , 2000, 16(3): 60–62.

[47] TSAIL V Z, SCHOLZ T D, POLITINO M, et al. Synthesis of 5–methylaminomethyl–2–selenouridine in tRNAs: 31P NMR studies show the labile selenium donor synthesized by the selD gene product contains selenium bonded to phosphorus [J]. Proceedings of the National Academy of Science of the United States of America, 1992, 89(7): 2975–2979.

[48] KIM I Y, VERES Z, STADTMAN T C. Escherichia coli mutant SELD enzymes. The cysteine 17 residue is essential for selenophosphate formation from ATP and selenide [J]. Journal of Biological Chemistry, 1992, 267(27): 19650–19654.

[49] HERNANDEZ A, STGERMAIN D L, Obregon M J. Transcriptional activation of type III inner ring deiodinase by growth factors in cultured rat brown adipocytes [J]. Endocrinology, 1998, 139(2): 634–639.

[50] DARRAS V M, VISSER T J, BERGHMAN L R, et al. Ontogeny of type I and type III deiodinase activities in embryonic and posthatch chicks: Relationship with changes in plasma triiodothyronine and growth hormone levels [J]. Comparative Biochemistry and Physiology. Part A: Physiology, 1992, 103(1): 131–136.

[51] 顾鹏, 李志伟, 杨建国, 等. 硒蛋白 P 的研究进展 [J]. 生物工程进展, 2002, 22(1): 49–52+48.

[52] TUJEBAJEVA R M, HARNEY J W, BERRY M J. Selenoprotein P expression, purification, and immunochemical characterization [J]. Journal of Biological Chemistry, 2000, 275(9): 6288–6294.

[53] YANG X, HILL K E, MAGUIRE M J, et al. Synthesis and secretion of selenoprotein P by cultured rat astrocytes [J]. Biochimica et Biophysica Acta: General Subjects, 2000, 1474(3): 390–396.

[54] 黎文彬, 王康宁. 硒蛋白 P(Se1P) 的研究进展 (一)[J]. 饲料与畜牧, 2012(11): 55–57.

[55] 黎文彬, 王康宁. 硒蛋白 P(SelP) 的研究进展 (二)[J]. 饲料与畜牧, 2012(12): 51–53.

[56] 李菲, 安书成. 硒蛋白 P 与神经退行性变化 [J]. 生命科学, 2013, 25(3): 311–314.

[57] 桑温昌, 李兆德, 房玉霞, 等. 硒蛋白 –P 在大肠癌组织中的表达及临床意义 [J]. 中国现代普通外科进展, 2010, 13(11): 861–863.

[58] MISU H, ISHIKURA K, KURITA S, et al. Inverse correlation between serum levels of selenoprotein P and adiponectin in patients with type 2 diabetes [J]. PL o S One, 2012, 7(4): e34952.

[59] 房青. 硒蛋白 P 的研究进展 [J]. 国外医学 (分子生物学分册),2003(01):1–3.

[60] SHCHEDRINA V A, EVERLEY R A, ZHANG Y, et al. Selenoprotein K binds multiprotein complexes and is involved in the regulation of endoplasmic reticulum

Homeostasis [J]. The Journal of Biological Chemistry, 2011, 286(50): 42937–42948.

[61] LU C L, QIU F C, ZHOU H J, et al. Identification and characterization of selenoprotein K: An antioxidant in cardiomyocytes [J]. FEBS Letters, 2006, 580(22): 5189–5197.

[62] VERMA S, HOFFMANN F K W, KUMAR M, et al. Hoffmann selenoprotein K knockout mice exhibit deficient calcium flux in immune cells and impaired immune Responses [J]. The Journal of Immunology, 2011, 186(4): 2127–2137.

[63] 李瑞敏, 王超, 满云翔, 等. 硒蛋白 K 在小鼠中的组织差异表达及 T 淋巴细胞内定位 [J]. 热带医学杂志, 2014, 14(11): 1420–1423+1394.

[64] YAO H D, WU Q, ZHANG Z W, et al. Gene expression of endoplasmic reticulum resident selenoproteins correlates with apoptosis in various muscles of se–deficient chicks [J]. The Journal of nutrition.2013, 143(5): 613–619.

[65] 樊瑞锋. 哈尔滨市鸡缺硒性疾病流行病学调查及硒蛋白 K 生物学功能的初步研究 [D]. 哈尔滨: 东北农业大学, 2017.

[66] 杜少卿. 硒蛋白 S 和硒蛋白 K 在内质网应激中的调节作用 [D]. 武汉: 华中科技大学, 2010.

[67] DU S Q, ZHOU J, JIA Y, et al. SelK is a novel ER stress–regulated protein and protects HepG2 cells from ER stress agent–induced apoptosis [J]. Archives of Biochemistry and Biophysics, 2010, 502(2): 137–143.

[68] 齐静, 彭建新. 内质网相关蛋白的降解及其机制 [J]. 细胞生物学杂志, 2004, 26(2): 103–107.

[69] 李瑞敏, 张仁利. 硒蛋白 K 的生物学功能研究进展 [J]. 热带医学杂志, 2015, 15(3): 409–411.

[70] JING Q I, PENG J X. Endoplasmic reticulum–associated proteins degradation [J]. Chinese Journal of Coll Biology, 2004, 26(2): 103–107.

[71] SENGUPTA A, CARLSON B A, LABUNSKYY V M, et al. Selenoprotein T deficiency alters cell adhesion and elevates selenoprotein W expression in murine fibroblast cells [J]. Biochemistry and Cell Biology, 2009, 87(6): 953–961.

[72] LUCA G, HAFIDA G, MAITÉ M H, et al. Selenoprotein T is a PACAP–regulated gene involved in intracellular Ca2+ mobilization and neuroendocrine secretion [J]. FASEB Journal, 2008, 22(6): 1756–1768.

[73] LESCURE A, GAUTHERET D, CARBON P, et al. Novel selenoproteins identified in

silico and in vivo by using a conserved RNA structural motif [J]. Journal of Biological Chemistry, 1999, 274(53): 38147-38154.

[74] BEHZAD M, NATHALIE P, CÉLINE J, et al. Mutations in SEPN1 cause congenital muscular dystrophy with spinal rigidity and restrictive respiratory syndrome [J]. Nature Genetics, 2001, 29(1): 17-18.

[75] PETIT N, LESCURE A, REDERSTORFF M, et al. Selenoprotein N: an endoplasmic reticulum glycoprotein with an early developmental expression pattern [J]. Human Molecular Genetics, 2003, 12(9): 1045-1053.

[76] CASTETS P, LESCURE A, GUICHENEY P, et al. Selenoprotein N in skeletal muscle: from diseases to function [J]. Journal of Molecular Medicine, 2012, 90(10): 1095-1107.

[77] 师敏霞, 李梦迪, 郑晓琳, 等. 硒蛋白 N 结构及功能的研究进展 [J]. 生命科学, 2017, 29(8): 769-772.

[78] ARBOGAST S, BEUVIN M, FRAYSSE B, et al. Oxidative stress in SEPN1-related myopathy: from pathophysiology to treatment [J]. Annals of Neurology, 2009, 65(6): 677-686.

[79] MARINO M, STOILOVA T, GIORGI C. Oxidative stress in SEPN1-related myopathy: from pathophysiology to treatment. SEPN1, an endoplasmic reticulum-localized selenoprotein linked to skeletal muscle pathology, counteracts hyperoxidation by means of redox-regulating SERCA2 pump activity [J]. Human Molecular Genetics, 2015, 24(7): 1843-1855.

[80] 黄家强, 姜云芸, 郭慧媛, 等. 硒蛋白基因 W 和 N 与鸡肉品质的相关性研究 [J]. 中国食品学报, 2016, 16(11): 83-88.

[81] CASTETS P, BERTRAND A T, BEUVIN M, et al. Satellite cell loss and impaired muscle regeneration in selenoprotein N deficiency [J]. Human Molecular Genetics, 2011, 20(4): 694-704.

[82] MOULIN M, FERREIRO A. Muscle redox disturbances and oxidative stress as pathomechanisms and therapeutic targets in early-onset myopathies [J]. Seminars in Cell & Developmental Biology, 2016, 64: 213-223.

[83] WALDER K, KANTHAM L, MCMILLAN J S, et al. Tanis: a link between type 2 diabetes and inflammation[J]. Diabetes, 2002, 51(6): 1859.

[84] KRYUKOV GREGORY V, CASTELLANO SERGI, NOVOSELOV SERGEY V, et al. Characterization of mammalian selenoproteomes [J]. Science, 2003, 300(5624): 1439–1443.

[85] GAO Y, FENG H C, WALDER K, et al. Regulation of the selenoprotein SelS by glucose deprivation and endoplasmic reticulum stress–SelS is a novel glucose-regulated protein [J]. FEBS Lett, 2004, 563(1–3): 185–90.

[86] 杜建玲, 安利佳, 孙长凯, 等. SelS 高表达保护人脐静脉内皮细胞免于 H_2O_2 诱导的细胞损伤 [J]. 生物化学与生物物理进展, 2007, 34(4): 425–430.

[87] CURRAN J E, JOWETT J B M, ELLIOTT K S, et al. Genetic variation in selenoprotein S influences inflammatory response [J]. Nature Genetics, 2005, 37(11): 1234–1241.

[88] 曾金红, 张功臣, 黄开勋. 硒蛋白 S 的生物学功能 [J]. 化学进展, 2009, 21(Z2): 1494–1499.

[89] 毋瑞朋, 杜新爱, 熊咏民. 内质网驻留硒蛋白的基因多态性研究进展 [J]. 国外医学: 医学地理分册, 2014, 35(2): 89–92.

[90] KOROTKOV K V, NOVOSELOV S V, HATFIELD D L, et al. Mammalian selenoprotein in which selenocysteine (Sec) incorporation is supported by a new form of Sec insertion sequence element [J]. Molecular & Cellular Biology, 2002, 22(5): 1402–1411.

[91] MOGHADASZADEH B, BEGGS A H. Selenoproteins and their impact on human health through diverse physiological pathways [J]. Physiology, 2006, 21(5): 307.

[92] 陈平, 姜亮, 刘琼, 等. 硒蛋白 M 及其与重大疾病的关系 [J]. 化学进展, 2013, 25(4): 479–487.

[93] HWANG D Y, SIN J S, KIM M S, et al. Overexpression of human selenoprotein M differentially regulates the concentrations of antioxidants and H2O2, the activity of antioxidant enzymes, and the composition of white blood cells in a transgenic rat [J]. International Journal of Molecular Medicine, 2008, 21(2): 169–179.

[94] PITTS M W, REEVES M A, HASHIMOTO A C, et al. Deletion of selenoprotein M leads to obesity without cognitive deficits [J]. Journal of Biological Chemistry, 2013, 288(36): 26121–26134.

[95] KOROTKOV K V, KUMARASWAMY E, ZHOU Y, et al. Association between the 15-kDa selenoprotein and UDP-glucose: glycoprotein glucosyltransferase in the

endoplasmis reticulum of mammalian cells [J]. J Biol Chem, 2001, 276(18): 15330–15336.

[96] 邹秀珍, 熊咏民. Sep15 及其基因多态性的研究 [J]. 国外医学：医学地理分册, 2010, 31(4): 231–234.

[97] FERGUSON A D, LABUNSKYY V M, FOMENKO D E, et al. NMR structures of the selenoproteins Sep15 and SelM reveal redox activity of a new thioredoxin–like family [J]. Journal of Biological Chemistry, 2006, 281(6): 3536–3543.

[98] KUMARASWAMY E, MALYKH A, KOROTKOV K V, et al. Structure–expression relationships of the 15–kDa selenoprotein gene. Possible role of the protein in cancer etiology [J]. Journal of Biological Chemistry, 2000, 275(45): 35540–35547.

[99] IRONS R, TSUJI P A, CARLSON B A, et al. Deficiency in the 15–kDa selenoprotein inhibits tumorigenicity and metastasis of colon cancer cells [J]. Cancer Prevention Research (Philadelphia, Pa.), 2010, 3(5): 630–639.

[100] TSUJI P A, SALVADOR N S, CARLSON B A, et al. Deficiency in the 15 kDa selenoprotein inhibits human colon cancer cell growth [J]. Nutrients, 2011, 3(9): 805–817.

[101] 吴丕宏. 猪硒蛋白基因 TrxR2 和 SelH 的克隆、表达及抗体制备 [D]. 成都：四川农业大学, 2011.

[102] 王娟, 王李瑶, 颜贝. 硒蛋白 H 减缓谷氨酸对神经细胞损伤的作用 [J]. 临床与实验病理学杂志, 2016, 32(10): 1130–1134.

[103] DUDKIEWICZ M, SZCZEPIŃSKA T, GRYNBERG M, et al. A novel protein kinase–like domain in a selenoprotein, widespread in the tree of life [J]. Plos One, 2012, 7(2): e32138.

[104] LENART A, PAWŁOWSKI K. Intersection of selenoproteins and kinase signalling [J]. Biochimica et Biophysica Acta: Proteins and Proteomics, 2013, 1834(7): 1279–1284.

[105] HAN S J, LEE B C, YIM S H, et al. Characterization of mammalian selenoprotein O: a redox–active mitochondrial protein [J]. Plos One, 2014, 9(4): e95518.

[106] YAN J D, FEI Y, HAN Y, et al. Selenoprotein O deficiencies suppress chondrogenic differentiation of ATDC5 cells [J]. Cell Biology International, 2016, 40(10): 1033–1040.

[107] DIKIY A, NOVOSELOV S V, FOMENKO D E, et al. SelT, SelW, SelH, and Rdx12:

genomics and molecular insights into the functions of selenoproteins of a novel thioredoxin–like family [J]. Biochemistry, 2007, 46(23): 6871–6882.

[108] SCHOENMAKERS E, AGOSTINI M, MITCHELL C, et al. Mutations in the selenocysteine insertion sequence–binding protein 2 gene lead to a multisystem selenoprotein deficiency disorder in humans [J]. Journal of Clinical Investigation, 2010, 120(12): 4220–4235.

[109] VARLAMOVA E G, NOVOSELOV V I. The search of partners of a new mammalian selenium–containing protein V (SelV) and expression it's mRNA during ontogenesis and spermatogenesis [J]. Molecular Biology, 2012, 46(2): 276–284.

[110] KWON S, KIM D, RHEE J W, et al. ASB9 interacts with ubiquitous mitochondrial creatine kinase and inhibits mitochondrial function [J]. BMC Biology, 2010, 8(1) : 1–22.

[111] DEBRINCAT M A, ZHANG J G, WILLSON T A, et al. Ankyrin repeat and suppressors of cytokine signaling box protein asb—9 targets creatine kinase B for degradation [J]. The Journal of Biological Chemistry, 2007, 282(7): 4728–4737.

[112] 李时孟，何成彦，谢风，等．CKB 在大肠癌中的表达及意义 [J]. 中国实验诊断学，2016, 20(10): 1646–1648.

[113] VELLA P, SCELFO A, JAMMULA S, et al. Tet proteins connect the o—linked n—acetylglucosamine transferase ogt to chromatin in embryonic stem cells [J]. Molecular Cell, 2013, 49(4): 645–656.

[114] HART G W, SLAWSON C, RAMIREZ–CORREA G, et al. Cross talk between O—GlcNAcylation and phosphorylation: roles in signaling, transcription, and chronic disease [J]. Annual Review of Biochemistry, 2011, 80(1): 825–858.

[115] MA Z, VOCADLO D J, VOSSELLER K. Hyper—O—GlcNAcylation is anti- apoptotic and maintains constitutive NF—kappaB activity in pancreatic cancer cells [J]. J Biol Chem, 2013, 288(21): 15121–15130.

[116] LYNCH T P, FERRER C M, JACKSON S R, et al. Critical role of O—Linked beta—N—acetylglucosamine transferase in prostate cancer invasion, angiogenesis, and metastasis [J]. J Biol Chem, 2012, 287(14): 11070–11081.

[117] CALDWELL S A, JACKSON S R, SHAHRIARI K S, et al. Nutrient sensor O—GlcNAc transferase regulates breast cancer tumorigenesis through targeting of the oncogenic transcription factor FoxM1 [J]. ONCOGENE, 2010, 29(19): 2831–2842.

[118] SLAWSON C, HOUSLEY M P, HART G W. O—GlcNAc cycling: how a single sugar post–translational modification is changing the way we think about signaling networks [J]. Journal of Cellular Biochemistry, 2006, 97(1): 71–83.

[119] YI W, CLARK P M, MASON D E, et al. Phosphofructokinase 1 glycosylation regulates cell growth and metabolism [J]. Science, 2012, 337(6097): 975–980.

[120] HOU B, ZHOU J C, GONG C M, et al. Effects of RNA interference to selenoprotein V gene on cytobiological behaviors in human malignant melanoma A375 cells [J]. Acta Nutrimenta Sinica, 2014, 36(6): 612–618.

[121] WHANGER P D. Selenoprotein expression and function–Selenoprotein W [J]. Biochimica et Biophysica Acta: General Subjects, 2009, 1790(11): 1448–1452.

[122] KIM Y J, CHAI Y G, RYU J C, et al. Selenoprotein W as molecular target of methylmercury in human neuronal cells is down–regulated by GSH depletion [J]. Biochemical and Biophysical Research Communications, 2005, 330(4): 1095–1102.

[123] SUN Y, GU Q P, Whanger P D. Selenoprotein W in overexpressed and underexpressed rat glial cells in culture [J]. Journal of Inorganic Biochemistry, 2001, 84(1–2): 151–156.

[124] CHUNG Y W, JEONG D, NOH O J, et al. Antioxidative role of selenoprotein W in oxidant–induced mouse embryonic neuronal cell death [J]. Molecules and Cells, 2009, 27(5): 609–613.

[125] 姚海东. 硒蛋白 W 抗氧化功能及其在鸡缺硒性骨骼肌细胞凋亡作用中的研究 [D]. 哈尔滨: 东北农业大学, 2013.

[126] 韩艳辉. 鸡 SelW 过表达 CHO—K1 细胞系的构建及其抗氧化功能的研究 [D]. 哈尔滨: 东北农业大学, 2012.

[127] 李轶, 李琳, 黄开勋. 蛋氨酸亚砜还原酶及其在白内障发生发展中的作用 [J]. 化学进展, 2012, 24(7): 1398–1404.

[128] 郭明, 陈平, 都秀波, 等. 硒蛋白 R 抑制铜离子介导的 Aβ42 聚集和细胞毒性 [J]. 生态毒理学报, 2016, 11(2): 399–404.

[129] HORIBATA Y, ELPELEG O, ERAN A, et al. EPT1 (selenoprotein I) is critical for the neural development and maintenance of plasmalogen in humans [J]. Journal of Lipid Research, 2018, 59(6): 1015–1026.

[130] ANONYMOUS. Characterization of selenoproteins I and M in reducing oxidative stress

within brain cells [J]. The FASEB Journal, 2008, 22(12): 2130–2140.

[131] 亢守亭. 微量元素硒的营养研究进展 [J]. 中国畜牧兽医, 2009, 36(1): 34–37.

[132] 曹鼎鼎, 孟田田, 舒绪刚, 等. 硒元素在动物体内的吸收代谢研究进展 [J]. 仲恺农业工程学院学报, 2017, 30(04): 66–70.

[133] 马玉龙, 马成礼. 微量元素硒的研究进展 [J]. 饲料博览, 1999, 11(11): 12–13.

[134] 赵晶, 康世良, 李艳华. 硒在动物体内的药物代谢动力学 [J]. 中国兽医杂志, 2000, 26(9): 33–35.

[135] 于勤勤. 恩施富硒区硒元素迁移转化规律及开发研究 [D]. 合肥: 合肥工业大学, 2009.

[136] 王福. 中国生物微量元素研究的现状与展望 [J]. 生命科学, 2012, 24(8): 713–730.

[137] 田欢. 典型富硒区岩石—土壤—植物中硒的赋存状态及环境行为研究 [D]. 北京: 中国地质大学, 2017.

[138] 凌波. 微量元素硒与自由基 [J]. 微量元素与健康研究, 2007, 24(3): 67–68.

[139] 谭志鑫, 李玉山. 硒的抗氧化作用研究进展 [J]. 现代预防医学, 2003, 30(6): 825–826.

[140] 范小飞, 虞建宏. 微量元素硒的生物学功能及测定方法的研究 [J]. 江苏预防医学, 2011, 22(1): 62–64.

[141] 何冠男, 武炜, 李成会. 硒元素的研究进展 [J]. 唐山师范学院学报, 2017, 39(2):46–48.

[142] 梓牧. 生命元素 抗癌之王 [J]. 现代营销（创富信息版）, 2016(12): 4–6.

[143] 洪素珍, 孙昕. 肿瘤患者及健康人血清硒水平研究 [J]. 微量元素与健康研究, 1996, 13(3): 11–12.

[144] 邱玉爽, 邵雷, 陈代杰, 等. 硒抗肿瘤作用的研究进展 [J]. 世界临床药物, 2017, 38(5): 344–347.

[145] 鲍鹏, 李国祥. 硒抗肿瘤作用的研究进展 [J]. 生物技术进展, 2017, 7(5): 506–510.

[146] FAN C, CHEN J, WANG Y, et al. Selenocystine potentiates cancer cell apoptosis induced by 5—fluorouracil by triggering reactive oxygen species–mediated DNA damage and inactivation of the ERK pathway [J]. Free Radical Bio Med, 2013, 65(4): 305–316.

[147] FREITAS M, ALVES V, SARMENTO–RIBEIRO A B, et al. Combined effect of sodium

selenite and docetaxel on PC3 metastatic prostate cancer cell line[J].Biochemical & Biophysical Research Communications,2011,408(4):713-719.

[148] CHAKRABORTY P, ROY S S, BASU A, et al. Sensitization of cancer cells to cyclophosphamide therapy by an organoselenium compound through ROS-mediated apoptosis [J]. Biomedicine & Pharmacotherapy,2016,84(12):1992-1999.

[149] GAO F, YUAN Q, GAO L, et al. Cytotoxicity and therapeutic effect of irinotecan combined with selenium nanoparticles[J].Biomaterials, 2014,35(31):8854-8866.

[150] 丁健. 抗肿瘤药物的研究新进展 [J]. 中国新药杂志 ,2000,9(3):149-154.

[151] CHINTALA S, TÓTH K, CAO S, et al. Se-methylselenocysteine sensitizes hypoxic tumor cells to irinotecan by targeting hypoxia-inducible factor 1alpha[J].Cancer Chemother Pharmacol,2010, 66(5):899-911.

[152] CHINTALA S, NAJRANA T, TOTH K, et al. Prolyl hydroxylase 2 dependent and Von-Hippel-Lindau independent degradation of Hypoxia-inducible factor 1 and 2 alpha by selenium in clear cell renal cell carcinoma leads to tumor growth inhibition [J].BMC Cancer,2012,12(1):293-306.

[153] LIU Y, LI W, GUO M, et al. Protective role of selenium compounds on the proliferation, apoptosis, and angiogenesis of a canine breast cancer cell line [J].Biological Trace Element Research,2016,169(1):86-93.

[154] FU X, YANG Y, LI X, et al. RGD peptide-conjugated selenium nanoparticles: antiangiogenesis by suppressing VEGF-VEGFR2-ERK/AKT pathway [J]. Nanomedicine, 2016, 12(6): 1627-1639.

[155] 段亮亮. 硒的生理功能和富硒保健食品开发 [J]. 现代食品 , 2018(1): 42-45.

[156] 陈耀兵 , 江念 , 顿春垚 , 等 . 不同硒浓度调节绞股蓝对硒和重金属的吸收以及主要活性成分和生物量的影响 [J]. 时珍国医国药 , 2018, 29(2): 434-437.

[157] 朱轶豪. 硒对铅引起鸡神经毒性的缓解作用 [D]. 哈尔滨 : 东北农业大学 , 2017.

[158] 吴正奇 , 刘建林 . 硒的生理保健功能和富硒食品的相关标准 [J]. 中国食物与营养 , 2005(5): 43-46.

[159] 戴五洲 , 郑云林 . 硒的生物学功能及其在乳仔猪中的应用进展 [J]. 江西畜牧兽医杂志 , 2015(4): 4-7.

[160] 李乐 , 张敏 , 耿春银 , 等 . 不同添加量的富硒乳酸菌对蛋鸡免疫和抗氧化性能的影响 [J]. 中国饲料 , 2017(19): 21-24.

[161] ČOBANOVÁ K, FAIX Š, PLACHÁ I, et al. Effects of different dietary selenium sources on antioxidant status and blood phagocytic activity in sheep [J]. Biological Trace Element Research, 2016, 175(2): 1–8.

[162] 王艳梅 . 硒对自身免疫性甲状腺炎自身抗体的影响 [J]. 世界最新医学信息文摘 , 2018, 18(23): 111

[163] 胡彩虹 , 王旭晖 , 张赛君 , 等 . 纳米硒对断奶仔猪生长和免疫的影响 [J]. 科技通报 , 2007, 23(2): 215–218+224.

[164] 肖淑华 . 硒对鸡应激反应的影响 [J]. 畜牧与兽医 , 2000, 32(5): 19–21.

[165] 熊永刚 . 有机硒和枯草芽孢杆菌对肉兔生产性能及基因表达的影响 [D]. 福州 : 福建农林大学 , 2011.

[166] 李生广 , 吴莲英 , 孙珊 , 等 . 硒对 T–2 毒素引起培养软骨细胞超微结构与功能改变的拮抗作用 [J]. 生物化学杂志 , 1993(1): 81–86.

[167] LIN S L, WANG C W, TAN S R, et al. Selenium deficiency inhibits the conversion of thyroidal thyroxine (T4) to triiodothyronine (T3) in chicken thyroids [J]. Biological Trace Element Research, 2014, 161(3): 263–271.

[168] 黄峙 . 硒的生物活性与相关疾病 [J]. 生物学通报 , 2006, 41(3): 17–19.

[169] O1SON G E, VIRGINIA P, SUBIR K, et al. Selenoprotein P is required for mouse sperm development [J]. Biology of Reproduction, 2005, 73(1): 201–211.

[170] 张运国 , 赵子刚 , 王万平 , 等 . 硒的生物学功能及对动物的作用 [J]. 贵州畜牧兽医 , 2016, 40(3): 25–27.

[171] 袁丽君 , 袁林喜 , 尹雪斌 , 等 . 硒的生理功能、摄入现状与对策研究进展 [J]. 生物技术进展 , 2016, 6(6): 396–405.

[172] 李颂 , 衣喆 , 王春玲 , 等 . 微量元素硒的营养价值及应用 [J]. 食品研究与开发 , 2014, 35(20): 120–123+132.

[173] 杨子江 . 低硒日粮对肉鸡免疫器官中硒蛋白与细胞因子表达的影响 [D]. 哈尔滨 : 东北农业大学 , 2016.

[174] 易春峰 , 李元红 . 硒预防心血管病的研究进展 [J]. 中国老年学杂志 , 2015, 35(12): 3470–3471.

[175] 罗科丽 , 柯坚灿 , 郑鸿涛 . 富硒食品中硒元素检测方法的研究进展 [J]. 食品安全质量检测学报 , 2017, 8(12): 4617–4622.

[176] Benton D, Cook R. Selenium supplementation improves mood in a double–blind

crossover trial [J]. Psychopharmacology, 1990, 102(4): 549–50.

[177] 卿艳, 张立实. 硒毒性研究进展 [J]. 预防医学情报杂志, 2012, 28(3): 216–218.

[178] 胡滨, 陈一资, 辜雪冬. 硒强化剂的急性和蓄积毒性试验研究 [J]. 食品与生物技术学报, 2010, 29(4): 553–557.

[179] EKERMANS L G, SCHNEIDER J V. Selenium in livestock production: a review [J]. Journal of the South African Veterinary Association,1982, 53(4):223–8.

[180] 王广珠, 牛作霞. 微量元素硒的毒性研究进展 [J]. 西北药学杂志, 2010, 25(3): 237–238.

[181] 铁梅, 李宝瑞, 邢志强, 等. 富硒大豆中蛋白提取工艺优化及 HPLC–MS 联用测定硒代蛋氨酸 [J]. 食品科学, 2015, 36(8): 6–11.

[182] 薛霞, 可成友, 于亮, 等. 天然有机硒的提取方法研究 [J]. 亚太传统医药, 2010, 6(1): 134–138.

[183] 张驰, 刘信平, 周大寨, 等. 荸荠中硒的赋存形态及分布研究 [J]. 食品科学, 2007, 28(10): 93–96.

[184] 钟鸣, 王丽贺. 蛹虫草中硒的赋存形态及蛋白硒分析 [J]. 广东微量元素科学, 2008, 15(3): 35–40.

[185] 武芸, 张驰. 富硒黑木耳中硒多糖提取分离工艺的优化 [J]. 湖北农业科学, 2007, 46(5): 821–823.

[186] 刘琼, 彭珍, 梁雪莹. 微量含硒蛋白检测技术进展 [J]. 光谱学与光谱分析, 2009, 29(2): 530–535.

[187] 蒲云霞, 吴刚. 高效液相色谱 – 电感耦合等离子质谱联用技术在硒化学种态研究中的进展 [J]. 包头医学院学报, 2008, 24(5): 544–546.

[188] 程建中, 杨萍, 桂仁意. 植物硒形态分析的研究综述 [J]. 浙江农林大学学报, 2012, 29(2): 288–295.

[189] 严秀平, 倪哲明. 联用技术应用于元素形态分析的新进展 [J]. 光谱学与光谱分析, 2003, 23(5): 945–954.

[190] 于振, 李建科, 李梦颖, 等. 食品中微量硒测定方法研究进展 [J]. 食品工业科技, 2012, 33(18): 371–377.

[191] 罗敏, 陈德经, 代惠萍, 等. 硒的检测方法研究进展 [J]. 食品研究与开发, 2017, 38(18): 202–206.

[192] 郎娜 . 石墨炉原子吸收法直接测定水中硒 [J]. 食品研究与开发 , 2013, 34(4): 87–89.

[193] 刘娜 , 朱棠君 , 赵志湘 . 联苯胺比色法测定饲料中有机硒的含量 [J]. 中国畜牧杂志 , 2010, 46(24): 54–55.

[194] 叶韵青 . 富硒酵母类保健食品中有机硒测定方法 [J]. 轻工科技 , 2013, 29(4): 7–8.

[195] 陈明涛 , 陈一资 . 微量元素硒对机体健康的影响 [J]. 肉类研究 , 2008(8): 12–16.

[196] 沈惠芬 , 李兆祥 . 克山病病因研究进展 [J]. 大理学院学报 (医学版), 2002, 11(2): 92–94.

[197] 颜超 , 方位 , 李小平 , 等 . 克山病病情现状和病因学进展 [J]. 心血管病学进展 , 2017, 38(2): 225–229.

[198] Chen J. An original discovery: selenium deficiency and Keshan disease (an endemic heart disease) [J]. Asia Pacific Journal of Clinical Nutrition, 2012, 21(3) : 320–326.

[199] 亚硒酸钠预防克山病急性发病效果观察 [J]. 陕西新医药 , 1978(2): 1–5.

[200] 程云鹭 . 四川省克山病的某些流行特点与硒的内外环境调查 [J]. 营养学报 , 1982, 4(3): 215–220.

[201] 中国科学院地理研究所化学地理室环境与地方病组 . 克山病与自然环境和硒营养背景 [J]. 营养学报 , 1982, 4(3): 175–182.

[202] 杨光圻 , 王光亚 , 殷泰安 , 等 . 我国克山病的分布和硒营养状态的关系 [J]. 营养学报 , 1982, 4(3): 191–200.

[203] 余志明 , 周凯 , 牛存龙 . 云南省克山病的某些流行特点与硒的内外环境调查 [J]. 中华地方病学杂志 , 1990, 9(2): 43–46.

[204] 徐光禄 . 硒预防克山病和低硒与克山病关系的研究进展——纪念克山病发现 60 周年暨克山病补硒预防方法创立 30 周年 [J]. 地方病通报 , 1996, 11(2): 1–6.

[205] 相有章 . 克山病流行现状与病因研究近况 [J]. 中华地方病学杂志 , 2005, 24(4): 463–465.

[206] 徐光禄 , 曹曙光 , 杨虞勋 , 等 . 克山病病区居民血小板血栓素、聚集性和形态的改变及补硒的作用 [J]. 中国地方病防治杂志 , 1996, 11(6): 322–324+383.

[207] 郭雄 . 大骨节病病因与发病机制的研究进展及其展望 [J]. 西安交通大学学报 (医学版), 2008,29(5):481–488.

[208] 王权 , 李秀霞 , 李伦 , 等 . 硒与大骨节病相关性的 Meta 分析 [J]. 中国循证医学杂志 ,2013,13(12):1421–1430.

[209] 李崇正, 黄敬荣, 李彩霞. 亚硒酸钠预防大骨节病效果 X 线观察 [J]. 地方病通讯, 1984(2): 39–40.

[210] 荀黎红. 目前硒与大骨节病发病学关系研究中若干特殊问题 [J]. 地方病防治研究, 1995, 20(4): 147–149.

[211] 丁德修, 牛映斗, 王治伦, 等. 陕西省大骨节病病情下降原因的调查 [J]. 中国地方病防治杂志, 1989(4): 193–195.

[212] 侯少范, 王五一, 李耀庭, 等. 硒易感性疾病病区自然演变对硒营养依存性的研究 [J]. 地方病通报, 1999, 14(3): 29–34.

[213] 曲妮. 微量元素硒与大骨节病 [J]. 西藏科技, 2011(9): 37–38.

[214] 杨志均, 孟祥齐. 羔羊白肌病防治报告 [J]. 中国兽医杂志, 1963(12): 12–13.

[215] 王建元, 马生民, 扈文杰. 国产亚硒酸钠防治仔山羊白肌病的报告 [J]. 中国兽医杂志, 1963(6): 23–24.

[216] 王小平, 罗文毅, 张慧. 亚硒酸钠防治羔羊白肌病 [J]. 今日畜牧兽医, 2018, 34(1): 38.

[217] 张志美, 张永贵, 胡宗国, 等. 长效亚硒酸钠防治羔羊白肌病试验 [J]. 畜牧兽医杂志, 1994(1): 6–7.

[218] 韩艳玲. 应用亚硒酸钠维生素 E 治疗仔猪白肌病的诊治报告 [J]. 现代畜牧兽医, 2010(9): 27–28.

[219] 王仁敏. 马肌红蛋白尿病的诊疗 [J]. 畜禽业, 2011(6): 95.

[220] 于璟明. 马地方性肌红蛋白尿的发生与诊疗方案 [J]. 现代畜牧科技, 2017(7): 134.

[221] 何学谦, 刘利春, 黄志秋. 马地方性肌红蛋白尿病的诊治 [J]. 四川畜牧兽医, 2001, 28(6): 45.

[222] 徐国华, 高欣, 祝云江, 等. 亚硒酸钠防治马地方性肌红蛋白尿病 [J]. 养殖技术顾问, 2011(4): 115.

[223] 张春礼, 苏经力, 鄂玉琴. 骆驼摇摆病的调查 [J]. 中国兽医杂志, 1986, 12(9): 17–18.

[224] 张春礼, 鄂玉琴, 付登海. 阿拉善左旗骆驼摇摆病的调查研究 [J]. 中国兽医杂志, 1988, 14(9): 15–16.

[225] 张春礼, 鄂玉琴, 付登海. 骆驼硒缺乏症病理形态学观察 [J]. 中国兽医杂志, 1990(4): 22.

[226] 张才骏. 硒与家畜疾病 [J]. 青海畜牧兽医杂志, 1990(1): 25–30.

[227] 金虹. 微量元素硒与人畜健康 [J]. 青海大学学报: 自然科学版, 2004, 22(2): 80–83.

[228] 吴爱萍, 匡存林. 家禽硒缺乏症的防治 [J]. 畜禽业, 2013(8): 87–88.

[229] 张玉秀, 马映红, 张多春, 等. 浅析硒缺乏和硒中毒 [J]. 畜牧兽医科技信息, 2018(4): 94–95.

[230] 余梅燕, 赵成爱, 吴现芳, 等. 2010 中国艾滋病防治高端论坛论文集 [C]. 南京: 中国微量元素科学研究会, 2010: 20–24.

[231] 张笑天, 熊咏民. 硒与心血管疾病的研究进展 [J]. 国外医学: 医学地理分册, 2006, 27(2): 49–52.

[232] 边建朝, 王海明. 硒及有关抗氧化物质拮抗氟的研究 [J]. 中华地方病学杂志, 2004, 23(4): 387–389.

[233] 周兴文, 南柏松. 65 例心脏病患者血、发、尿硒含量的测定 [J]. 陕西医学杂志, 1989, 18(2): 3–4.

[234] 钟国赣, 李云义, 孙晓霞, 等. 缺硒对离体大鼠工作心脏心肌收缩性能的影响 [J]. 中华地方病学杂志, 1991(4): 200–202.

[235] 徐丛, 徐凌忠. 硒与心血管疾病的关系以及富硒农产品的开发 [J]. 社区医学杂志, 2011, 9(17): 24–26.

[236] 郑志学, 王赞舜, 朱汉民, 等. 发硒与长寿及其和血脂关系的研究 [J]. 老年学杂志, 1991, 11(2): 94–96+129.

[237] 夏敏, 白书阁, 白大芳. 硒对老龄雄性大鼠机体谷胱甘肽过氧化物酶、过氧化脂质及其比值的影响 [J]. 老年学杂志, 1991, 11(1): 49–51+65.

[238] 曹丹阳. 微量元素硒与心血管疾病 [J]. 中国地方病防治杂志, 2006, 21(3): 158–159.

[239] BELLA S D, GRILLI E, CATALDO M A, et al. Selenium deficiency and HIV infection [J]. Current Infectious Disease Reports, 2010, 2(2): e18.

[240] STONE C A, KAWAI K, KUPKA R, et al. Role of selenium in HIV infection [J]. Nutrition Reviews, 2010, 68(11): 671–681.

[241] MAKWE C C, NWABUA F I, ANORLU R I. Selenium status and infant birth weight among HIV-positive and HIV-negative pregnant women in Lagos, Nigeria [J]. Nigerian Quarterly Journal of Hospital Medicine, 2015, 25(3): 209–215.

[242] 吴松泉，顾方舟. HIV 感染与硒衰竭 [J]. 微生物学免疫学进展，1998, 26(4): 74–77.

[243] PLANO D, BAQUEDANO Y, MORENO-MATEOS D, et al. Selenocyanates and diselenides: a new class of potent antileishmanial agents [J]. Eur J Med Chem, 2011, 46(8): 3315 – 3323.

[244] 杨爱玲，施学进. 亚硒酸钠联合抗痨药治疗 HBV 感染的肺结核病人临床研究 [J]. 中国基层医药，2002, 9(9): 788–789.

[245] 侯健存，江之云. 硒对流行性出血热患者补体活化的抑制作用与疗效观察 [J]. 中华医学杂志，1993, 73(11): 645–646.

[246] BECK M A, KOLBECK P C, SHI Q, et al. Increased virulence of a human enterovirus (coxsackievirus B3) in selenium-deficient mice [J]. The Journal of Infectious Diseases, 1994, 170(2): 351–357.

[247] 曹丹阳，周令望，曾宪惠，等. 柯萨奇病毒 B4' 致低硒鼠心肌损伤的实验研究 [J]. 中华地方病学杂志，2002, 21(2): 100–102.

[248] 王超，黄娟，张仁利，等. 硒与病毒性疾病的相关性 [J]. 热带医学杂志，2018,18(1): 114–117.

[249] JASPERS I, ZHANG W, BRIGHTON L E, et al. Selenium deficiency alters epithelial cell morphology and responses to influenza [J]. Free Radical Biology and Medicin, 2007, 42(12): 1826–1837.

[250] HARTHILL M. Review: micronutrient selenium deficiency influences evolution of some viral infectious diseases [J]. Biological Trace Element Research, 2011, 143(3): 1325–1336.

[251] ERKEKOÄŸLU P, AÅŸÃ§Ä±A, CEYHAN M, et al. Selenium levels, selenoenzyme activities and oxidant/antioxidant parameters in H1N1-infected children [J]. Turkish Journal of Pediatrics, 2013, 55(3): 271–282.

[252] YU L, SUN L, NAN Y, et al. Protection from H1N1influenza virus infections in mice by supplementation with selenium: a comparison with selenium-deficient mice [J]. Biological Trace Element Research, 2011, 141(1–3): 254–261.

[253] 霍永韬. 病毒性疾病中的硒与抗氧化剂 [J]. 国外医学：医学地理分册，1998,19(1): 7–8.

[254] HUDSON T S, CARLSON B A, HOENEROFF M J, et al. Selenoproteins reduce

susceptibility to DMBA−induced mammary carcinogenesis [J]. Carcinogenesis, 2012, 33(6): 1225−1230.

[255] IP C, ZHU Z, THOMPSON H J, et al. Chemoprevention of mammary cancer with se-allylselenocysteine and other selenoamino acids in the rat [J]. Anticancer Research, 1999, 19(4B): 2875−2880.

[256] 乔健, 赵立红. 自由基清除剂对传染性法氏囊病发病过程的影响 [J]. 畜牧兽医学报, 1997, 28(4): 362−365.

[257] SHISLER J L, SENKEVICH T G, BERRY M J, et al. Ultraviolet−induced cell death blocked by a selenoprotein from a human dermatotropic poxvirus [J]. Science, 1998, 279(5347): 102−105

[258] 黄飞雁, 张仁利, 张起文, 等. 硒代蛋氨酸与亚硒酸钠对 EV71 在体内外增值的影响 [J]. 中国热带医学, 2014, 14(7): 792−794.

[259] VERMA S, MOLINA Y, LO Y Y, et al. In vitro effects of selenium deficiency on West Nile virus replication and cytopathogenicity [J]. Virology Journal, 2008, 5(1): 66.

[260] 黄克和, 陈万芳. 硒增强鸡对马立克氏病抵抗力的作用及其机理的研究 [J]. 畜牧兽医学报, 1996, 26(5): 448−455.

[261] SHU Y Y, YA J Z, WEN G L. Protective role of selenium against hepatitis B virus and primary liver cancer in Qidong [J]. Biological Trace Element Research, 1997, 56(1): 117−124.

[262] CHENG Z, ZHI X, SUN G, et al. Sodium selenite suppresses hepatitis B virus transcription and replication in human hepatoma cell lines [J]. Journal of Medical Virology, 2016, 88(4): 653−663.

[263] 魏战勇, 崔保安, 黄克和, 等. 硒对猪细小病毒体外增殖抑制作用的研究 [J]. 中国病毒学, 2005, 20(6): 613−617.

[264] 王安平, 余克花, 邹伟文, 等. 微量元素硒体外抗单纯疱疹病毒 1 型活性的初步研究 [J]. 南昌大学学报: 医学版, 2012, 52(9): 1−4.

[265] LIU G, YANG G, GUAN G, et al. Effect of dietary selenium yeast supplementation on porcine circovirus type 2 (PCV2) infections in mice [J]. Plos One, 2015, 10(2): e0115833.

[266] WU Q, RAYMAN M P, LV H, et al. Low population selenium status is associated with increased prevalence of thyroid disease [J]. The Journal of Clinical Endocrinology &

Metabolism, 2015, 100(11): 4037-4047.

[267] KUCHARZEWSKI M, BRAZIEWICZ J, MAJEWSKA U, et al. Concentration of selenium in the whole blood and the thyroid tissue of patients with various thyroid diseases [J]. Biol Trace Elem Res, 2002, 88(1): 25-30.

[268] 薛冀苏, 幸思忠. 补硒治疗对桥本氏甲状腺炎的临床观察研究 [J]. 当代医学, 2012, 18(12): 90-91.

[269] MORENO-REYES R, EGRISE D, BOELAERT M, et al. Iodine deficiency mitigates growth retardation and osteopenia in selenium-deficient rats [J]. Journal of Nutrition, 2006, 136(3): 595-600.

[270] 邓顺有, 陈小燕, 吴琳英, 等. 硒对甲状腺功能正常的桥本甲状腺炎的影响研究 [J]. 中国全科医学, 2013, 16(21): 2483-2485.

[271] EZAKI O. The insulin-like effects of selenate in rat adipocytes [J]. J Biol Chem, 1990, 265(2): 1124-1128.

[272] MCNEILL J H, DELGATTY H L M, BATTELL M L. Insulinlike effects of sodium selenate in streptozocin-induced diabetic rats [J]. Diabetes, 1991, 40(12): 1675-1678.

[273] BATTELL M L, DELGATTY H L M, MCNEILL J H. Sodium selenate corrects glucose tolerance and heart function in STZ diabetic rats [J]. Molecular and Cellular Biochemistry, 1998, 179(1-2): 27-34.

[274] BECKER D J, REUL B, OZCELIKAY A T, et al. Oral selenate improves glucose homeostasis and partly reverses abnormal expression of liver glycolytic and gluconeogenic enzymes in diabetic rats [J]. Diabetologia, 1996, 39(1): 3-11.

[275] MUELLER A S, PALLAUF J, RAFAEL J. The chemical form of selenium affects insulinomimetic properties of the trace element: investigations in type II diabetic dbdb mice [J]. Journal of Nutritional Biochemistry, 2003, 14(11): 637-647.

[276] MUELLER A S, PALLAUF J. Compendium of the antidiabetic effects of supranutritional selenate doses. In vivo and in vitro investigations with type II diabetic db/db mice [J]. Journal of Nutritional Biochemistry, 2006, 17(8): 548-560.

[277] STAPLETON S R. Selenium: an insulin-mimetic [J]. Cellular and Molecular Life Sciences, 2000, 57(13-14): 1874-1879.

[278] 朱玉山, 黄开勋, 徐辉碧. 硒化合物的拟胰岛素作用 [J]. 生命的化学, 2001, 21(1): 28-30.

[279] 周军, 白兆帅, 徐辉碧, 等. 硒与糖尿病——硒的两面性 [J]. 化学进展, 2013, 25(4): 488-494.

[280] MISU H, TAKAMURA T, TAKAYAMA H, et al. A liver-derived secretory protein, selenoprotein P, causes insulin resistance [J]. Cell Metablisim, 2010, 12(5): 483-495.

[281] 李菲, 安书成. 硒蛋白 P 与神经退行性变化 [J]. 生命科学, 2013, 25(3): 311-314.

[282] PERETZ A M, NEVE J D, FAMAEY J P P. Selenium in rheumatic diseases [C]. Seminars in arthritis and rheumatism: Elsevier, 1991, 20(5): 305-316.

[283] FAIRWEATHER-TAIT S J, BAO Y, BROADLEY M R, et al. Selenium in human health and disease [J]. Antioxid Redox Signal, 2011, 14(7): 1337-1383.

[284] MACFARQUHAR J K, BROUSSARD D L, MELSTROM P, et al. Acute selenium toxicity associated with a dietary supplement [J]. Arch Intern Med, 2010, 170(3): 256-261.

[285] 杨光圻, 王淑真, 周瑞华, 等. 湖北恩施地区原因不明脱发脱甲症病因的研究 [J]. 中国医学科学院学报, 1981, 3(S2): 1-6.

[286] HIRA C K, PARTAL K, DHILLON K S. Dietary selenium intake by men and women in high and low selenium areas of Punjab [J]. Public Health Nutr, 2004, 7(1) : 39-43.

[287] 秦廷洋, 李蓉, 李夕萱, 等. 硒在反刍动物营养中的研究进展 [J]. 饲料工业, 2016, 37(21): 52-57.

[288] 王庆华, 黄伟, 李前勇, 等. 中国富硒食品的生产现状及趋势 [J]. 广东微量元素科学, 2008, 15(3): 7-10.

[289] 胡万明. 富硒食品的研究意义与进展 [J]. 食品安全导刊, 2018(12): 42, 50.

[290] 卢建新, 张仲欣, 任丽影. 富硒食品加工现状与发展分析 [J]. 农产品加工 (学刊), 2014(21): 45-47, 51.

[291] 蒋步云, 柴振林, 朱杰丽, 等. 富硒产品的开发利用及研究现状 [J]. 江苏农业科学, 2012, 40(11): 446-448.

[292] 余谦, 张淑萍, 郑明喆. 富硒食品产业发展研究进展 [J]. 安康学院学报, 2012, 24(4): 45-47, 50.

[293] 陈绪敖. 安康富硒食品特色农业产业集群发展的 SWOT 分析 [J]. 湖北农业科学, 2012, 51(12): 2620-2623, 2627.

[294] 高显钧, 白裕兵, 魏虹. 我国富硒食品特色农业发展现状研究 [J]. 中国食物与营养, 2013, 19(9): 26-29.

[295] 赵承宏. 微量元素硒在畜牧业上的研究与应用 [J]. 辽宁畜牧兽医, 1997(4): 36-38.

[296] 李泽月. 酵母硒的特性及其在动物营养中的应用 [J]. 广东饲料, 2016, 25(6): 35-37.

[297] 王世超, 杨志勇. 酵母硒对种公牛精液品质影响的研究 [J]. 中国奶牛, 2010(3): 20-21.

[298] 陆壮. 硒在动物生产中应用的研究进展 [J]. 粮食与饲料工业, 2016, 12(8): 61-65.

[299] 赵媛. 硒饲料添加剂在动物养殖中的应用 [J]. 饲料博览, 2017(11): 62.

[300] 文杰. 维生素 E 与肉品质量 (上)[J]. 国外畜牧科技, 1998(5): 41-43.

[301] COMBS G F, COMBS S B. Absorption and transfer. In: The role of selenium in notritonion [M]. New York: Academic Press, 1986.

[302] EDENS F W. Potential for organic selenium to replace selenite in poultry diets [J]. Zootecnica International, 1997, 20(1): 28-31.

[303] 霍晓东. 有机硒在养猪生产中的应用 [J]. 新农业, 2011(12): 37-38.

[304] 朱松波, 庞坤, 陈权军, 等. 纳米硒对奶牛抗氧化能力的影响 [J]. 家畜生态学报, 2015, 36(12): 56-59.

[305] SHI L G, YANG R J, YUE W B, et al. Effect of elemental nanose-lenium on semen quality, glutathione peroxidase activity, and testis ultrastructure in male Boer goats [J]. Animal Reproduction Science, 2010, 118(2): 248-254.

[306] 施力光, 杨茹洁, 岳文斌, 等. 蛋氨酸硒和纳米硒对波尔山羊种公羔生长及血液、组织硒含量的比较 [J]. 家畜生态学报, 2009, 30(1): 68-72.

[307] 王冉, 梁亚男, 李福泉, 等. 纳米硒在反刍动物生产中的研究进展 [J]. 内江科技, 2016, 37(11): 43-44.

[308] NORIHISA K, TOMOHIDE T, TADASHI S. The oxidation state and its distribution of selenium in the blood of cultured yellow tail seriola quingueraoliata [J]. Fisheries Science, 1996, 62(3): 444-446.

[309] 王鸿泰, 姚爱琴. 硒化合物在渔业中的应用及展望 [J]. 湖北农学院学报, 1999, 19(3): 276-280.

[310] 陈春秀, 尚晓迪, 戴媛媛, 等. 纳米硒在水产动物营养中的研究进展 [J]. 科学养鱼, 2017(11): 27-29.

[311] 刘为纹. 肝病与硒的关系 [J]. 医师进修杂志, 1988(8): 6-8.

[312] 和水祥, 苌新明, 周秦蜀, 等. 硒对慢性乙型肝炎患者 PBMC 功能的影响 [J]. 世

界华人消化杂志, 1999, 7(8): 658.

[313] 李文广, 颜晓文. HBsAg 携带者补硒对 HBV 转归的影响 [J]. 疾病控制杂志, 2000, 4(1): 48–50.

[314] 柴连飞, 王学生, 于萍, 等. 慢性乙型肝炎患者血清硒含量与谷胱甘肽过氧化物酶活力变化分析 [J]. 中国煤炭工业医学杂志, 2003, 6(8): 774–775.

[315] 张劲松. 硒防治肝病: 中国的研究现状 [J]. 医药世界, 2004(10): 43–44.

[316] 张金环. 微量元素镁、铜、铁、锌、硒对乙肝病毒的影响 [J]. 青海医药杂志, 2007, 37(9): 60–61.

[317] 符寒, 和水祥. 硒防治肝病的研究进展 [J]. 微量元素与健康研究, 2005, 22(3): 64–67.

[318] 于硕, 谭武红. 海产品安全标准中硒的健康价值 [J]. 国外医学: 医学地理分册, 2011, 32(1): 59–64.

[319] 陈显兵, 向艳丽, 覃思, 等. 湖北恩施地区内外环境硒水平及乙型肝炎患者肝功能情况分析 [J]. 营养学报, 2013, 35(3): 297–298, 301.

[320] 葛乃建. 防治肝病, 从补硒开始 [J]. 中老年保健, 2014(4): 49.

[321] 赵娟, 李娟, 于红卫, 等. 慢性乙型肝炎、肝硬化与慢加急性肝衰竭患者饮食摄入硒及血清硒水平的对比分析 [J]. 临床肝胆病杂志, 2015, 31(7): 1103–1106.

[322] 张荣强, 韩莉欣, 刘启玲, 等. 血清硒水平与乙型肝炎和丙型肝炎关系的 meta 分析 [J]. 职业与健康, 2017, 33(1): 34–37.

[323] 周小寒. 硒——肝病的天敌 [J]. 中老年保健, 2017(2): 64.

[324] 李文广, 于树玉, 柳标, 等. 硒预防病毒性肝炎流行病学研究 [J]. 医学研究通讯杂志, 1990, 19(11): 11–12.

[325] 李曾欣, 潘兆随, 谭雪君, 等. 亚硒酸钠治疗慢性乙型肝炎 [J]. 中国新药杂志, 1997, 6(2): 19–21.

[326] TU Y, PAN Y, YANG P, et al. The anticarcinogenic role of selenium in human hepatitis B virus x (HBx) gene transgenic mice [J]. Journal of Hepatology, 2003, 38(4): 86.

[327] 倪正平, 张启南, 陆建华, 等. 慢性乙肝患者补硒后 HBV 血清标志物动态变化10 年追踪 [J]. 微量元素与健康研究, 2007, 24(6): 9–11.

[328] 杨爱玲, 施学进. 苦参联合亚硒酸钠治疗慢性乙型肝炎临床观察 [J]. 江苏医药, 2004, 30(4): 313.

[329] 陈显兵，陈家学，邓明会，等．亚硒酸钠对乙型肝炎病毒的体外抑制作用 [J]. 中国新药与临床杂志，2008, 27(1): 16–19.

[330] 江锦琦．乙肝疫苗硒与肝癌 [J]. 家庭医学，1992(7): 26.

[331] 诸葛传德，蔡伊梅，刘海伟．肝炎灵、聚肌胞及补硒联合治疗难治性慢性肝炎报告 [J]. 微量元素与健康研究，1992(2): 20–21+31.

[332] 汪俊之．微量元素硒治疗肝病 138 例的探讨 [J]. 广东微量元素科学，2003, 10(6): 32–33.

[333] 姚桂树，黄志伟，蒋再静．硒酵母片治疗慢性乙型肝炎的临床研究 [J]. 中国医药导报，2009, 6(9): 55–56.

[334] 徐晓磊．硒酵母片联合恩替卡韦治疗慢性乙型肝炎临床研究 [J]. 中外医疗，2015, 34(26): 120–121.

[335] 王美霞，孙爱民，陈洪涛，等．硒与乙型肝炎关系的初步探讨 [J]. 河南医科大学学报，1995, 30(2): 194–195.

[336] 高书荣．硒卡拉胶在慢性乙型肝炎病人中的应用 [J]. 宁波医学，1995, 7(3): 139.

[337] 张夏华，龚守军．硒卡拉胶囊对病毒性肝炎的治疗作用 [J]. 武警医学，2000, 11(11): 656.

[338] 肖帮荣，邓守恒，孙各琴．硒卡拉胶囊治疗慢性乙型肝炎 [J]. 广东微量元素科学，2003, 10(11): 44–46.

[339] 卢庆玉，郭晶，李有声．硒——生命的"保护神" [J]. 黑龙江医药，1996, 9(3): 177–178.

[340] 罗欣拉，林红．乙肝 1 号联合奥硒康治疗慢性乙型肝炎疗效观察 [J]. 湖北中医杂志，1996(5): 35.

[341] 邵祥稳．补硒治疗病毒性乙型肝炎疗效观察 [J]. 黑龙江医药科学，2000, 23(5): 98–99.

[342] MAHDAVI M, MAVANDADNEJAD F, YAZDI M H, et al. Oral administration of synthetic selenium nanoparticles induced robust Th1 cytokine pattern after HBs antigen vaccination in mouse model [J]. Journal of Infection and Public Health, 2017, 10(1): 102–109.

[343] 李文广，于树玉，黄启生，等．原发性肝癌高危人群硒酵母预防效果的初步观察 [J]. 中华预防医学杂志，1992, 26(5): 268–271.

[344] 苟勇．乙肝病患者血清硒含量分析 [J]. 中国卫生检验杂志，1999, 9(4): 75–76.

[345] 王红，缪以懋. 乙型肝炎患者 50 例血硒水平分析 [J]. 新消化病学杂志，1997(2): 62.

[346] MAYR A, BACHMANN P A, SIEGL G, et al. Characterization of a small Porcine DNA virus [J]. Archives of Virology, 1968, 25(1): 38–51.

[347] CARTWRIGHT S F, LUCAS M, HUCK R A. A small haemagglutinating porcine DNA virus. I. Isolation and properties [J]. Journal of Comparative Pathology, 1969, 79(3): 371–377.

[348] WEI Z Y, CUI B A, HUANG K H, et al. Inhibitory effects of different selenium sources on porcine parvovirus infection in vitro [J]. Virologica Sinica, 2005, 20(6): 613–617.

[349] 崔保安，魏战勇，王学斌. 硒蛋氨酸对猪细小病毒体外增殖的抑制作用 [C]// 第一届中国养猪生产和疾病控制技术大会——2005 中国畜牧兽医学会学术年会论文集. 北京：中国畜牧兽医学会，2005: 498–501.

[350] 魏战勇. 猪细小病毒体外增殖的抑制因素、VP2 基因变异及核酸疫苗的研究 [D]. 江苏：南京农业大学，2004.

[351] 黄捷，李劲. 硒酸酯多糖治疗单纯疱疹的疗效观察 [J]. 岭南皮肤性病科杂志，1995(4): 13–14.

[352] 曹严勇. 锌硒宝治疗疱疹性咽峡炎疗效观察 [J]. 山东医药，2007, 47(13): 29.

[353] 温丽英，毛颖瑜，陈艳霞. 硒酵母片联合膦甲酸钠氯化钠注射液治疗带状疱疹的临床疗效 [J]. 临床合理用药杂志，2015, 8(27): 67–68.

[354] SARTORI G, JARDIM N S, MARCONDES SARI M H, et al. Antiviral action of diphenyl diselenide on herpes simplex dirus 2 infection in female BALB/c Mice [J]. Journal of Cellular Biochemistry, 2016, 117(7): 1638–1648.

[355] WOJTOWICZ H, KLOC K, MALISZEWSKA I, et al. Azaanalogues of ebselen as antimicrobial and antiviral agents: synthesis and properties [J]. Il Farmaco, 2004, 59(11): 863–868.

[356] 王安平，余克花，邹伟文，等. 微量元素硒体外抗单纯疱疹病毒 I 型活性的初步研究 [J]. 南昌大学学报 (医学版)，2012, 52(9): 1–4.

[357] 郑曙民，张春玲，李连青，等. 宫颈癌与多种病原微生物感染、细胞因子及硒元素含量相关性研究 [J]. 中华实验和临床病毒学杂志，2002, 16(2): 179–183.

[358] 杨美平，袁超燕，张元珍. 硒、病原微生物感染与宫颈癌的关系 [J]. 中国地方病防治杂志，2016, 31(6): 605–606.

[359] SAHU P K, UMME T, Yu J, et al. Structure–activity relationships of acyclic selenopurine nucleosides as antiviral agents [J]. Molecules, 2017, 22 (7): 1167.

[360] JACOBSEN B, KRUEGER L, SEELIGER F, et al. Retrospective study on the occurrence of porcine circovirus 2 infection and associated entities in Northern Germany [J]. Veterinary Microbiology, 2009, 138(1–2): 27–33.

[361] 刘正飞, 陈焕春, 琚春梅, 等. 猪圆环病毒研究进展 [J]. 动物医学进展, 2002(2): 14–16.

[362] SEGALÉS J. Porcine circovirus type 2 (PCV2) infections: Clinical signs, pathology and laboratory diagnosis [J]. Virus Research, 2012, 164(1–2): 10–19.

[363] 郎洪武, 张广川, 吴发权, 等. 断奶猪多系统衰弱综合征血清抗体检测 [J]. 中国兽医科技, 2000, 30(3): 3–5.

[364] 杨继锋. 缺硒引起猪圆环病毒病的综合诊治 [J]. 浙江畜牧兽医, 2015, 40(3): 47.

[365] 陈兴祥. PCV2 感染、氧化应激与硒的相互作用关系及其机理研究 [D]. 南京: 南京农业大学, 2012.

[366] 石俊. 富硒酵母生产工艺优化及酵母多糖抗 PCV2 作用的研究 [D]. 南京: 南京农业大学, 2013.

[367] CHEN X X, REN F, HESKETH J, et al. Selenium blocks porcine circovirus type 2 replication promotion induced by oxidative stress by improving GPx1 expression [J]. Free Radical Biology and Medicine, 2012, 53(3): 395–405.

[368] QIAN G, LIU D, HU J, et al. SeMet attenuates OTA–induced PCV2 replication promotion by inhibiting autophagy by activating the AKT/mTOR signaling pathway [J]. Veterinary Research, 2018, 49(1): 15.

[369] PAN Q X, HUANG K H, HE K W, et al. Effect of different selenium sources and levels on porcine circovirus type 2 replication in vitro [J]. Journal of Trace Elements in Medicine and Biology, 2008, 22(2): 143–148.

[370] 潘群兴. 猪圆环病毒 2 型感染分子诊断与防制的相关研究 [D]. 南京: 南京农业大学, 2008.

[371] HU J F, CHEN X X, WANG T, et al. Overexpression of pig selenoprotein S blocks OTA–induced promotion of PCV2 replication by inhibiting oxidative stress and p38 phosphorylation in PK15 cells [J]. Oncotarget, 2016, 7(15): 20469–20485.

[372] LIU D D, XU J, QIAN G, et al. Selenizing astragalus polysaccharide attenuates PCV2

replication promotion caused by oxidative stress through autophagy inhibition via PI3K/AKT activation [J]. International Journal of Biological Macromolecules, 2018, 108: 350–359.

[373] 孙星慧, 谭建明, 严伟, 等. 传染性软疣病毒 MC148 基因的克隆和序列分析 [J]. 医学研究生学报, 2004, 17(4): 300–301.

[374] 于秀路. 传染性软疣 [J]. 国外医学（皮肤性病学分册）, 1998, 24(4): 232–235.

[375] 汪黔蜀, 李群. 自制中药酊剂治疗传染性软疣 [J]. 云南中医中药杂志, 1988(3): 22.

[376] 李静, 吉自梅. 传染性软疣的研究进展 [J]. 国外医学（病毒学分册）, 1998, 5(3): 65–67.

[377] 张炜. 传染性软疣 [J]. 前卫医学情报, 1993, 9(6): 210–211.

[378] 王长华, 彭亚南. CO_2 激光与液氮冷冻治疗扁平疣临床观察 [J]. 山东医药杂志, 2010, 50(20): 85–86.

[379] 顾永, 邵敏华, 张国龙, 等. 5% 咪喹莫特乳膏治疗儿童传染性软疣疗效观察 [J]. 中国麻风皮肤病杂志, 2012, 28(11): 821–822.

[380] 牛朝志. 中药治疗面部传染性软疣 32 例 [J]. 安徽中医学院学报, 2009, 28(6): 27.

[381] 王晓丽, 张跃营, 邱曙光. 中药外洗治疗传染性软疣及感染的预防效果 [J]. 中华医院感染学杂志, 2014, 24(14): 3594–3596.

[382] 康天瑞. 中药治疗传染性软疣复发 36 例临床观察 [J]. 兰州医学院学报, 1996, 22(3): 64–65.

[383] 刘桂荣, 黄淑霞. 冲泡野菊花辅助治疗传染性软疣 49 例 [J]. 中国民间疗法, 2005, 13(3): 44–45.

[384] LUKE J D, SILVERBERG N B. Vertically transmitted molluscum contagiosum infection [J]. Pediatrics, 2010, 125(2): e423–e425.

[385] 包佐义. 传染性软疣的防治 [J]. 家庭医学杂志, 1998(4): 46.

[386] 张广智. 传染性软疣 89 例治疗体会 [J]. 基层医学论坛, 2011, 15(10): 381.

[387] CRIBIER B, SCRIVENER Y, GROSSHANS E. Molluscum contagiosum: histologic patterns and associated lesions. A study of 578 cases [J]. Am J Dermatopathol, 2001, 23(2): 99–103.

[388] 陈光斌, 王明, 孙兰, 等. 传染性软疣 58 例临床及病理分析 [J]. 中国麻风皮肤病杂志, 2014, 30(2): 93–95.

[389] 潘青，赵冬凤，胡雪静，等 . 马立克氏病毒及其载体的研究进展 [J]. 中国牧业通讯，2009(13): 9–10.

[390] 罗满林，蔡宝祥 . 马立克氏病病毒的分子生物学研究进展 [J]. 中国病毒学，1994, 9(2): 87–94.

[391] 穆杨，张彦明 . 马立克氏病病毒的蛋白和疫苗研究进展 [J]. 动物医学进展，2000, 21(3): 40–42.

[392] 李晓青 . 马立克氏病病毒分子生物学研究进展 [J]. 山东畜牧兽医，2015, 36(12): 58–60.

[393] 王忠山 . 马立克氏病研究概述 [J]. 福建畜牧兽医，2009, 31(3): 26–28.

[394] 俸家富，李少林 . 硒蛋白和硒的抗癌机理 [J]. 微量元素与健康研究，2001,18(1): 70–72.

[395] 牟维鹏 . 硒蛋氨酸的营养、代谢和毒性 [J]. 国外医学（卫生学分册），2001, 24(4): 206–210.

[396] HU Y J, CHEN Y, ZHANG Y Q, et al. The protective role of Selenium on the toxicity of cisplatin–contained chemotherapy regimen in cancer patients [J]. Biol Trace Elem Res, 1997, 56 (3): 331–341.

[397] 贺君君，滕丽琼，韦平 . 马立克氏病病毒体内复制动力学研究进展 [J]. 中国家禽，2011, 33(5): 47–51.

[398] 孙进军，朱改玲 . 鸡马立克病的危害及防控措施 [J]. 畜牧与饲料科学，2014, 35(4): 105–106.

[399] 周晓红 . 微量元素硒的形态和测定 [J]. 安庆师范学院学报（自然科学版），2008, 14(2): 96–97.

[400] JACKSONROSARIO S E, SELF W T. Targeting selenium metabolism and selenoproteins: novel avenues for drug discovery [J]. Metallomics, 2010, 2(2): 112–116.

[401] STEINBRENNER H, AL–QURAISHY S, DKHIL M A, et al. Dietary selenium in adjuvant therapy of viral and bacterial infections [J]. Advances in Nutrition, 2015, 6(1): 73–82.

[402] HARTHILL M. Review: Micronutrient selenium deficiency influences evolution of some viral infectious diseases [J]. Biological Trace Element Research, 2011, 143(3): 1325–1336.

[403] CARLSON B A, XU X M, SHRIMALI R, et al. Selenium: It' s molecular biology and role in human health: Fouth edition [M]. NewYork: Springer Publishing Company, 2016: 333-342.

[404] 刘琼, 姜亮, 田静, 等. 晒蛋白的分子生物学及与疾病的关系 [J]. 化学进展, 2009, 21(5): 818-830.

[405] 裘炯良, 郑剑宁, 赵玉婉. 艾滋病研究进展 [J]. 检验检疫科学, 2003, 13(1): 56-58.

[406] 金小荣, 秦俊法, 楼蔓藤, 等. 硒与艾滋病 [J]. 广东微量元素科学, 2009, 16(9): 1-12.

[407] 胡国龄. 艾滋病研究进展 [J]. 实用预防医学, 2000, 7(3): 228-232.

[408] 王志颖, 赵丽, 李红, 等. 艾滋病病耻感的研究进展 [J]. 职业与健康, 2018, 34(5): 717-720.

[409] 吴良琴. 艾滋病病人及感染者的心理与防控途径分析 [J]. 世界最新医学信息文摘, 2017, 17(75): 146-147.

[410] 贾艳合. 艾滋病研究进展 [J]. 医学动物防治, 2002, 18(2): 108-110.

[411] 余史丹, 邬声远, 蓝丽爱, 等. 抗艾滋病药物体内分析方法及药代动力学研究进展 [J]. 中南药学, 2018, 16(5): 652-660.

[412] 安利峰, 胜利, 范桂香. 硒的功能及其相关疾病 [J]. 国外医学 (医学地理分册), 2005, 26(2): 56-57+79.

[413] 吴松泉, 顾方舟. HIV 感染与硒衰竭 [J]. 微生物学免疫学进展, 1998, 26(4): 74-77.

[414] 张劲松. 硒与病毒性疾病——关注艾滋病 : 事实与假说 [J]. 医药世界, 2002(6): 58-64.

[415] 陈春英, 周井炎, 徐辉碧. 硒与艾滋病关系研究的新进展 [J]. 生物化学与生物物理进展, 1997, 24(4): 327-330.

[416] 沈银忠, 卢洪洲. 艾滋病抗病毒治疗的新进展 [J]. 上海医药, 2014, 35(21): 9-13+19.

[417] 郭娜, 姜太一, 粟斌, 等. 艾滋病简化抗病毒治疗研究进展 [J]. 中国艾滋病性病, 2018, 24(7): 749-754.

[418] LOREGIAN A, MERCORELLI B, NANNETTI G, et al. Antiviral strategies against influenza virus: Towards new therapeutic approaches [J]. Cellular & Molecular Life

Sciences, 2014, 71(19): 3659–3683.

[419] HERFST S, IMAI M, KAWAOKA Y, et al. Avian influenza virus transmission to mammals [M] //COMPANS R W, OLDSTONE M B A. Influenza Pathogenesis and Control – Volume I. Berlin: Springer International Publishing, 2014: 137–155.

[420] 李卓荣, 刘宗英, 汤雁波. 抗流感病毒药物的研究进展 [J]. 国外医药 (抗生素分册), 2002, 23(4): 151–154.

[421] 陈忠斌, 王升启. 抗流感病毒药物的研究进展 [J]. 国外医学 (药学分册), 1998, 25(2): 71–76.

[422] 张伟, 王承宇, 杨松涛, 等. 流感病毒的分子生物学研究进展 [J]. 中国比较医学杂志, 2010, 20(4): 74–79.

[423] 高岩, 刘宗英, 李卓荣. 抗流感病毒药物研究进展 [J]. 中国医药生物技术, 2015, 10(6): 533–539.

[424] 罗小琴, 吴德峰. 抗流感病毒药物研究进展 [J]. 家畜生态学报, 2015, 36(3): 86–90.

[425] 安菁, 林江涛. 流感病毒分子生物学研究进展 [J]. 辽宁医学杂志, 1999, 13(1): 1–3.

[426] 潘南胜. 流感病毒分子生物学研究进展 [J]. 湖北预防医学杂志, 2004, 15(4): 27–29.

[427] 程昱, 王松柏, 姚红, 等. 硒对甲型 H1N1 流感病毒感染小鼠的保护作用 [J]. 现代生物医学进展, 2015, 15(17): 3220–3222+3227.

[428] 陈则, 方芳. A、B、C 三型流感病毒病毒学、流行病学、临床特征和流感疫苗 [J]. 生命科学研究, 2000, 4(3): 189–196.

[429] 窦晓霞, 王家敏, 李倬. 流感疫苗的研究进展 [J]. 西北民族大学学报 (自然科学版), 2018, 39(1): 63–67.

[430] 程颖, 刘军, 李昱, 等. 埃博拉病毒病: 病原学、致病机制、治疗与疫苗研究进展 [J]. 科学通报, 2014, 59(30): 2889–2899.

[431] 任静朝, 段广才. 埃博拉病毒病流行病学特征 [J]. 新乡医学院学报, 2014, 31(11): 872–876+882.

[432] 邹文卫. 埃博拉——致命的病毒 [J]. 城市与减灾, 2014(6): 45.

[433] 武文姣, 刘叔文. 埃博拉病毒的防治进展 [J]. 南方医科大学学报, 2014, 34(10): 1519–1522.

[434] 李国华，夏咸柱．埃博拉病毒研究进展 [J]．石河子大学学报 (自然科学版)，2016, 34(3): 265–269.

[435] 张杨玲，汪园，张革．埃博拉病毒疫苗 rVSV–ZEBOV 的研究进展 [J]．中国生物工程杂志，2018, 38(1): 51–56.

[436] 王颖芳，段广才．埃博拉病毒及其致病性 [J]．新乡医学院学报，2014, 31(11): 877–882.

[437] 唐浏英，陈化新．埃博拉病毒分子生物学和免疫学研究进展 [J]．中国公共卫生，2001, 17(2): 184–186.

[438] 瞿涤，袁正宏，闻玉梅．埃博拉病毒及其致病机制 [J]．微生物与感染，2014, 9(4): 197–201.

[439] HUANG T S, SHYU Y C, CHEN H Y, et al. Effect of parenteral selenium supplementation in critically ill patients: A systematic review and meta–analysis [J]. Plos One, 2013, 8(1): e54431.

[440] TAYLOR E W, RUZICKA J A, PREMADASA L, et al. Cellular selenoprotein mRNA tethering via antisense interactions with Ebola and HIV–1 mRNAs may impact host selenium biochemistry [J]. Current Topics in Medicinal Chemistry, 2016, 16(13): 1530–1535.

[441] 陈叶，王萍，刘芳炜，等．埃博拉出血热研究进展 [J]．中国公共卫生，2017, 33(1): 170–172.

[442] 王雨潇，李靖欣，王杨，等．埃博拉疫苗临床试验研究进展 [J]．传染病信息，2017, 30(2): 82–85.

[443] 罗婷．人乳腺癌中小鼠乳腺肿瘤病毒基因序列的表达及其与 CerbB–2、p53、ER 和 PR 的相关性研究 [D]．成都：四川大学，2007.

[444] 胡晓鹏．鼠乳腺肿瘤病毒和人内源性逆转录病毒序列在人乳腺癌中的检测、克隆及表达 [D]．武汉：华中科技大学，2008.

[445] LEE B K, EICHER E M. Segregation patterns of endogenous mouse mammary tumor viruses in five recombinant inbred strain sets [J]. JVirol, 1990, 64(9): 4568–4572.

[446] SALMONS B, GUNZBURG W H. Revisiting a role for a mammary tumor retrovirus in human breast cancer [J]. Int J Cancer, 2013, 133(7): 1530–1535.

[447] HOLT M P, SHEVACH E M, PUNKOSDY G A. Endogenous mouse mammary tumor viruses (Mtv), new roles for an old virus in cancer, infection, and immunity [J]. Front

Oncol, 2013, 3: 287.

[448] KIM H H, GRANDE S M, MONROE J G, et al. Mouse mammary tumor virus suppresses apoptosis of mammary epithelial cells through ITAM-mediated signaling [J]. J Virol, 2012, 86(24): 13232-13240.

[449] 张莹，任占平，戴文斌，等 . 小鼠乳腺肿瘤病毒与人乳腺癌关系的研究进展 [J]. 中华医院感染学杂志，2016, 26(6): 1437-1440.

[450] 刘玉竹 . 甲基硒酸通过 JAK/STAT 信号通路对小鼠乳腺肿瘤中细胞凋亡的调控研究 [D]. 武汉：华中农业大学 , 2017.

[451] DE MIRANDA J X, ANDRADE F D O, CONTI A D, et al. Effects of selenium compounds on proliferation and epigenetic marks of breast cancer cells [J]. Journal of Trace Elements in Medicine and Biology, 2014, 28(4): 486-491.

[452] 罗婷 . 小鼠乳腺肿瘤病毒相似的基因序列在中国女性乳腺癌中的表达研究 [D]. 成都：四川大学 , 2004.

[453] MAZZANTI C M, HAMAD M A, FANELLI G, et al. A mouse mammary tumor virus env-like exogenous sequence is strictly related to progression of human sporadic breast carcinoma [J]. The American Journal of Pathology, 2011, 179(4): 2083-2090.

[454] 甘孟候 . 中国禽病学 [M]. 北京：中国农业出版社 , 1999: 253-258.

[455] FU M J, WANG Y Q, LI X Q, et al. Identification and isolation of a wild strain of infectious bursal disease virus [J]. Asian Case Reports in Veterinary Medicine, 2016, 5(1): 5-10.

[456] 胡文彦，马莉，李艳华 . 鸡传染性法氏囊病的研究进展 [J]. 饲料博览，2013(1): 51-53.

[457] 李成洪，李英伦，周晓容 . 鸡传染性法氏囊病研究进展 [J]. 黑龙江畜牧兽医，2002(2): 47-49.

[458] 邓思思 . 鸡法氏囊病的预防及治疗 [J]. 现代畜牧科技，2015(9): 111.

[459] 朱善良 . 硒的生物学作用及其研究进展 [J]. 生物学通报，2004, 39(6): 6-8.

[460] PANDA S K, 祁保民 . 维生素 E- 硒结合体可提高传染性法氏囊病毒感染鸡的免疫力 [J]. 国外畜牧科技 , 1996, 23(2): 53.

[461] SAHA B C, DAS P M, DAS S. Effect of zinc-selenium complex (Selcon®) supplementation in broiler in prevention of infectious bursal disease [J]. International Journal of Poultry Science, 2010, 9(11): 1069-1075.

[462] 陈志慧. 流行性腮腺炎病毒及其疫苗 [J]. 中国计划免疫杂志, 2004, 10(2): 120–124.

[463] 肖芳, 施勇, 龚甜, 等. 江西省流行性腮腺炎病毒基因特征分析 [J]. 中国卫生检验杂志, 2016(16): 2288–2290.

[464] 顾文珍, 傅小红, 焦素黎, 等. 浙江省宁波市 2016 年流行性腮腺炎病毒基因型特征分析 [J]. 中国疫苗和免疫, 2017(4): 390–392.

[465] 潘仲刚. 流行性腮腺炎病毒学分析 [J]. 中国城乡企业卫生, 2016(3): 77–78.

[466] 李媛媛, 李海鹏, 张健, 等. 儿童中枢神经系统腮腺炎病毒感染特征分析 [J]. 现代医院, 2016, 16(2): 207–209.

[467] 韦灵杰, 高海燕. 青黛膏治疗腮腺炎临床观察 [J]. 光明中医, 2015(3): 540–541.

[468] 郑淑玲, 张莉梅. 西咪替丁治疗流行性腮腺炎的疗效观察及机理探讨 [J]. 中外医疗, 2009, 28(33): 75.

[469] 施卉, 戴晖. 蓝芩口服液联合利巴韦林治疗腮腺炎 50 例临床疗效观察 [J]. 当代临床医刊, 2016, 29(6): 2663.

[470] 陈群英. 西咪替丁治疗小儿流行性腮腺炎的临床效果及安全性 [J]. 当代医学, 2012, 18(22): 131.

[471] 朱翠英. 中药内服外敷治疗腮腺炎的观察及护理 [J]. 内蒙古中医药, 2015, 34(8): 169.

[472] 周丽, 王岗. 仙人掌联合鲜地龙治疗腮腺炎 [J]. 中国民间疗法, 2017, 25(7): 46.

[473] 章剑. 蚯蚓的综合利用 [J]. 内陆水产, 1997(10): 30.

[474] 张继斌, 邵军, 胡建. RT-PCR 在流行性腮腺炎病毒的检测和分型中的应用 [J]. 口腔颌面外科杂志, 2013, 23(4): 281–283.

[475] 李兰娟, 任红. 传染病学 [M].9 版. 北京：人民卫生出版社, 2018.

[476] 唐海淑, 崔惠, 翟啸虎, 等. 脊髓灰质炎病毒检测方法的研究进展 [J]. 中国疫苗和免疫, 2017(3): 337–341.

[477] 郝晓甜, 高帆, 毛群颖, 等. 柯萨奇病毒 B 组 5 型的研究进展 [J]. 中国生物制品学杂志, 2017, 30(4): 433–437.

[478] 张霆. 柯萨奇 B 组病毒的研究进展 [J]. 国外医学：病毒学分册, 1994(2): 36–40.

[479] 乐杰, 孙舒娴. 柯萨奇病毒感染 [J]. 实用妇产科杂志, 1998, 14(1): 5–7.

[480] 勾秀琼, 戴德银, 何恩福. 柯萨奇病毒感染及其防治 [J]. 成都医药, 1994, 20(2): 68–69.

[481] 李静云 . 双重荧光定量 RT-PCR 法检测柯萨奇病毒 A2/A5 型或 A6/A10 型技术的建立与应用 [D]. 杭州 : 浙江大学 , 2015.

[482] 乐杰 , 孙淑娴 . 柯萨奇病毒感染 [J]. 中华护理杂志 , 1994(5): 305.

[483] 王江 , 张彦 . 漫谈柯萨奇病毒 [J]. 祝您健康 , 1994(3): 28.

[484] 戴国珍 . 柯萨奇病毒 [J]. 微生物学通报 , 1977, 4(4): 49-51+37.

[485] 邱晓枫 , 张国忠 , 黄志成 , 等 . 埃可病毒 9 型荧光 RT-PCR 快速检测方法的建立及应用 [J]. 病毒学报 , 2017(6): 836-841.

[486] 杨绍基 . 肠道病毒 71 型感染 [J]. 新医学 , 2008, 39(6): 354-355+366.

[487] 冯云 , 张文宏 . 肠道病毒 71 型及其相关疾病研究进展 [J]. 中华传染病杂志 , 2008, 26(7): 396-398.

[488] 郝捍东 , 何立人 , 赵伟珍 . 白藜芦醇抗柯萨奇病毒感染性小鼠心肌炎的治疗研究 [J]. 中成药 , 2003, 25(5): 398-401.

[489] 姚丽萍 , 党连生 , 张爱平 , 等 . 柯萨奇病毒感染状况临床意义及干扰素治疗研究 [J]. 现代中西医结合杂志 , 2007, 16(25): 3624-3626.

[490] 曹丹阳 , 钟学宽 , 刘艺 , 等 . 柯萨奇病毒 B4' 致低硒鼠心肌损伤及细胞凋亡机制的研究 [J]. 中国地方病防治杂志 , 2003, 18(1): 3-5.

[491] 高彦辉 , 刘红 , 周令望 , 等 . 柯萨奇 B2 病毒致低硒乳鼠心肌损伤的实验研究 [J]. 中国地方病学杂志 , 2002, 21(3): 165-167.

[492] 黄振武 , 夏弈明 , 金奇 , 等 . 低硒与柯萨奇病毒 B3/0 毒性突变 [J]. 营养学报 , 2002, 24(2): 171-175.

[493] Beck M A. Rapid genomic evolution of a non-virulent coxsackievirus B3 in selenium-deficient mice [J]. Biomedical and Environmental Sciences, 1997, 10(2): 307-315.

[494] 张凤英 , 米树斌 , 崔凤侠 , 等 . 硒对柯萨奇病毒 B3 感染小鼠心肌损伤的影响 [J]. 现代预防医学 , 2009, 36(4): 726-727.

[495] XIE B, ZHOU J F, LU Q, et al. Oxidative stress in patients with a cute coxsackie virus myocarditis [J]. Biomedical and Environmental Sciences, 2002, 15 (1): 48-57.

[496] 谭武红 , 徐光禄 . 硒和维生素 E 缺乏对柯萨奇病毒 B3 毒性的影响 (一)[J]. 国外医学 : 医学地理分册 , 1997, 18(1): 1-3.

[497] BECK M A, SHI Q, MORRIS V C, et al. Rapid genomic evolution of a non-virulent coxsackievirus B3 in selenium-deficient mice results in selection of identical virulent isolates [J]. Nature Medicine, 1995, 1(5): 433-436.

[498] LEVANDER O A, BECK M A. Interacting nutritional and infectious etiologies of Keshan disease. Insights from coxsackie virus B–induced myocarditis in mice deficient in selenium or vitamin E [J]. Biological Trace Element Research, 1997, 56(1): 5–21.

[499] 杨英珍, 陈瑞珍. 病毒性心肌炎的综合治疗 [J]. 中国全科医学, 1999, 2(5): 340–341.

[500] 黄飞雁, 张东晓, 许少坚, 等. 缺硒饲养 ICR 小鼠加快肠道病毒 71 型在体内的复制研究 [J]. 热带医学杂志, 2013, 13(1): 47–50+ 封 4.

[501] 谢飞, 王巍, 姚荣妹, 等. 中医药治疗柯萨奇病毒 B 心肌炎的研究进展 [J]. 山东中医杂志, 2012, 31(9): 691–693.

[502] 孙一晟, 朱函坪, 杨章女, 等. 手足口病多价疫苗研究进展 [J]. 中国公共卫生, 2018, 34(2): 298–302.

[503] 关显智, 姜桂英, 张思瑾, 等. B 族柯萨奇病毒感染小儿心肌炎与微量元素硒关系的探讨 [J]. 白求恩医科大学学报, 1991, 17(5): 63–64.

[504] 赵凤绵, 梁晓虎, 张爱红, 等. 输血传播西尼罗病毒 [J]. 国外医学: 输血及血液学分册, 2004, 27(3): 269–271.

[505] 常华, 花群义, 项勋, 等. 西尼罗病毒研究进展 [J]. 云南农业大学学报, 2006, 21(1): 76–80.

[506] 高树园, 朱建国. 马西尼罗河病毒病研究进展 [J]. 中国畜牧兽医, 2009, 36(3): 185–188.

[507] 王利平, 李鹏, 代林远, 等. 西尼罗河病毒的研究进展 [J]. 国际病毒学杂志, 2010, 17(2): 58–63.

[508] 吕喆, 于亚洲, 胡桂学, 等. 西尼罗河病毒病的研究进展 [J]. 经济动物学报, 2012, 16(1): 55–59.

[509] 张春平, 王桂荣. 二例接受干扰素和利巴韦林治疗的慢性丙型肝炎患者急性感染西尼罗河病毒 [J]. 国外医学: 内科学分册, 2005, 32(7): 321.

[510] 樊晓旭, 王淑娟, 张永强, 等. 西尼罗河热现状及未来我国防控应对思考 [J]. 中国兽医杂志, 2018, 54(1): 117–120.

[511] 刘志国, 祝庆余. 西尼罗河病毒疫苗研究进展 [J]. 国际病毒学杂志, 2007, 14(5): 143–146.

[512] 张腾龙, 陈志宝, 鞠传静, 等. 朊病毒病治疗的研究进展 [J]. 中国人兽共患病学报, 2015, 31(1): 64–69.

[513] 郑洪 . 类病毒研究进展 [J]. 中学生物教学 , 2001(3): 47–48.

[514] 何丽华 , 李晟阳 , 沈国顺 . 朊病毒的研究进展 [J]. 现代畜牧兽医 , 2006(11): 45–48.

[515] 谭皓文 . 朊病毒的研究进展 [J]. 科技风 , 2010(24): 73–74.

[516] 贾小明 , 许于飞 . 朊病毒研究进展 [J]. 畜牧与兽医 , 2002, 34(9): 40–42.

[517] 葛忠源 . 朊病毒的研究进展 [J]. 中国牧业通讯 , 2009(2): 10–12.

[518] 杨文婷 , 林文武 , 陈玲丽 , 等 . 植物病毒卫星核酸的研究进展 [J]. 热带作物学报 , 2016, 37(4): 844–850.

[519] 周雪平 , 李德葆 . 植物病毒卫星研究进展 [J]. 微生物学通报 , 1994, 21(2): 106–111.

[520] 刘宴村 , 李辉 , 张艳 , 等 . 定量研究石斛醇提取物对酵母朊病毒的治愈作用 [J]. 生命科学研究 , 2014, 18(4): 344–348.

缩略词

英文缩写	英文全称	中文名
Se-Met	Selenomethionine	硒代蛋氨酸
Se-Cys	Selenocysteine	硒代半胱氨酸
SECIS	Sec insertion sequence	硒代半胱氨酸插入序列
GSH-Px	glutathione peroxidase	谷胱甘肽过氧化物酶家族
CAT	catalase	过氧化氢酶
SOD	superoxide dismutase	超氧化物歧化酶
GSH-Px	glutathione peroxidase	谷胱甘肽过氧化物酶
cGPx/GPx1	elassical glutathione peroxidase	细胞谷胱甘肽过氧化物酶
NF-κB	nuclues-factor kappa B，NF-κB	核因子 NF-κB
gi GPX/GPx2	gastrointestial GPX	胃肠道谷胱甘肽过氧化物酶
ROS	reactive oxygen species	活性氧自由基
p GPX, GPx3	plasma GPX	血浆谷胱甘肽过氧化物酶
PHGPX/GPx4	phospholipids hydroperoxide glutathione peroxidase	磷脂氢谷胱甘肽过氧化物酶
PLOOH	phospholipid hydroperoxide	磷脂氢过氧化物
SnGPx	sperm nuclei glutathione peroxidase	精核型 GPx
GSH	Reduced Glutathione	还原型谷胱甘肽
GSSG	Oxidized Glutathione	氧化型谷胱甘肽
CL	chardiolipin	心磷脂

英文缩写	英文全称	中文名
Cyt C	cytochrome C	细胞色素 C
ANT	adenine nucleotide translocase	腺嘌呤核苷酸转运体
PTP	permeability transition pore	通透性转换孔
GPx6	olfactory epithelium GPX	嗅上皮谷胱甘肽过氧化物酶
TrxR	thioredoxin reductase	硫氧还蛋白还原酶
FAD	flavin adenine dinucleotide	黄素腺嘌呤二核苷酸
NADPH	nicotinamide adenine dinucleotide phosphate	还原型烟酰胺腺嘌呤二核苷酸磷酸
Trx	thioredoxin	硫氧还蛋白
Ask1	apoptosis signal-regulating kinase1	凋亡信号调节激酶 1
Nrf2	nuclear factor erythroid-derived factor 2-related factor	核因子 E2 相关因子 -2
ARE	antioxidant responsive element	抗氧化反应元件
JNK	c-Jun N-terminal kinases	c-Jun N- 端激酶
MAPKs	mitogen-activated protein kinases	丝裂原活化蛋白激酶
TrxR1	thioredoxin reductase 1	硫氧还蛋白 R1
TrxR2	thioredoxin reductase 2	硫氧还蛋白 R2
TrxR3	thioredoxin reductase 3	硫氧还蛋白 R3
DNCB	1-chloro-2，4-dinitrobenzene	1- 氯 -2，4- 二硝基苯
SPS	Selenophosphate synthetase	硒代磷酸合成酶
SP	Selenophosphate	硒代磷酸
SPS1	Selenophosphate synthetase 1	硒代磷酸合成酶 1
SPS2	Selenophosphate synthetase 2	硒代磷酸合成酶 2
T_3	3，5，3'-triiodothyronibe	3，5，3'- 三碘甲状腺原氨酸
T_4	3，5，3'，5'-triiodothyronibe	3，5，3'，5'- 四碘甲状腺原氨酸

英文缩写	英文全称	中文名
rT$_3$	3，3'，5'–triiodothyronibe	3，3'，5'–三碘甲状腺原氨酸
T$_2$	3，3'–T$_2$	3，3'–三碘甲状腺原氨酸
(DIO)1–3	(idothyronine deiodinase)1–3	甲状腺素脱碘酶 1–3 或 1–3 型碘甲状腺原氨酸脱碘酶
D1	idothyronine deiodinase 1	1 型碘甲状腺原氨酸脱碘酶（即甲状腺素脱碘酶 1）
D2	idothyronine deiodinase 2	2 型碘甲状腺原氨酸脱碘酶（即甲状腺素脱碘酶 2）
D3	idothyronine deiodinase 3	3 型碘甲状腺原氨酸脱碘酶（即甲状腺素脱碘酶 3）
IAc	iodine acetate	碘乙酸盐
DDT	dithiothreitol	二硫苏糖醇
GTG	goldthioglucose	硫代葡糖糖金
PTU	propylthiouracil	丙基硫氧嘧啶
TRE	thyroid hormone response element	甲状腺激素应答元件
CNS	central nervous system	中枢神经系统
BAT	brown adipose tissue	棕色脂肪组织
EGF	epidermal growth factor	表皮生长因子
aFGF	recombinant human acidic fibroblast growth factor	酸性成纤维细胞生长因子
bFGF	recombinant human basic ibroblast growth factor	碱性成纤维细胞生长因子
SelP	Selenoprotein P	硒蛋白 P
SelK	Selenoprotein K	硒蛋白 K
ERAD	ER–associated degradation	内质网相关蛋白降解
TNF–α	tumor necrosis factor–α	肿瘤坏死因子 – α
SelT	Selenoprotein T	硒蛋白 T

英文缩写	英文全称	中文名
PACAP	Pituitary Adenylate Cyclase Activating Polypeptide	腺苷酸环化酶激活肽
SelN	Selenoprotein N	硒蛋白 N
SelN-RM	SelN-related Myopathy	硒蛋白 N 相关疾病
RSMD1	Rigid Spine Muscular Dystrophy	强直性脊柱肌肉萎缩症
MB-DRM	Mallory Body-like Desmin-related Myopathy	马洛体样肌间线蛋白相关肌病
MmD	Multiminicore Disease	多微小轴空病
CFTD	Myopathy With Congenital Fiber Type Disproportion	先天性肌纤维类型不均
ERO1	ER oxidoreductin 1	内质网氧化还原蛋白 1 或糖蛋白葡萄糖基转移酶 1
RyR	ryanodine receptor	兰尼碱受体
SERCA	sarco endoplasmic reticulum calcium adenosine triphosphatase	肌内质网 Ca^{2+}-ATP 酶
SelS	Selenoprotein S	硒蛋白 S
SAA	acute-phase protein serum amyloid A	血清淀粉样蛋白 A
SelM	Selenoprotein M	硒蛋白 M
AD	Alzheimer's	阿尔茨海默症
Sel15/SeP15	Selenoprotein 15	硒蛋白 S
SelH	Selenoprotein H	硒蛋白 H
SelO	Selenoprotein O	硒蛋白 O
SelV	Selenoprotein V	硒蛋白 V
RDx	redox proteins	氧化还原蛋白
CKB	creatine kinase brain	肌酸激酶 B
SelW	Selenoprotein W	硒蛋白 W
Met	methionine	蛋氨酸

英文缩写	英文全称	中文名
MetO	methionine sulfoxide	蛋氨酸亚砜
Msr	methionine sulfoxide reductase	蛋氨酸亚砜还原酶
S-MetO	S-methionine sulfoxide	S 型蛋氨酸亚砜
R-MetO	R-methionine sulfoxide	R 型蛋氨酸亚砜
SelR/ MsrB1	Selenoprotein R	硒蛋白 R
EPT1	ethanolamine phosphotransferase 1	乙醇胺磷酸转移酶 1（即硒蛋白 I）
SelI	Selenoprotein I	硒蛋白 I
Apo E	apolipoprotein E	载脂蛋白 E
TrxR	thioredoxin reductase	硫氧蛋白还原酶
ERK	extracellular regulated protein kinases	细胞外调节蛋白激酶
CTX	cyclophosphamide	环磷酰胺
MMP	matrix metalloproteinase	基质金属蛋白酶
VEGF	vascular endothelial growth factor	血管内皮生长因子
HIF-1	hypoxia inducible factor-1	低氧诱导因子 -1
Ang Ⅱ	angiotensin Ⅱ	血管紧张素 Ⅱ
PKC	protein kinase C	蛋白激酶 C
OPN	osteopontin	骨桥蛋白
POD	peroxidase	过氧化物酶
PHD	prolyl hydroxylase	脯氨酰羟化酶
cAMP	cyclic adenosine monophosphate	环磷酸腺苷
MSC	mesenchymal stem cells	间充质干细胞
	N，N-methylene bisselenomorpholine	N，N- 亚甲基双硒代吗啉
HSV-1	Herpes Simplex Virus Type 1	1- 型单纯疱疹病毒
EMCV	Encephalomyocarditis Virus	脑心肌炎病毒
VSV	Vesicular Stomatitis Virus	水泡性口炎病毒

英文缩写	英文全称	中文名
IL	interleukin	白细胞介素
GOT	aspartate aminotransferase	谷草转氨酶
LA-ICP-MS	Laser Ablation (Microprobe) Inductively Coupled Plasma Mass Spectrometry.	激光剥蚀 – 电感耦合等离子体质谱技术
Cap HPLC-ICP-MS	Capillary High Performance Liquid Chromatography-Inductively Coupled Plasma Mass Spectrometry	毛细管高效液相色谱 – 电感耦合等离子体质谱技术
Nano-HPLC-ICP-MS	Nanoupgrading High Performance Liquid Chromatography-Inductively Coupled Plasma Mass Spectrometry	纳升级高效液相色谱 – 电感耦合等离子体质谱技术
MALDI-TOF-MS	Matri Assisted Laser Ionization-time of Flight Mass Spectrometry	基质辅助激光吸离子化 – 飞行时间 – 质谱技术
KSD	Keshan Disease	克山病
KBD	Kashin-Beck Disease	大骨节病
CVD	Cardiovascular Disease	心血管疾病
CAD	Coronary Artery Disease	冠心病
AS	Atherosclerosis	动脉粥样硬化
LPO	lipid peroxidation	过氧化脂质
HIV	Human Immunodeficiency Virus	人类免疫缺陷病毒
TB	Tuberculosis	肺结核
CV	Coxsackievirus	柯萨奇病毒
H_1N_1	Influenza A Virus Subtype H_1N_1	甲型 H_1N_1 流感病毒
EBOV	Ebola Virus	埃博拉病毒
HBV	Hepatitis B Virus	乙型肝炎病毒
PPV	Porcine Parvovirus	猪细小病毒
PCV	Porcine Circovirus	猪圆环病毒
DM	Diabetes Mellitus	糖尿病

英文缩写	英文全称	中文名
STZ	streptozotocin	链脲佐菌素
HD	Huntington's Disease	亨廷顿病
PD	Parkinson's Disease	帕金森病
RA	Rheumatoid Arthritis	类风湿性关节炎
LH	luteinizing hormone	促黄体生成激素
HSV	Herpes Simplex Virus	单纯疱疹病毒
PCV2	Porcine Circovirus Type 2	猪圆环病毒 2 型
HAS	Hepatitis A Virus	甲型肝炎病毒
IFA	Immunofluorescence Detection	免疫荧光检测技术
PBMC	peripheral blood mononuclear cell	外周血单个核细胞
ALT	alamine aminotransferase	血清丙氨酸氨基转移酶
ICP – AES	inductively coupled plasma atomic emission spectrometry	离子体原子发射光谱
SeNPs	Selenium nanoparticle	硒纳米颗粒
MTT	3-(4,5-Dimethylthiazol-2-yl)-2,5-diphenyl-2-H-tetrazolium bromide	四唑盐比色法
HSV1	Herpes Simplex Virus type 1	单纯疱疹病毒 1 型
HSV2	Herpes Simplex Virus type 2	单纯疱疹病毒 2 型
CPE	cytopathic effect	细胞病变效应
PMWS	Postweaning Pigsmulti-systemic Wasting Syndrome	断奶仔猪多系统衰竭综合征
PCVDs	Porcinecircovirus Diseases	猪圆环病毒疾病
PRRSV	Porcine Reproductive and Respiratory Syndrome Virus	猪繁殖与呼吸综合征病毒
MDA	malondialdehyde	丙二醛
OTA	ocShratoxin A	赭曲霉毒素 A

英文缩写	英文全称	中文名
AIDS	Acquired Immunodeficiency Syndrome	艾滋病病毒
MMTV	Mouse Mammary Tumor Virus	小鼠乳腺肿瘤病毒
CVB2	Coxsackievirus B type 2	柯萨奇病毒 B 组 2 型
CVB3	Coxsackievirus B type3	柯萨奇病毒 B 组 3 型
CVB5	Coxsackievirus B type 5	柯萨奇病毒 B 组 5 型
CVA16	Coxsackievirus A type 16	柯萨奇病毒 A 组 16 型
CVA6	Coxsackievirus A type 6	柯萨奇病毒 A 组 6 型
CVA10	Coxsackievirus A type 10	柯萨奇病毒 A 组 10 型
EV71	Enterovirus71	肠道病毒 71 型
HFMD	Hand，Foot and Mouth Disease	手足口病
SIV	Simian Immunodeficiency Virus	猴免疫缺陷病毒
HAART	Highly Active Antiretroviral Treatment	高效抗逆转录病毒疗法
HIV 2E	Human Immunodeficiency Virus type E	人类免疫缺陷病毒 E 型
HAAR	Highly Active Antiretroviral Therapy	高效抗反转录病毒疗法
NP	nucleoprotein	核蛋白
MP	matrix protein	基质蛋白
HA	hemagglutinin	血凝素
NA	neuraminidase	神经氨酸酶
TNF-α	tumor necrosis factor	α - 肿瘤坏死因子
IFN-γ	interferon gamma	γ - 干扰素
SUDV	Sudan Ebolavirus	苏丹埃博拉病毒
EBOV	Zaire Ebolavirus	扎伊尔埃博拉病毒
TAFV	Tai Forest Ebolavirus	塔伊森林埃博拉病毒
BDBV	Bundibugyo Ebolavirus	本迪布焦埃博拉病毒
RESTV	Reston Ebolavirus	雷斯顿埃博拉病毒

英文缩写	英文全称	中文名
EBHF	Ebola Hemorrhagil Fever	埃博拉出血热
GP	glycoprotein	包膜刺突糖蛋白
RNP complex	ribonucleoprotein complex	核蛋白复合物
SGP	secretory glycoprotein	分泌型糖蛋白
r VSV–ZEBOV	Recombinant Vesicular Stomatitis Virus–Zaire Ebola Virus	重组病毒载体疫苗
cAd3–ZEBOV	Adenovirus Verctor Vaccine–Zaire Ebola Virus	腺病毒载体疫苗
TfR–1	transferrin receptor protein1	转铁蛋白受体 1
JAK	janus tyrosine kinase	酪氨酸激酶
STAT	signal transducers and activators of transcription	转录因子
MMP2	matrix metallproreinases	金属蛋白酶 2
TIMPs	Tissue Inhibitor of Matrix Metalloproteinases	上调 MMPS 的特异性抑制剂
US CDC	Centers for Disease Control and Prevention	美国疾病预防控制中心
HHMMTV	Human Homologue of the Mouse Mammary Tumor Virus	小鼠乳腺肿瘤病毒的人类同源病毒
IBD	Infectious Bursal Disease	传染性法氏囊病
IBDV	Infectious Bursal Disease Virus	传染性法氏囊病毒
AKP	alkaline phosphatase	碱性磷酸酶
MCV	Molluscum Contagiosum Virus	传染性软疣病毒
MuV	Mumps Virus	腮腺炎病毒
HN	Hemagglutinin–neuraminidase Spikes	血凝素 – 神经氨酸酶刺突
F	Fusion Factor Spikes	融合因子刺突
mTOR	mammalian target of rapamycin mTOR	哺乳动物雷帕霉素靶蛋白

英文缩写	英文全称	中文名
MMR	Measles Mumps and Rubella Vaccine	腮腺炎病毒－麻疹病毒－风疹病毒三联疫苗
EV	Entero Virus	肠道病毒
Vpg	genome-linked viral protein	与染色体组连接的病毒蛋白质
PV	Polio Virus	脊髓灰质炎病毒
Echovirus	Enteric Cytopathogenic Human Orphan Virus	埃可病毒
MDA	Malondialdehyde	血清丙二醛
WNV	West Nile Virus	西尼罗河病毒
IFN	Interferon	干扰素
OS	Oxidative Stress	氧化应激
MD	Marek's Disease	马立克氏病
MDV	Marek's Disease Virus	马立克氏病毒
HVT	Herpesvirus of Turkeys	火鸡疱疹病毒
PSTV	Potato Spindle Tuber Viroid	马铃薯纺锤形块茎类病毒
CEV	Citrus Excocortis Virus	柑桔裂皮病类病毒
CSV	Chrysanthemum Stunt Virus	菊花矮化类病毒
TPMV	Tomato Planta Macho Viroid	番茄不育类病毒
TASV	Tomato Apical Stunt Viroid	番茄矮缩类病毒
PRION	Proteinaceous Infectious Agents	蛋白侵染因子
CJD	Creutzfeldt-Jakob Disease	克雅氏症
FFI	Fatal Familiar Insomnia	致死性家族失眠症
Sc	Scrapie	羊瘙痒病
BSE	Bovine Spongiform Encephalopathy	牛海绵状脑病
nvCJD	New Variant Creutzfeldt-Jakob Disease	新型克—雅氏病
FSE	Feline Spongifoem Encephalopathy	猫海绵状脑病

英文缩写	英文全称	中文名
VTMoV	Velvet Tobacco Mottle Virus	绒毛烟斑驳病毒
LTSV	Lucernetransient Streak Virus	苜蓿暂时性条斑病毒
SNMV	Solanumnodiflorum Mottle Virus	莨菪斑驳病毒
SCMoV	Subterraneanclover Mottle Vitus	地下三叶草斑驳病毒
TNV	Tobacco Necrosis Virus	烟草坏死病毒
AAV	Adeno-associated Virus	腺联病毒
STMV	Satellite Tobacco Mosaic Virus	卫星烟草花叶病毒
SMWLMV	Satellite Maize White Line Mosaic Virus	卫星玉米白线花叶病毒
satRNAs	satellite nucleic acids RNAs	卫星核酸
DNAs	DNA single -strand satellite	单链卫星
BaMV	Bamboo Mosaic Virus	竹花叶病毒
CMV	Cucumber Mosaic Virus	黄瓜花叶病毒
TobRSV	Tobacco Ringspot Virus	烟草环斑病毒
siRNA	small interfring RNA	小干扰 RNA
RISC	RNA induced silencing complex	RNA 诱导沉默复合体
GFLV	Grapevine Fanleaf Virus	葡萄扇叶病毒
TCV	Turnip Crinkle Virus	芜菁皱缩病毒
GRV	Groundnut Rosette Virus	花生丛簇病毒
VTMoV	Velet Tobacco Mottle Virus	绒毛烟斑驳病毒
LTSV	Lucerne Transient Streak Virus	紫花首蓿暂时性条斑病毒